KB269718

창의적 문제해결력 수학

2 도형과 공간

창의적 문제해결력 수학

2 도형과 공간

노자키 아키히로
이즈모리 히토시
이토 준이치
오자와 겐이치 지음

고은진 옮김

살림Math

수학의 개념을 통합적으로 이해하면
'창의적 문제해결력'을 키울 수 있다

교육자율화가 본격화되면서 모든 대학들과 자사고·특목고를 비롯한 고등학교들이 자율적인 기준을 가지고 학생들을 선발할 수 있게 되었다. 교육계에 새로운 변화의 바람이 불기 시작한 것이다. 앞으로 교과내용과 교육방식이 더욱 다양해질 것은 불을 보듯 뻔한 일이다. 하지만 너무 당황할 필요는 없다. 여기에는 공통적으로 '창의적 문제해결력을 갖춘 인재'를 양성하겠다는 목적이 있다. 이것은 오랫동안 교육의 가장 근본적인 목적이었다.

그렇다면 창의적 문제해결력은 어떻게 기를 수 있는가? 이것은 무조건 외우거나 막연하게 이해해서는 결코 기를 수 없다. 아무리 어려운 문제라도 핵심원리에 닿을 때까지 끈기 있게 물고 늘어져 고심한 끝에 해답을 찾아내는 연습을 반복해야만 기를 수 있는 능력이다. 스스로 어려운 문제의 답을 찾아본 경험이 있는 학생은 아무리 어려운 문제, 생전 처음 보는 문제를 마주하고도 겁먹지 않는다. 그리고 한번 습득한 '창의적 문제해결력'은 여러 과목에 두루두루 쓰일 수 있으며, 한걸음 나아가 세상을 살아가면서 겪게 될 온갖 문제를 해결하는 데도 도움을 준다. 그야말로 학교에서 배운 지식이 실생활에도 도움을 주는 제대로 된 공부라 할 수 있다.

나는 이러한 '창의적 문제해결력'을 기를 수 있는 과목으로 수학만 한 것이 없다고 생각한다. 수학은 인간이 가진 고도의 논리력이 집약된 학문이며, 때문에 수학적 사고는 철학, 경제학, 과학, 예술 등의 기초를 이룬다. 그러므로 수학적 개념을 제대로 깨우친 학생들은 다른 학문도 직관적으로 이해할 수 있다.

그러한 의미에서 『창의적 문제해결력 수학』은 수학의 각 분야 '수와 계산', '도형과 공간', '확률과 통계', '미분과 적분'의 핵심개념을 그야말로 '제대로' 깨우치게 해준다. 단순히 개념을 전달하는 것이 아니라, 개념의 의미를 읽어내고 다른 분야와 통합하여 응용할 수 있게 해준다는 뜻이다. 예를 들어, '수와 계산'을 읽다 보면 자연스레 '확률과 통계'의 방법론으로 나아가게 되고, '확률과 통계'를 읽다 보면 데이터를 정리하는 효과적인 방법이 함수화라는 것을 알게 된다. 그리고 함수를 공부하다 보면 자연스레 '미분과 적분'의 핵심개념에 도달하게 되고, 그것으로 '도형과 공간'을 계산할 수 있다는 것을 깨닫게 될 것이다. 이렇게 하여 '문제를 푸는 수학'에서 벗어나, '의미를 읽는 수학'의 세계로 들어가게 되는 것이다.

수학은 단순한 계산과 공식의 나열이 아니라 '끈기 있게 생각하고 궁리해서 풀어나가는 힘'을 길러주는 학문이다. 나는 이 책을 통해 많은 학생들이 '수학의 의미를 생각하는 즐거움'을 느낌과 동시에, 대입시와 특목고 입시에서 요구하는 고난도 사고력 측정 문제, 새로운 유형의 창의성 문제에 자신감을 얻기를 바란다.

2008년 봄

계영희 (고신대학교 정보미디어학부 겸 유아교육과 교수)

차례

2장 평면 도형

3장 공간 도형

4장 해석기하학

5장 # 기하학의 이모저모

기하학의 첫걸음

단팥 양갱을 정확히 7등분하려면 어떻게 해야 좋을까? 길이를 재서 7로 나누면 우수리가 생겨서 쉽지 않지만 아래 그림처럼 하면 정확하게 자를 수 있다.

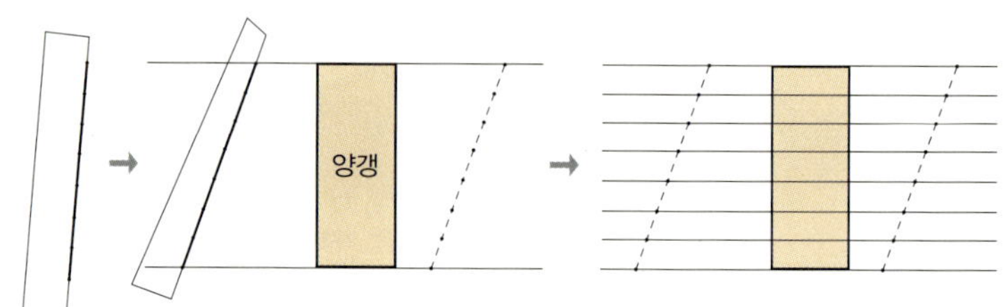

① 양갱의 전체 길이에 맞춰서 가로선을 긋는다(종이를 접어서 표시해도 좋다).

②7로 나뉘는 길이가 되도록 자를 비스듬히 놓고 빗금을 7등분한다.

③ 두 군데에서 7등분하고 등분점을 이으면 원하는 길이로 정확히 7등분할 수 있다.

그렇다면 1ℓ짜리 용기로 $\frac{1}{6}\ell$를 재려면 어떻게 해야 할까? 이것도 궁리하면 방법은 있다.

힌트 : 홉을 비스듬히 기울이면 $\frac{1}{6}$을 잴 수 있다.

그런데 이런 '생활의 지혜'는 재미는 있지만 실제로 도움을 받을 기회는 별로 없다. 대학에서 배우는 지식도 마찬가지여서 '딱 들어맞는' 경우에는 즉시 효과를 볼 수 있지만 조금만 조건이 변해도 적용할 수 없으며 세상이 변하면 완전히 무용지물이 되기도 한다. 예를 들어 공대 전기공학과에서는 오랜 세월에 걸쳐 '진공관의 성질'을 가르쳤지만, 트랜지스터 시대가 도래하면서 그 지식은 쓸모가 없어졌다.

그렇다고 예전에 대학에서 공부한 진공관에 관한 지식이 전혀 의미가 없었냐 하면 그렇지는 않다. 세상일이란 그래서 재미있는 것이다. 진공관 시대에서 트랜지스터 시대로 바뀌었어도 응용 면에서는 공통점이 많아 '진공관 개념이 큰 도움이 되었다'고 말하는 선배도 있다. 널리 도움이 되는 것은 '지식'보다는 '개념'인 것이다.

이 책은 '생활에 도움이 되는 지식'보다 '생활에 도움이 되는 개념'에 중점을 두었다. 여기에는 '진실이란 무엇인가'를 밝히려던 그리스적인 정신, 즉 '근거'를 중시하고 자유롭게 사고하는 정신이 바탕을 이루고 있다. 이러한 정신이 제대로 구현된다면 배울 만큼 배운 사람이 수상한 종교나 악덕 세일즈맨에게 속아 넘어가는 일은 없을 것이다. 실제로 '중요한 부분에서 철저히 생각하고', '어리석은 짓을 하지 않는 것'이 이런저런 잡다한 지식을 갖추는 것보다 훨씬 의미가 있지 않을까.

지금부터 살펴볼 각 주제는 '일상생활과 거리가 멀어' 보일 수도 있다. 그러나 현재 우리의 생활을 지탱해주는 과학기술의 기본은 수학이며, 그중에서도 핵심은 기하학이라 할 수 있다. 이러한 기하학의 탄생 과정을 대략적으로나마 알아두는 것은 논리적이고도 자유롭게 사고하는 데 도움이 될 것이다. '기하학의 투명성'이라는 말이 있을 정도로 수학 중에서도 직관적으로 가장 이해하기 쉬운 것이 기하학이며, 역사적으로도 '근거를 밝히려는' 그리스적인 정신이 맨 처음 성공을 거둔 분야 역시 기하학이다. 우선 1장에서는 그리스적인 정신을 이해하는 입문 과정으로서 '기하학의 탄생'에 관련된 풍경을 살펴보겠다.

보면 알 수 있다
(기하학 이전)

기하학은 한마디로 '도형에 관한 학문'이라 정의할 수 있다. 이 학문의 역사는 생각보다 훨씬 오래되었는데, 가령 '원주의 길이와 지름의 비는 대략 3이다' 또는 '변의 길이의 비가 $3:4:5$인 삼각형은 직각삼각형이다'와 같은 사실은 이미 수천 년 전부터 알려져 있었다.

도형의 성질은 '보면 알 수 있는' 경우가 많다. 그야말로 백문이 불여일견인 것이다. 앞에서 예로 든 사실도 끈을 사용해서 간단하게 확인할 수 있다. 한편 [그림 1]에서 삼각형 ABC 위쪽의 정사각형 (Ⅰ), (Ⅱ)의 면적의 합은 아래쪽 정사각형 (Ⅲ)의 면적과 같은데, 이 역시 그림을 보면 알 수 있다.

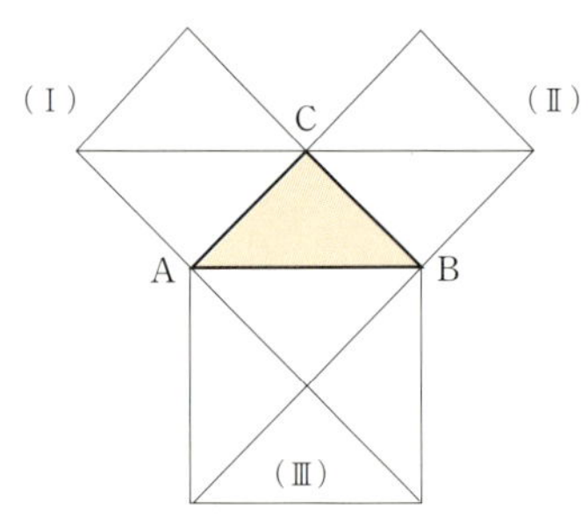

[그림 1] $AB^2 = AC^2 + BC^2$

힌트 : 같은 크기의 삼각형 수에 주목!

수의 성질도 그림을 이용하면 쉽게 이해할 수 있다.

$$1+3+5=9=3\times 3, \qquad 1+3+5+7=16=4\times 4\cdots$$

$$1+3+5+7+9+11+13+15+17=81=9\times 9$$

이상과 같이 '연속되는 홀수의 합은 제곱수다'라는 사실은 [그림 2]를 보면 분명해진다.

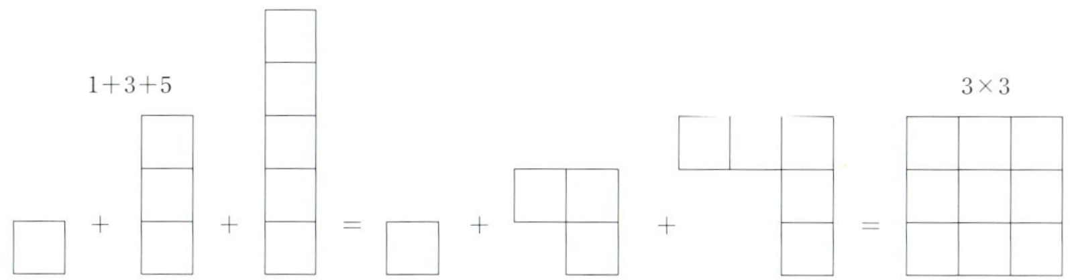

[그림 2] 기하학의 투명성

　　그림의 사각형들은 '그노몬'이라고 하는데, 홀수를 알기 쉽게 표현하고 있다. 수식을 사용하면

$$1+3+5+\cdots+(2n-1)=n^2$$

으로 나타내며 수학적 귀납법으로 증명할 수 있다. 그러나 형식적인 증명을 읽는 정도로는 '알았다!'는 느낌이 들지 않을 때가 많다. 차라리 위의 그림을 보는 것이 $n=5$이든 $n=79$이든 항상 성립한다는 것을 알 수 있다. 이렇게 '이해하기 쉬운 점'이 바로 기하학의 투명성이다. 마찬가지로 공식

$$1+2+\cdots+(n-1)+n+(n-1)+\cdots+2+1=n^2$$

또는

$$1+2+\cdots+n=\frac{1}{2}n(n+1)$$

도 그림을 보고 이해할 수 있다.

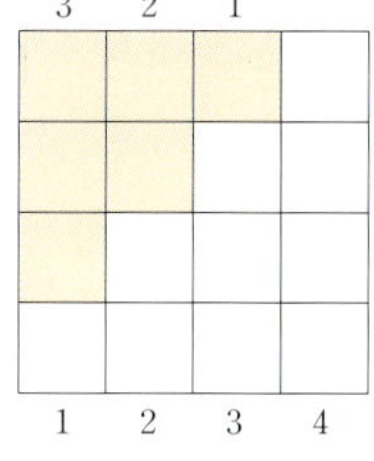 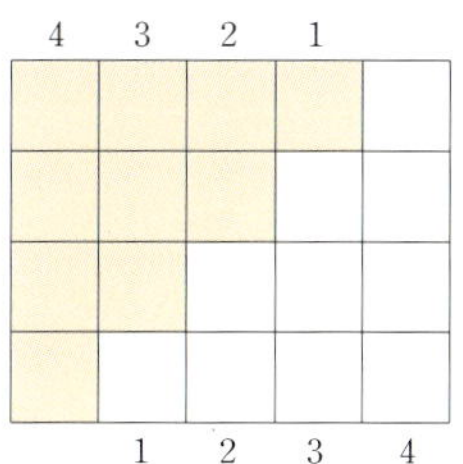

$$1+2+3+4+3+2+1=4^2 \qquad 2\times(1+2+3+4)=4\times(4+1)$$

02 왜? 어째서?

기하학을 비롯한 많은 수학적인 지식은 수천 년 전부터 이집트와 바빌로니아, 그리고 동양에서는 중국에서 발전되어왔다. 기원전 6세기에 활약한 그리스의 철학자로 '7현인' 중 한 사람인 탈레스(기원전 624~546)는 바빌로니아와 이집트로 가서 선진 지식을 공부했다. 옛날에 우리나라 학자들이 중국에서 학술과 문화를 배워온 것과 같다.

하지만 사고가 자유로운 해양 국가 그리스 사람들은 배운 지식을 받아들이고 믿는 데 그치지 않았다. 그들은 '왜? 어째서?'라는 의문을 가지고 논의하기 시작했다. 그리고 불과 수백 년 만에 수천 년의 전통을 자랑하는 이집트와 바빌로니아의 학문 수준을 훌쩍 뛰어넘었다. 예를 들어 원주율만 해도 그동안의 경험에 비추어 3이나

$$\left(\frac{4}{3}\right)^4 = 3.160493\cdots$$

등으로 알고 있었으나, 아르키메데스(기원전 287~212)가 경험만으로는 정확한 값을 구할 수 없다며 이를 기하학적으로 증명했다.

$$3\frac{10}{71} < 원주율 < 3\frac{1}{7}$$

이에 따라 그는 소수로 표현하면 $\pi \fallingdotseq 3.14$라고 확정했다.

우리에게 흔히 철학자로 알려진 탈레스는 흥미로운 인물이었다. 지금으로 치면 그는 국회위원, 실험가, 과학자의 역할을 하고 있었다. 극적인 일식

을 예언했으며 '강의 흐름을 바꾸는' 토목 공
사를 벌인 것으로도 유명하다. 밤하늘의 별을
넋을 잃고 바라보며 걷다가 하수구에 빠지기
도 했고, '이론에만 밝다'는 말을 듣자 장사를
해서 보란 듯이 큰돈을 벌었다는 일화도 있다.

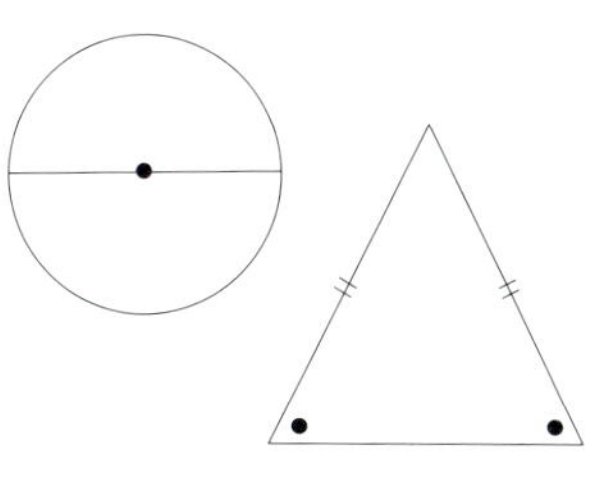

탈레스와 기하학

아울러 '이렇다!'는 주입식 교육에서 벗어나 '왜?'에서 출발하여 제자들과
논의하기 시작한 것도 탈레스의 공적이다.

기하학에서 1은 '원은 지름에 의해 이등분된다', '이등변삼각형의 두 밑
각의 크기는 같다'와 같이 보면 알 수 있는 것 또는 '뒤집으면 겹쳐진다'는
정도의 직관적인 설명을 했을 뿐이다. 그러나 그것만으로도 과학의 시작을
알리기에 충분했다. 그는 당시 신화로만 여기던 '세상의 성립 과정'을 현실
문제로서 거론했다. 그 결과 무엇이든 신화와 연관 지을 것이 아니라 합리
적으로 설명하려는 자세, 즉 '진실은 무엇인가'를 밝히려는 시도가 생겨났
다. 그리고 그것이 피타고라스학파의 지동설과 데모크리토스의 원자론, 나
아가서는 현대의 과학 · 기술로 발전했다.

〈보충〉 '기하학'은 영어로 'geometry'다. 'geo-'는 그리스어로 대
지, '-metry'는 계측을 뜻하는 말에서 생겨났다. '징조, 기미, 희미한,
대략' 등 여러 가지 뜻이 있는 한자 '기(幾)'와 결합된 단어 '기하(幾何)'
는 '어느 정도'라는 뜻으로, 계측과 관련이 있는 말이다. 이는 원래 이집트
에서 나일 강의 범람으로 엉망이 된 토지의 경계와 면적을 계측하기 위한
기술이었다. 이것을 과학으로 끌어 올린 것은
모두 그리스 사람들의 공적
이다.

# 피타고라스의 등장

　　피타고라스(기원전 560~480, 그리스식 발음은 퓨타고라스)는 부유한 상인의 아들로 사모스 섬에서 태어났다. 젊어서 친구 폴리크라테스의 정치 개혁에 공감해 협조했으나 폴리크라테스가 귀족제를 무너뜨린 후 형제까지 추방하고 독재를 하자 실망한 나머지 사모스를 떠나 지식을 찾는 방랑길에 오른다. 그때가 30세 무렵이라고 한다. 그 후 그는 30년간 이집트를 비롯해 바빌로니아, 갈리아, 인도 등지를 떠돌아다녔다.

　　피타고라스는 깊이 있고 폭넓은 지식으로 당대 사람들을 경탄시켰는데, 60세 무렵 이탈리아 남부 크로톤에 신비한 종교와 학술을 연구하는 '피타고라스 학파'를 창립했다. 피타고라스 학파는 윤회설을 믿으며, 인간과 짐승의 유사성을 강조하고 육식을 금하는 등 종교 교단과 비슷한 활동을 했다. 한 일화로 어떤 사람이 강아지를 때리는 모습을 본 그가 "그 개의 영혼은 내 친구이니 때리지 마라"고 했다는 이야기가 전한다. 그는 윤회에서 벗어나는 수단으로 '지(知)를 사랑하라(필로소피아)'고 가르쳤는데 이것이 철학(필로소피)의 어원이다. 종교 외의 이론적 연구에서는 음악과 수학을 중시해, 음악 분야에서 현의 길이의 비와 아름다운 화음의 관계를 밝혀 피타고라스 음계를 확정했다.

　　기하학에서 그는 평행선의 성질을 이용해서 삼각형 내각의 합이 180°임을 증명했고 '비례 이론'을 구상했다. 그러나 뭐니 뭐니 해도 가장 유명한 것은 '일반 직각삼각형에 대한 피타고라스의 정리'라고 할 수 있다.

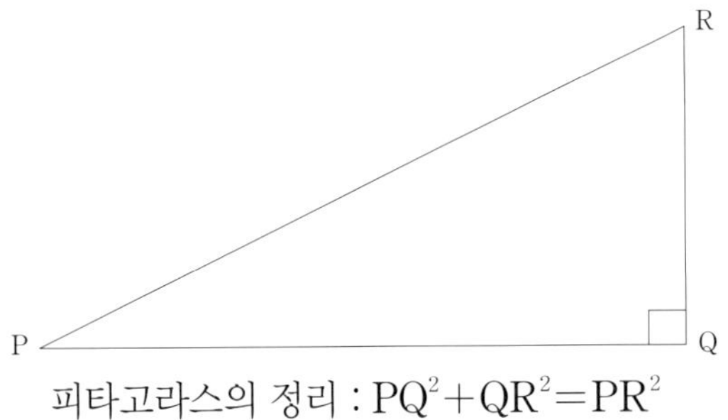

피타고라스의 정리 : $PQ^2 + QR^2 = PR^2$

[그림 1] (14페이지)에서 나타낸 사실은 이 정리의 특수한 경우다

피타고라스의 정리는 바빌로니아 학자들에게도 알려져 수학 문제집에 자주 사용되었는데, 그들의 지식은 상당한 수준이었다. 가령 그들은

$$x^2 + y^2 = z^2$$

을 충족하는 정수의 짝(이른바 피타고라스의 수)에 대해

$$12709^2 + 13500^2 = 18541^2$$

과 같은 예도 알고 있었다. 이런 커다란 수는 우연히 발견되었다고 보기 힘들다. 즉 이론적으로 연구해서 얻은 결과인 것이다.

그러나 바빌로니아 사람들은 문제를 푸는 데만 피타고라스의 정리를 이용했을 뿐, 정리 자체를 일반적인 형태로 설명하거나 증명한 흔적은 전혀 찾아볼 수 없다. 따라서 훗날 프로클로스(기원전 410~485)가 "이 정리를 일반적인 형태로 처음 증명한 사람은 피타고라스다"라고 한 말이 지금까지 통설로 굳어져 있다.

04 우주, 점, 그리고 비례

피타고라스의 우주론에 따르면 우주는 유한한 구형으로, 그 중심에 '중심화(中心火)'가 있고 지구가 그 주위를 돌며 지구의 바깥쪽을 태양이 회전하고 있다고 한다. 원래는 그의 제자 필로라오스의 생각이라는 이 이론은 약 2000년 뒤 코페르니쿠스에게 힌트를 주었다. 피타고라스 외에도 그리스인들은 우주에 대한 자유로운 발상을 했는데, 아르키메데스는 '태양이 중심이고 지구가 그 주위를 1년에 한 바퀴 돈다'고 생각했으며 에라토스테네스는 지구가 일주하는 거리를 계산했다. 만유인력이 알려지지 않은 시대에 구형인 지구가 태양 주위를 돈다는 생각을 해낸 것이다.

그러나 점과 선에 대한 피타고라스의 생각은 소박한 직감 수준이었다. 그는 점은 '아주 작지만 크기가 0은 아닌 알갱이'와 같은 것으로, 그리고 선은 매우 많은 유한개의 점으로 이루어진 것'이라고 생각했다. 이에 따라 그는 두 선의 길이의 비는 그 선에 존재하는 점의 개수의 비와 같으며 이는 반드시 정수의 비로 나타내야 한다는 것을 전제로 '비례 이론'을 내놓았다.

'비례 이론'은 확대 복사나 축소 복사를 연상하면 이해하기 쉽다. 삼각형을 ○배하면 변의 길이는 전부 ○배가 되지만 각도는 변하지 않는다. 그리고 모든 삼각형은

(☆) 각도가 변하지 않으면 변의 길이는 똑같이 ○배가 된다.

이것이 '닮음의 기본 성질'이며 여기서 피타고라스의 정리를 이끌어낼 수도 있다.

구체적으로 설명하자면 이 성질은 다음과 같은 사실에서 비롯되었다.

(★) 높이가 같은 직사각형의 면적은 밑변 길이에 비례한다.

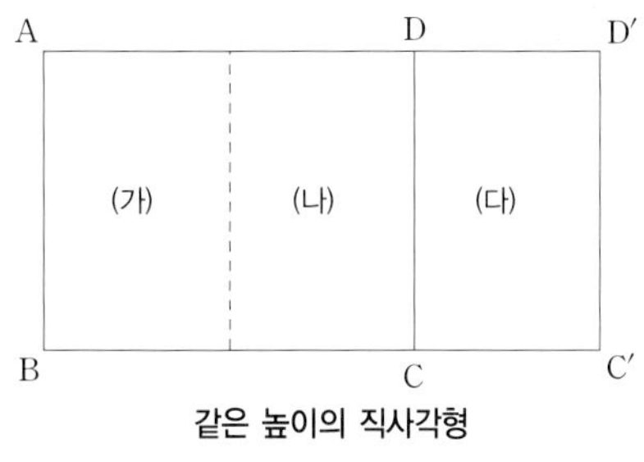

같은 높이의 직사각형

예를 들어 직사각형 ABCD와 ABC′D′에서 밑변 BC와 BC′의 길이의 비가 2 : 3이라면 면적의 비도 2 : 3이라는 것이다. 이것은 다음과 같이 증명할 수 있다.

① 직사각형 ABC′D′를 그림처럼 세로로 3등분한다. BC : BC′가 2 : 3이므로 오른쪽 등분선은 CD와 일치한다.

② 작은 사각형 3개는 완전히 겹쳐지므로 면적은 같다.

③ 직사각형 ABCD는 작은 사각형 3개 중 2개의 분량, ABC′D′는 3개 분량이므로 면적의 비는 당연히 2 : 3이다.

길이의 비가 꼭 2 : 3이 아니라도 3 : 7이든 19 : 61이든 방법으로 증명할 수 있다. 이렇게 해서 길이의 비가 틀림없이 정수비면 '닮음의 기본 성질'(☆)도 보증된다.

* 수치로 생각하면 당연한 것도 도형의 양을 가지고 기하학적으로 증명해야 한다.

현대 사람들은 길이라고 하면 '29.7cm'나 '7.32m' 등 단위가 붙은 수치를 떠올린다. 이것은 단위가 되는 길이에 대한 비로, 예를 들어 29.7cm는 1cm의 29.7배이고 7.32m는 1m의 7.32배이다. 모두 당연하다는 듯이 '어떤 길이든 수로 나타낼 수 있다'고 생각한다.

피타고라스도 처음에는 그렇게 생각했다. 수는 정수(마이너스는 제외. 0, 1, 2, … 등)와 분수뿐이었지만 그래도 '수로 나타낼 수 없는 길이'가 있다고는 꿈에도 생각하지 않았다. 그런데 그 자신의 정리에서 의외의 결론이 나왔다. 즉 길이의 비가 반드시 정수비가 되는 것은 아니라는 결론이었다.

그림을 보자. 이등변 직각삼각형의 변 AC와 AB의 비는 자로 재보지 않아도 정수비가 아님을 알 수 있다. 실제로 AC의 길이를 1이라 하고 AB의 길이를 t라 하면 피타고라스 정리에 따라

$$1^2 + 1^2 = t^2$$

즉 $2 = t^2$이 된다.

이를 현대의 표기법으로 나타내면

$$t = 제곱해서\ 2가\ 되는\ 수$$

즉 $\sqrt{2}$이다. 그런데 $\sqrt{2}$는 절대 분수로는 나타낼 수 없는 이른바 '무리수'다(옆 페이지 참조).

이런 이유로 '피타고라스가 무리수를 발견했다'고 하는 사람도 있지만

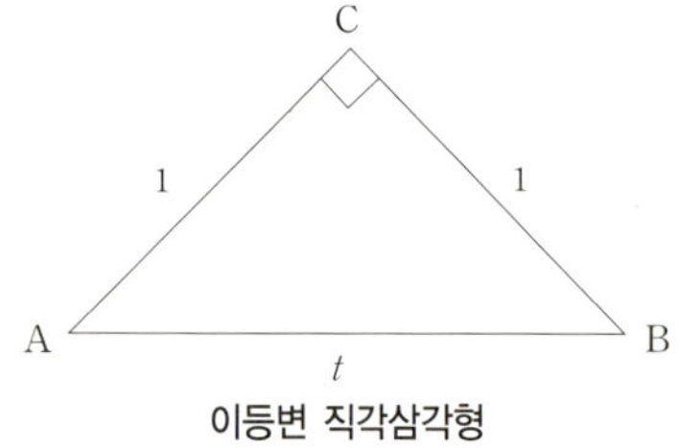

이등변 직각삼각형

그가 무리수를 인정한 것은 아니다. '무한소수'나 '실수' 같은 편리한 것이 발명되기 전이므로 피타고라스는 '수(=유리수)로는 나타낼 수 없는 비' 또는 '수로는 나타낼 수 없는 길이'가 있음을 발견했을 뿐이다.

동시대의 바빌로니아 사람들은 60진법에 의한 유한소수로 2차방정식을 풀고 근사해를 구하는 것에 만족했다. 그들이 구한 근삿값은

$$1 + \frac{24}{60} + \frac{51}{60^2} + \frac{10}{60^3} = 1.41421296\cdots$$

이었다(정확한 값과 0.0000006 정도밖에 차이가 나지 않는다). 그들은 '$\sqrt{2}$를 분수로 정확하게 나타낼 수 있는지 아닌지' 따위는 전혀 걱정하지 않았다!

그러나 그리스인들은 달랐다. '선은 유한개의 점으로 이루어진다'는 믿음이 깨졌고 비례 이론도 날아갔다. 이렇듯 정수비를 전제로 하는 증명이 불충분하자, 그들은 2차방정식을 풀 때 문제를 도형 언어로 번역하고 해를 길이로 구했다.

〈보충〉 $t^2 = 2$의 t를 분수로 나타낼 수 없음을 증명 : t를 분수 $\dfrac{m}{n}$으로 나타낸다고 가정한다. 약분하면 m과 n

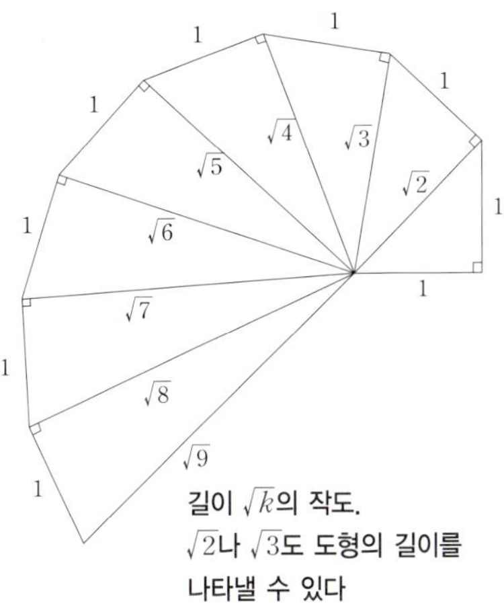

길이 $\sqrt{k}$의 작도.
$\sqrt{2}$나 $\sqrt{3}$도 도형의 길이를 나타낼 수 있다

은 공약수가 없다. 이것을 $t^2 = 2$에 대입하면 $m^2 = 2n^2$을 이끌어낼 수 있다. 우변이 짝수이므로 m은 홀수일 수 없다. 그러므로 $m = 2k$라 하면 $4k^2 = 2n^2$ 즉 $2k^2 = n^2$이 되어, n도 짝수이어야 한다. 이것은 'm과 n에는 공약수가 없다'는 가정과 모순이다. 따라서 t를 분수로 나타낼 수 있다는 가정은 틀린 것이다.

아킬레스는 거북을 추월할 수 없다?

난제는 '수로는 나타낼 수 없는 길이'뿐이 아니었다. 논의란 엄밀하게 파고들수록 대립하는 설끼리 결말을 짓기 어려운 법이다. 남부 이탈리아 엘레아학파의 철학자 파르메니데스(기원전 515~450)는 '있는 것은 있고 없는 것은 없다'를 기본 원리로, '물질이 아무것도 없는 빈 공간'이라는 개념을 부정하고 '있는 것'은 '분할할 수 없는 전체이며 영원히 불변·부동하다'고 주장했다. 그리고 이에 대해 제자 제논(기원전 490~430)은 스승의 학설을 보호하기 위해 다음과 같은 재미있는 논법을 생각해냈다.

공간은 점(작은 알갱이), 시간은 시각(극히 짧은 순간)으로 분할할 수 있다고 생각하는 이들이여, 하늘을 나는 화살을 생각해보라. 매 시각마다 화살(끝)은 어떤 점을 차지하고 있다. 즉 그 순간에는 움직이지 않는 것이다. 따라서 매 순간 움직이지 않는 것이므로 화살은 허공을 날 수 없다.

'당신은 파르메니데스 선생님의 주장이 현실적이지 않다고 하지만 당신의 주장도 현실적이지 않다'는 것이 제논의 주장이다. 그러나 화살은 분명 하늘을 날기 때문에 이것은 현실에 모순되는 '패러독스'(역리, 역설)이다.

이외에도 제논의 패러독스는 모두 4가지가 알려져 있는데 가장 유명한 것은 '아킬레스와 거북'의 패러독스다.

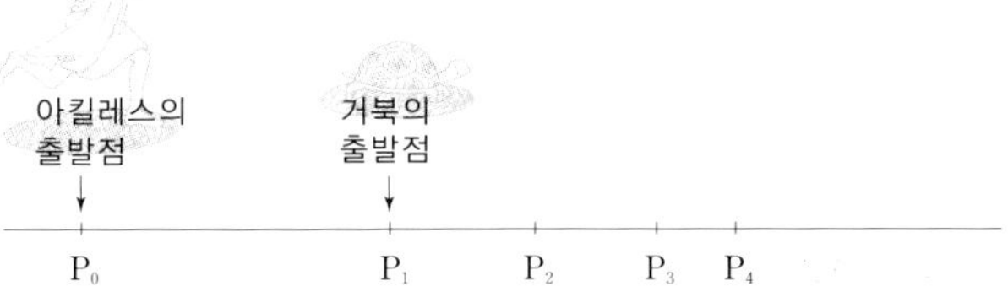

발이 빠르기로 유명한 영웅 아킬레스와 느림보 거북이가 경주를 한다고 하자. 아킬레스가 거북보다 조금 뒤에서 출발한다면 어떻게 될까?

아킬레스는 우선 거북의 출발점 P_1에 도달한다. 그때 거북은 느리긴 해도 꾸준히 전진해 새로운 지점 P_2에 있다. 아킬레스가 P_2에 도달했을 때 거북은 다시 조금 앞쪽인 P_3에 있다. 그리고 아킬레스가 P_3에 도달하면 거북은 P_4에 있고….

이러한 과정이 무한히 반복되므로 결국 아킬레스는 아무리 시간이 흘러도 거북을 따라잡을 수 없다!

'점'과 '선'의 추상화

제논의 패러독스는 '크기가 없는 이상적인 점'을 인정하면 해결할 수 있다. '크기가 없는' 실체는 있을 수 없으므로 '점은 위치'라고 생각하면 이해하기 쉽다. 이렇게 보면 시각도 '극히 짧은 순간'이 아니라 '시간 흐름 속에서의 위치'다. 즉 '어느 시각일 때의 화살의 위치를 생각하는 것'은 시간의 흐름을 멈춰 세우는 것이므로 '그 시간에 화살이 이 위치에 있다'는 것이 곧 '화살이 멈춰 있다'는 것을 의미한다고는 할 수 없다.

'크기가 없는 위치'라면 유한한 선 위에 무한히 있어도 문제 될 것 없다. '시간 흐름 속의 시각'도 마찬가지므로 아킬레스와 거북의 패러독스는 다음과 같은 점에 주의하면 이해하기 쉽다.

아킬레스는 초속 10m, 거북은 초속 1m로 달린다고 하자. 아킬레스가 거북보다 9m 뒤에서 출발했다면 딱 1초 후면 따라잡을 수 있다. 이런 상황에 앞 페이지에 나온 예를 적용하면 다음과 같다.

1) 아킬레스는 0.9초 후, 즉 따라잡기 0.1초 전에 거북의 출발점 P_1에 도착한다. 그때 거북은 0.9m 전진한 지점 P_2에 있다.

2) 아킬레스는 그로부터 0.09초 후, 즉 따라잡기 0.01초 전에 P_2에 도착한다. 거북은 그보다 0.09m 전진한 지점 P_3에 있다.

3) 아킬레스는 따라잡기 0.001초 전에 P_3에 도달한다. 거북은 0.009m 전진한 지점 P_4에 있다.

  …

아킬레스가 거북을 따라잡는 시각까지 유한한 시간을 머릿속에서 무한히 분할할 뿐인 것이다!

'점은 작은 알갱이', '선은 유한 개의 점으로 이루어져 있다'는 이미지를 버리면 '선 길이의 비가 정수비가 되지 않는 것'도 문제 될 게 없다. 그 결과 그리스인들 사이에서도 '점은 위치일 뿐 크기가 아니다'는 개념이 생겨났다.

여기에 익숙해지면 자연히 '길이는 있고 폭은 없는 선', '넓이는 있고 두께는 없는 면'도 생각할 수 있다. 형식적인 논증을 하기에 아주 편리한 개념이다. 그러나 익숙해지기까지는 '직관적으로 이해하기 어렵다'는 불평도 나온다. 그럴 때는 다양한 것들의 '경계'에서 점이나 선의 이미지를 떠올리면 된다. 반투명한 종이 두세 장을 조금 엇갈리게 겹쳐놓으면 경계선으로 폭이 없는 직선과, 그 교점의 '크기가 없는 점'이 보인다. 그리고 두 종이의 접촉면이 두께가 없는 이상적인 면이다.

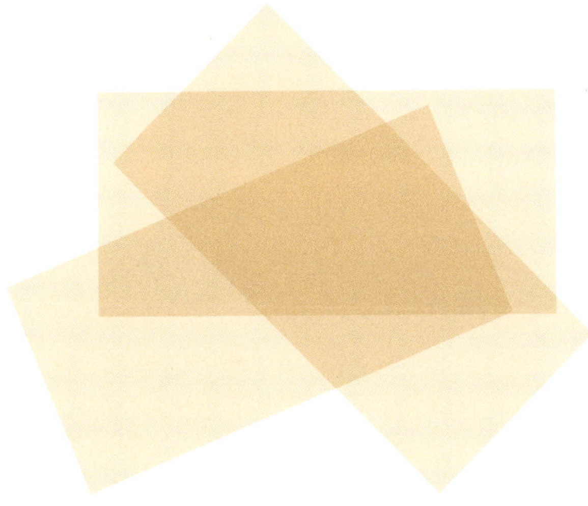

〈보충〉 *3-1*(102페이지)의 사진도 참고할 것

08 수학 체계의 시작

제논과 동료들이 철학적 논쟁을 벌이는 가운데 기하학적인 사고는 계속 발전했고 그에 따른 성과도 늘어갔다. 일례로 기원전 5세기 후반 활약한 레우키포스는 공간을 물질을 넣는 용기로('물질'이 없어도 '공간'은 있다) 인정하고 '무한히 넓은 공간'을 구상했다. 이는 다음 세기에 많은 학자의 활약 속에 더 많은 성과를 올리게 된다. 레우키포스 외에 조금 색다른 예를 들면 메나이크모스는 포물선과 쌍곡선의 교점을 이용해서 '3승해서 2가 되는 길이'를 구하는 방법을 발견했다. 이 방법은 현대적인 표기법으로 다음과 같이 간단하게 설명할 수 있다.

포물선 $y=x^2$과 쌍곡선 $xy=2$의 교점 x좌표를 a라고 하면 $y=a^2$이며 $ay=2$, 따라서 $a^3=2$

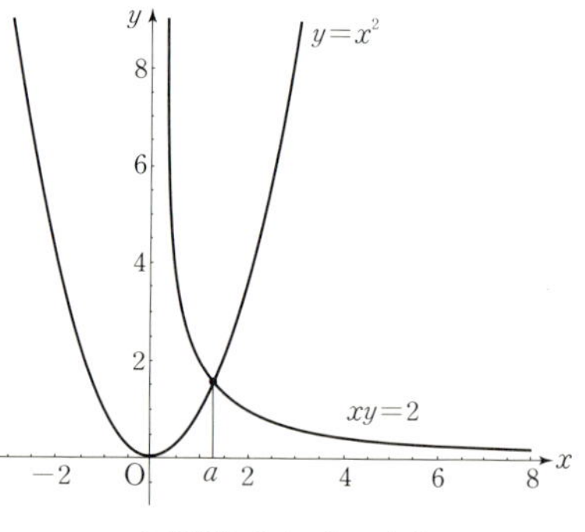

3승해서 2가 되는 길이

동시대에 활약한 에우독소스(기원전 408~355)는 더 큰 공헌을 했다. 그는 자연수만 가지고 일반 비를 계산하는 탁월한 방법을 창안하여 비례 이론을 발전시켰다. 그가 생각한 방법은 '실수'에 익숙한 현대인이 보기에 필요 이상으로 기교적이므로 여기서는 자세한 설명을 생략한다('번외편' 38페이지 참조). 아울러 그는 현재의 적분(구분구적법)에 해당하는 계산법을 고안하여 그것으로 데모크리토스가 발견한 (공교롭게도 아주 비슷한 개념의) 각뿔과 원뿔의 부피 공식을 증명했다.

이런 성과들을 정리하고 해설한 교과서 중 특히 뛰어난 것이 기원전 3세기에 선보인 유클리드의 《원론(stoicheia)》이었다. 《원론》이 워낙 훌륭해서 다른 교과서들이 전부 자취를 감춘 바람에 유클리드가 나타나기 전에 어떤 교과서가 있었는지는 영원히 알 수 없게 되었다.

《원론》의 저자 유클리드(그리스어 이름은 에우클레이데스)는 알렉산드리아에서 활약한 수학자다. 프톨레마이오스 1세(재위 기원전 317∼283)를 모시던 무렵, 왕이 좀 더 쉬운 공부법이 없는지 묻자 "기하학에 왕도는 없다"고 대답했다는 일화가 유명하다(알렉산더 대왕과 메나이크모스 사이에도 같은 일화가 전해진다).

라파엘로가 그린 바티칸 궁전의 벽화 〈아테네 학당〉. 오른쪽 아래에 컴퍼스를 들고 있는 유클리드의 모습이 보인다. 왼쪽 아래에서 책을 펼쳐 들고 있는 것은 피타고라스

《원론》의 출발점

유클리드의 《원론》에는 '전제에서 논리적으로 결론을 이끌어내는 과정'이 다음과 같이 정리되어 있다. 먼저 이론의 전제를

　1) 용어의 정의(이것도 일종의 가정·약속)

　2) 가정으로 인정해달라는 요청

이렇게 나누고 2)를 좀 더 구체적으로 나눈다.

　2.1) 기하학 특유의 요청(공준)

　2.2) 일반적인 요청(공리)

예를 들어 《원론》 1권에는

　　1. 점은 부분이 없는 것이다.

　　2. 선은 폭이 없는 길이이다.

　　3. 선의 끝은 점이다.

로 시작하는 23개의 정의가 열거되어 있다. 그다음에

　　1. 임의의 점에서 임의의 점으로 직선을 그을 수 있다.

　　2. 유한한 직선을 무한히 연장할 수 있다.

　　3. 임의의 중심과 반지름을 갖는 원을 그릴 수 있다.

이하 총 5개의 공준을 열거한 후

　　1. 같은 것과 같은 것은 같다.

로 시작해서

　　8. 전체는 부분보다 크다.

9. 두 직선은 면적을 갖지 않는다.

로 끝나는 9개의 공리가 이어진다.

여러분은 어떻게 느꼈는지. 기묘한 것과 당연한 것이 섞여 있다고 생각했다면 건강한 반응이다. '정의'에는 생략이 너무 많고 일부는 '공준'으로 옮겨도 좋을 만한 것도 있다. 필자라면 이렇게 쓰겠다.

이 책에서 취급하는 도형 중 부분을 갖지 않는 것은 점뿐이다. 이렇게 이상화된 점은 '위치만 있고 크기가 없는 것'이라고도 할 수 있다. 한편 선은 길이가 있고 그 일부를 잘라낼 수 있으므로 선은 점이 아니다. 단, 선도 이상화해서 폭이 없는 것으로 생각하면 선의 끝은 부분이 없으므로 이것은 점이다(이하 생략).

이것으로 모든 사람을 설득할 수는 없다. 나머지 공리와 공준도 그렇지만 아마도 제논을 설득하기는 불가능할 것이다. 유클리드도 그 사실을 알고 있었다. 그래서 공준과 공리는 '요청'이며 '그런 가정하에 이야기를 시작한다'고 선언한 것이다. '실증주의(positivism)'라고도 할 수 있는 자유롭고 대담한 선언이었다.

이들 요청은 익숙해지면 지극히 당연하게 생각된다. 그래서 공리와 공준이 어느새 '누가 봐도 분명한 사실'로 여겨지게 되었다. 그러나 당연한 것이 '왜' 당연한지를 묻는 것이야말로 올바른 학문의 자세일 것이다. 따라서 그러한 의문을 제기하는 학생에게는 우선 '추상화'의 개념을 잘 설명하고, 27페이지의 시각화한 이미지를 이용해 스스로 이해하고 익숙해지게 이끌어야 한다. 이것이 바로 진정한 의미의 그리스적인 태도다!

10 자와 컴퍼스

유클리드의 '공준'은 무엇을 말하려는 것인지 요지를 파악하기 어렵고 설명이 부족한 부분도 있다. 예를 들어 공준 1에서 '직선을 그을 수 있다'고만 했으나 그 뒤의 증명에서는 '한 줄밖에 그을 수 없다'고 부연 설명하고 있다. 그래서 지금은 서로 다른 두 점 P, Q를 통하는 직선은 단 1개만 존재한다는 식으로 설명하는 경우가 많다. 아울러 이것도 '추상적인 점', '추상적인 직선'이 아니면 성립하지 않는다.

유클리드는 일반적인 '공리'와 기하학적인 '공준'을 구별했지만 유명한 공리 8, '전체는 부분보다 크다'는 오히려 다음과 같이 도형으로 한정해서 생각하면 이해하기 쉽다.

① 전체 면적은 부분 면적보다 크다.

→ □ABC′D′의 면적 > □ABCD의 면적

② 전체 길이는 부분 길이보다 크다

→ BC′의 길이 > BC의 길이

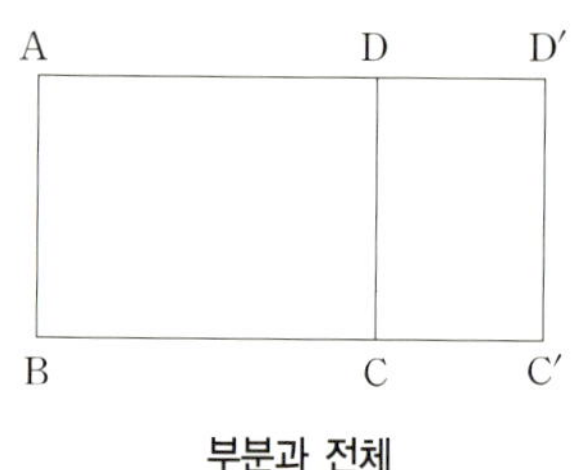

부분과 전체

그래서 오늘날에는 공리와 공준을 따로 구별하지 않고 이론의 출발점이 되는 가정을 전부 '공리'라고 한다.

유클리드의 작업에서 한 가지 더 주목할 사실은 '직선이 존재한다'라고 하지 않고 '직선을 그을 수 있다'라고 표현한 것이다. 이는 그 자체로 중요한 전제를 내포하고 있다. 공준 1~3에서 그는 '도형을 그리는 수단으로 눈금 없는 자와 컴퍼스만을 인정’할 것을 밝히는데, 그 결과 ‘기본적으로 대상은 직선과 원, 수단은 자와 컴퍼스’로 한정되므로 ‘이 책에서 그 이상의 것은 다루지 않는다’고 선언한 것이다. 이에 따라 메나이크모스의 ‘포물선과 쌍곡선의 교점을 구하는’ 작도 등은 ‘제외’되었고 유클리드 자신의 《원뿔곡선론》도 따로 쓰게 되었다(유클리드의 저서는 아폴로니오스의 《원뿔곡선론》에 밀려 오늘날 전해지지 않는다).

이처럼 ‘눈금 없는 자와 컴퍼스로 한정하는’ 이유는 다음과 같다.

1) 정확하게 작도할 수 있는 도구가 자와 컴퍼스뿐이었다.

2) 눈금이 있는 자는 근사적인 작도에는 편리하지만 우수리가 있을 때는 정확하지 않다.

3) 직관에 좌우되지 않고 엄밀하게 증명하는 첫걸음으로 ‘자와 컴퍼스 이론’이 적합하다.

4) 자와 컴퍼스만으로도 꽤 여러 가지가 가능하다 : 2차방정식은 자와 컴퍼스로 충분하다.

5) 컴퍼스와 자 이외의 도구를 허용하면, 허용하는 대상에 따라 가능한 것이 달라지므로 이론적으로 정리하기 어렵다.

유클리드의 이러한 이론은 다음 절에서 살펴볼 ‘자와 컴퍼스로 할 수 없는 것은 무엇인가’라는 질문으로 발전해 후세의 수학에 영향을 미쳤다.

그리스 3대 난제

 '자와 컴퍼스만으로 풀 수 없는' 문제로 다음 3가지가 유명한데 이를 '그리스 3대 난제'라고 한다.

 (가) 각의 삼등분 : 임의의 각을 정확하게 삼등분하라.

 (나) 원의 정사각형화 : 임의의 원과 면적이 같은 정사각형을 구하라.

 (다) 정육면체 배적 : 임의의 정육면체의 두 배 부피를 갖는 정육면체를 구하라.

 이 문제들을 '자와 컴퍼스만으로는 풀 수 없다'는 것을 증명하기까지 2000년 이상이 걸렸다. 특히 (나)는 1882년에 독일의 린데만이 논문을 발표하여 결론을 냈는데 '문제가 출제된 후 풀기까지 걸린 시간'으로는 '페르마도 깜짝 놀랄' 세계 최장 기록이다.

 그러나 이미 그리스인들은 자와 컴퍼스에 얽매이지 않는 다른 해법을 생각해냈다. 그중 하나가 메나이크모스의 포물선과 쌍곡선을 이용한 '3승해서 2가 되는 길이'의 작도법(28페이지)인데 (다)의 정육면체 배적 문제는 이것으로 풀 수 있다. 정육면체의 길이를 1로 하고 '3승해서 2가 되는 길이'를 구하면 그것이 '부피가 2배인 정육면체'의 변의 길이인 것이다.

 아르키메데스의 '각의 삼등분법'도 재미있다. 이것은 눈금자만 있으면 즉시 해볼 수 있다. 아래 그림에서 삼등분할 각을 ∠BAC로 해보자.

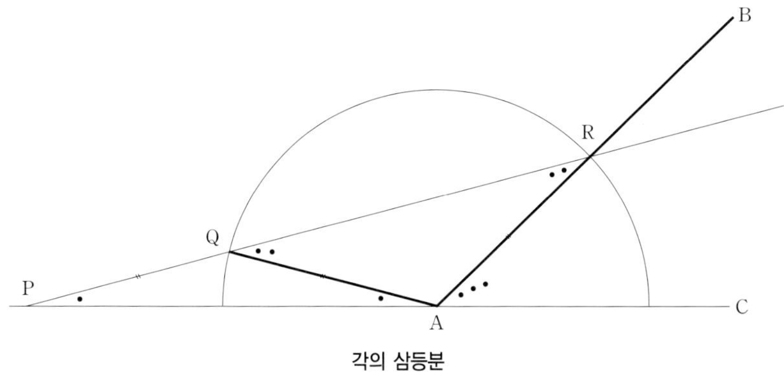

각의 삼등분

① A를 중심으로 반지름 3cm의 원을 그린다. 이 원과 AB의 교점을 R라 한다.

② 직선 AC의 왼쪽 연장선상의 점 P와 R을 지나는 직선을 그린다 : 원의 교점 Q까지의 거리가 정확히 3cm가 되게 자로 재어 P의 위치를 정한다.

그러면 ∠RPC가 정확히 ∠BAC의 3분의 1이 된다. (왜 그럴까?)

물론 꼭 3cm가 아니어도 상관없다.

아르키메데스는 '중심에서의 거리가 회전각에 비례하는 선, 즉 아르키메데스의 소용돌이선을 사용하면 '임의의 각을 임의로 등분할 수 있고' '원을 정사각형화할 수 있다'는 것을 나타냈다. 이 증명 과정은 이 단계에서 다루기에는 복잡하므로 더 이상 깊이 들어가지 않는다.

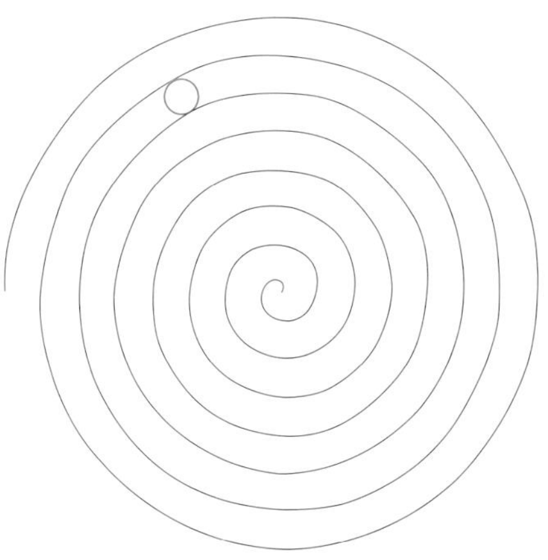

아르키메데스의 소용돌이선

그 후의 유클리드

유클리드의 《원론》에는 자연수 이론도 포함되어 있지만 후세에 커다란 영향을 미친 것은 기하학 부문이다. 특히 뉴턴(1642~1727)의 역학이 선보인 후 그 토대가 된 유클리드 기하학은 '우리가 살고 있는 우주 공간에 대한 절대적 진리'로 여겨졌다.

아울러 공리와 공준을 정리하는 등 다양한 연구가 이루어졌는데 다음에 소개하는 '평행선 공리'(유클리드의 제5공준)도 그 대상이었다.

직선 l 이 다른 두 직선과 교차하여 l 쪽에 생기는 두 내각 (가), (나)의 합이 180°보다 작으면 두 직선은 그림의 화살표 방향에서 교차한다.

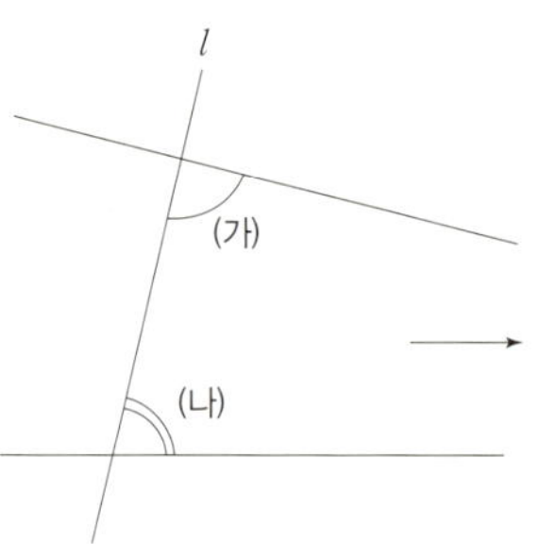

평행선 공리

이 공리로 다음 사실을 증명할 수 있다.

(E) 직선 L과 그 위에 있지 않은 점 P를 지나며 L과 평행한 직선은 단 1개 존재한다.

이때 '평행'이란 '같은 평면상에 있으며 언제까지나 교차하지 않는 것'을 말한다. 그러나 이것은 다른 공리·공준에 비해 너무 복잡하다. 그래서 옛날부터 '이것을 다른 공리에서 이끌어내는 것은 불가능한가?'라는 의문이 제기되어왔다.

결론부터 말하면 불가능하다. 그 증거로

(B) 직선 L과 그 위에 있지 않은 점 P에 대해 P를 지나며 평행인 직
　　선이 두 개 이상 있다

라고 가정하고 논의해도 논리적인 모순은 없다. 그리고

(R) 직선 L과 그 위에 있지 않은 점 P를 지나며 L과 평행인 직선은
　　존재하지 않는다

라고 가정해도 역시 모순은 없다. 그러므로 (E)를 충족하는 유클리드 공간에 대해 (B) 또는 (R)이 성립하는, 이른바 비유클리드 공간을 적어도 머릿속으로는 존재한다는 것을 인정하게 되었다.

천재 과학자 가우스(1777～1855)는 한 발 더 나아가 '우리가 살고 있는 우주 공간은 과연 유클리드 공간인가?'라는 문제를 제기했다. 이것은 사실 물리학의 문제이므로 당시 기술로는 답을 얻지 못했다. 지금도 결정적인 것은 밝혀지지 않은 상태라 '우주 공간이 유한한지, 무한한지'조차 단정할 수 없다.

현재 유클리드기하학은 '현실 세계와는 독립된 이론적 체계'이며 그 공리는 '이론을 출발시키기 위한 요청'으로 여겨지고 있다. 물론 일상생활에 충분히 도움이 되는 건 사실이지만 '무한히 넓은 공간'이 실제로 존재하는지 불분명하므로 '엄밀하게 말해서 현실의 우주 공간과는 맞지 않다'라고 할 수 있다.

이러한 '현대적인 견해'와 '고대 그리스인의 견해'가 일치하는 것이 놀랍지 않은가?

에우독소스의 비례론

에우독소스는 길이와 면적의 '비가 같다'($\alpha : \beta = \gamma : \delta$)는 것을 다음과 같이 정의했다(기술적인 이야기므로 이 부분은 건너뛰어도 상관없다).

'α, β의 비와 γ, δ의 비가 같다'는 것은 모든 자연수 p, q에 대해 언제나 다음 조건이 성립하는 것을 말한다.

α의 p배가 β의 q배보다 클(작을) 때는

γ의 p배는 δ의 q배보다 크다(작다).

〈주의〉 같은 경우를 포함해도 무방하지만 이대로도 좋다.

비의 값 $x=\dfrac{\alpha}{\beta}$, $y=\dfrac{\gamma}{\delta}$를 아는 현대인을 위해 이 정의를 수학 용어로 바꿔서 표현하면

$x=y$란 모든 자연수 p, q에 대해 언제나 다음 조건이 성립하는 것을 말한다.

$x>\dfrac{q}{p}$인 필요충분조건은 $y>\dfrac{q}{p}$

복잡한 정의지만 이렇게 놓으면 21페이지의 (★) 부분의 사실을 일반적으로 증명할 수 있다. '밑변의 비＝면적의 비'를 증명하려는 것으로 정리해서 쓰면

$$\text{BC} : \text{BC}' = \square \text{ABCD} : \square \text{ABC}'\text{D}' \quad \cdots\cdots \text{(#)}$$

① BC의 p배를 BG, BC′의 q배를 BH로 한다([그림 1] 참조).

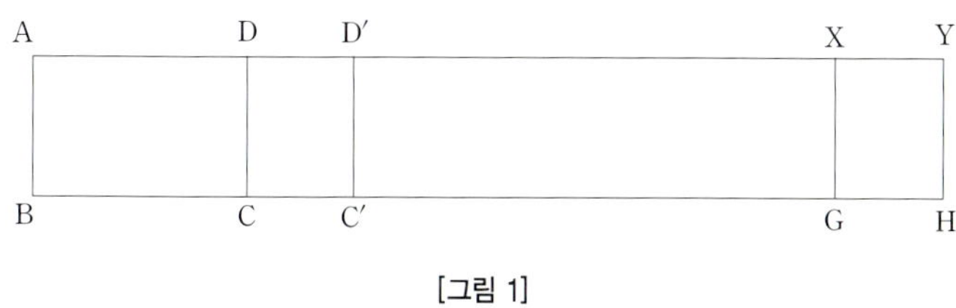

[그림 1]

그러면 □ABCD의 p배는 □ABGX, □ABC′D′의 q배는 □ABHY가 된다. p, q가 자연수면 당연한 결과다.

② BH>BG일 때는 BH는 BG를 포함하고 □ABHY는 □ABGX를 포함하므로

□ABHY>□ABGX

⟨주의⟩ 여기서 공리 8의 '전체는 부분보다 크다'가 사용된다.

③ BG>BH이면 BG는 BH를 포함하고 □ABGX가 □ABHY를 포함하므로

□ABGX>□ABHY

p, q는 임의이므로 비의 정의에 따라 원하는 등식 (#)을 이끌어낸다.

이것을 통해 다음 사실도 분명해진다.

(▲) 높이가 같은 삼각형의 면적은 밑변에 비례한다.

여기서부터는 비의 정의로 돌아가지 않고 도형에 관한 일반적인 논의만으로 닮음의 기본 성질(20페이지 ☆)을 비롯해 비례 이론을 모두 이끌어낼 수 있다(유클리드 《원론》 6권).

* 분수로 실수를 특징짓는 이 아이디어는 실수론을 체계화한 데데킨트의 논문(1872년)에서 활용되었다.

고대 그리스의 철학자 플라톤(기원전 428~348)은 기하학을 매우 중요시했다. 그가 창설한 학원 아카데미아의 교문에는 '기하학을 모르는 자는 들어오지 말 것'이라고 쓰여 있었다고 한다.

플라톤은 인간으로서 꼭 알아야 하는 것으로 '이상적인 실재(實在)와 영원불멸의 이데아'를 꼽았으며 인생 최대의 목적은 '선(善)의 이데아를 아는 것이라고 주장했다. 이런 낭만주의자의 면모는 기하학에서도 드러나는데, 그는 손으로 그린 삼각형은 '진정한 삼각형의 불완전한 표시'이며 연구 대상은 '물질적인 존재가 아닌 이상적인 점·선·삼각형'이라고 했다. 그리고 기하학을 공부하는 것은 '선의 이데아'를 지향하도록 영혼을 진리로 이끌기 위해서이며 실용적인 이익 따위는 하찮은 것이라고 생각했다.

그는 대화편 《티마이오스》에서 피타고라스학파와 테아이테토스가 발견한 정다면체 5개(플라톤 입체)를 거론했다. $x^2+y^2=z^2$을 충족시키는 정수, 이른바 '피타고라스의 수'를 만드는 다음 공식도 플라톤이 고안한 것이라고 한다.

$$x=2n, \ y=n^2-1, \ z=n^2+1$$

이외에 다음과 같은 공식도 있다.

$$x=pq, \ y=\frac{p^2-q^2}{2}, \ z=\frac{p^2+q^2}{2}$$

여기서 $p=179$, $q=71$로 놓으면 바빌로니아의 피타고라스의 수(19페이지)를 얻을 수 있다.

평면도형

잠깐! 한마디

수학을 배우는 많은 중·고등학생들이 싫어하는 것이 '증명'이라고 한다. 왜 그럴까?

'증명'하는 것에 어떤 매력과 경이로움도 느끼지 못하기 때문이 아닐까. 증명을 왜 해야 하는지 알 수 없다고 느낀다면 할 마음이 들지 않을 것이다.

물론 배우는 사람이 관심을 갖고 매력을 느낄 수 있게 가르치는 것도 중요하다. 하지만 배우는 쪽에도 문제가 있다. 요즘 학생들은 점점 '생활에서 바로 사용할 수 있는 지식'이나 '돈이 되는(monetizable) 기술'만 추구하는 것 같다. 앞날을 예측할 수 없는 현대 사회에서 오늘 당장 필요한 지식과 기술은 곧 낡고 뒤떨어진 것이 되고 만다. 그렇다면 우리에게 필요한 것은 '끈기 있게 생각하는 힘'이 아니겠는가? 늘 새로운 것만 추구하고 속도를 쫓으려고 허덕이는 것은 진정한 생각의 힘을 길러주지 못한다. 이는 고대 그리스인들의 경우를 보면 알 수 있다. '진실'을 밝히기 위해 초보적인 단계부터 '증명'을 거듭해 점차 생각하는 능력을 갖춘 그리스인들은 이집트와 바빌로니아가 몇천 년에 걸쳐 이룩한 성과를 불과 100년도 안 되는 기간에 보기 좋게 뛰어넘었다.

어떻게 보면 현대 아시아인들은 고대 그리스인들과 비견할 만한 성과를 낳았다. 근면함과 지적 호기심으로 무장해 단기간에 경제, 과학, 기술 등의 영역에서 서구 선진국들과 어깨를 나란히 하게 되었다. 이러한 성과가 21세기에도 계속 이어지려면 가장 중요한 것은 '변화에 적응할 줄 아는 사고력'과 '지적 호기심'일 것이다. 그리고 어떤 법칙이나 과정을 밝혀내는 '증명'이야말로 이를 위해 꼭 필요한 훈련이라 할 수 있다.

　사람들이 '증명'을 싫어하는 데는 기술적인 이유도 있다. 특히 '공리
계에 바탕을 둔 엄밀한 증명'이 익숙하지 않은 사람들에게는 '전제와
결과가 다 어렵다'는 인상을 주기도 한다. 유클리드는 '직관에 좌우되
지 않기 위해' 쉽게 증명하는 것을 일부러 피한다. '이등변삼각형의 밑
각은 같다'는 것을 증명할 때도 탈레스처럼 '삼각형을 뒤집어서 겹쳐보
는 방법'을 피하고 일부러 따로 삼각형을 그려서 그것을 뒤집는다. 이러
한 결벽증은 초보자 입장에서 성가시고 복잡할 뿐이다. 이를 감안해 이
책에서는 소박한 직관을 활용하는 증명을 중심으로, 때로는 대략적인
방법만 제시하거나 결론을 설명하려고 한다.

01 삼각형

'둥근 연못', '사각형 얼굴', '삼각 김밥'…

세상에 존재하는 모든 것에는 형태가 있게 마련이며 우리는 그런 다양한 형태 속에서 살고 있다. 기하학은 그러한 여러 가지 형태에 착안하여 그 성질을 조사하는 것에서 시작되었다. 지금부터 기하학의 유명한 정리를 살펴볼 텐데, 전체적인 키워드는 '놀람'과 '이해'다.

먼저 널리 알려진 '삼각형의 내각의 합은 180°'라는 정리를 생각해보자. 아래 그림과 같은 삼각형들은 내각의 합이 180°임이 명료하게 드러나는 경우다.

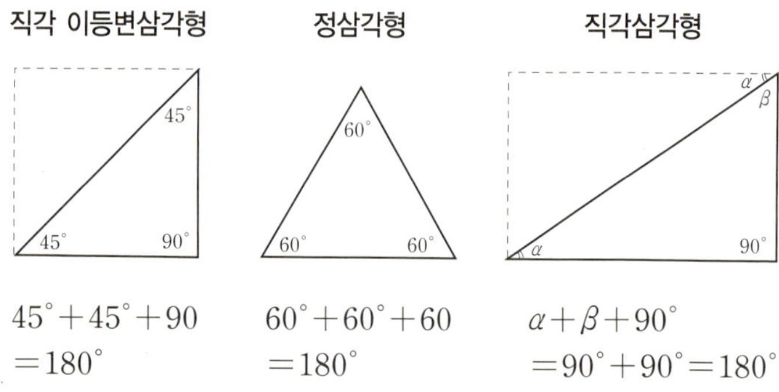

$$45° + 45° + 90° = 180°$$

$$60° + 60° + 60° = 180°$$

$$\alpha + \beta + 90° = 90° + 90° = 180°$$

그런데 '모든 삼각형'의 내각의 합이 반드시 180°라는 것은 어떻게 밝혀졌을까? '정말?', '어째서?'라는 의문을 가지고 아래 그림들의 설명을 살펴보자.

● 필자의 이해 방법(직사각형을 겹쳐본다)

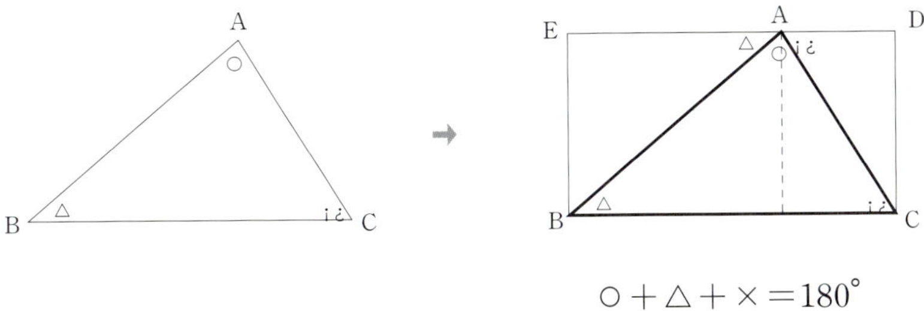

$$\bigcirc + \triangle + \times = 180°$$

● A씨의 이해 방법(같은 삼각형을 여러 개 그린다)

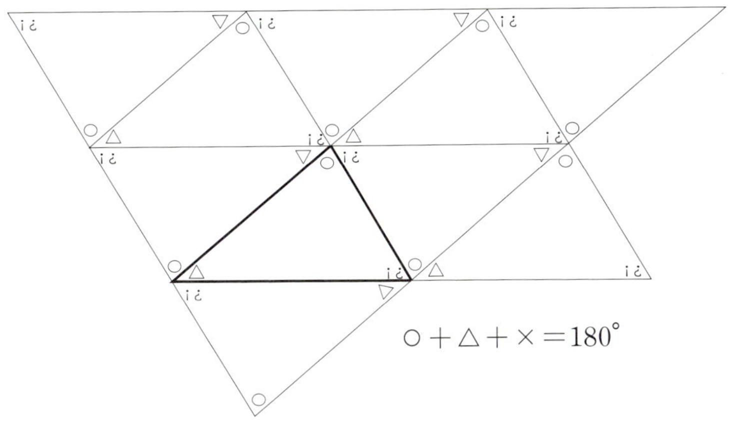

$$\bigcirc + \triangle + \times = 180°$$

● B씨의 이해 방법(삼각형 모양의 종이를 접어본다)

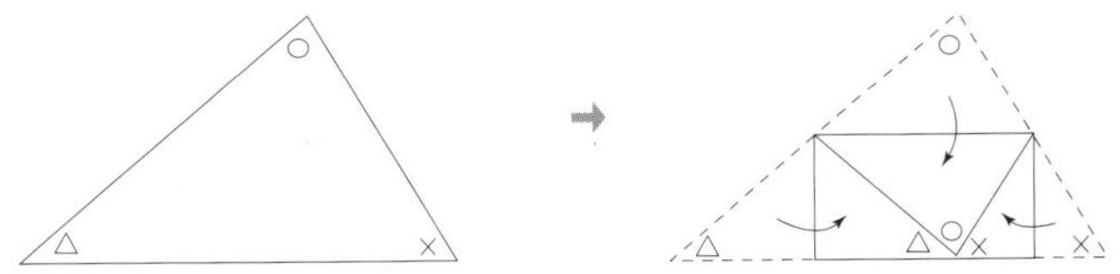

● 여러분의 이해 방법은?

　'정말?'이라는 '놀람'에서 시작해 '어째서?'라는 의문을 가지고 자기 주도적으로 '이해'할 수 있는 방법을 찾아보자.

　이것이 기하학을 즐기는 비법이다.

직사각형은 모든 꼭짓점의 각이 직각인 사각형으로, 마주 보는 변의 길이가 같으므로 '가로' '세로' 두 변의 길이로 형태가 결정된다.

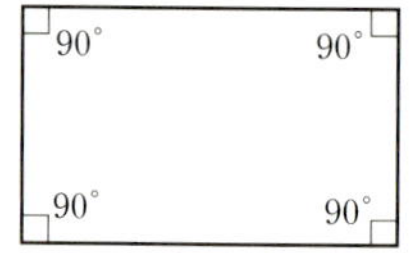

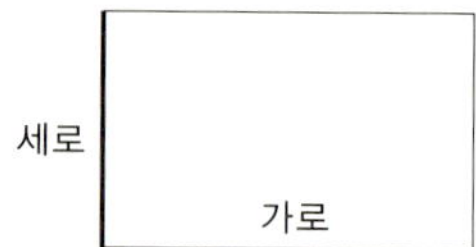

주변의 인공적인 사물을 둘러보면 쉽게 직사각형을 발견할 수 있다.

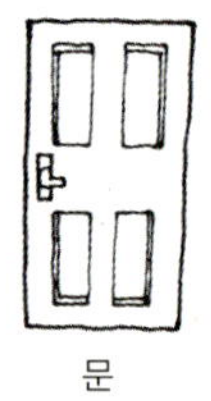

창문   문   TV 화면   책

이렇듯 주변에 직사각형이 많은 이유는 직사각형이 공간 활용도가 높고 생활하는 데 여러 가지로 편리한 점이 있기 때문이다.

예를 들어 집을 지을 때, 기둥이 땅과 수직을 이루지 않으면 불안정하다. 들보는 지붕의 무게를 지탱해야 하므로 지면과 수평을 이뤄야

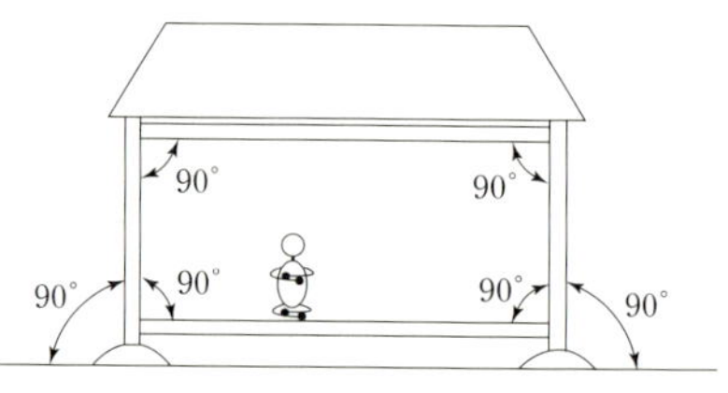

하고 그러려면 집의 형태가 직사각형을 기본으로 할 수밖에 없다.

직사각형의 면적은 (세로) × (가로)로 구한다. 그런데 왜 이렇게 구해야 할까?

세로 3m, 가로 4m인 직사각형의 면적 S는 세로 1m, 가로 1m인 정사각형의 면적 $1m^2$를 단위로 구하면 된다.

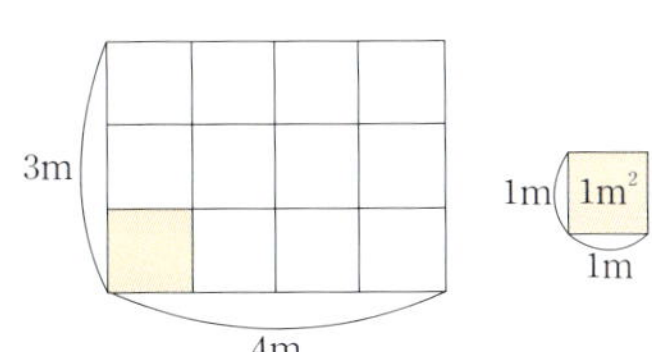

일일이 세기 귀찮으니까 다음과 같이 곱셈으로 처리하자.

$$S = 3m \times 4m = 12m^2$$

그렇다면 세로 3.1m, 가로 4.2m인 직사각형의 면적 S는 어떻게 구할까?

이때는 한 변의 길이가 0.1m

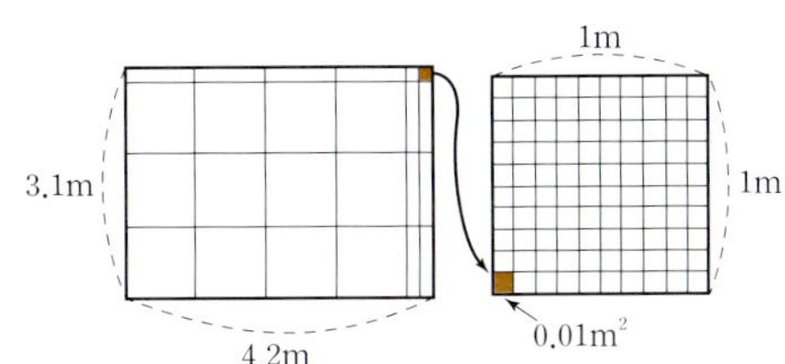

인 정사각형의 면적 $0.01m^2$를 단위로 구한다. 단위가 되는 정사각형이 세로에 31개, 가로에 42개 있으니까 이 경우도 곱셈을 이용해서

$$S = 31 \times 42 \times 0.01m^2 = 13.02m^2$$

로 구한다. 이것은 소수의 곱셈을 사용한

$$S = 3.1m \times 4.2m = 13.02m^2$$

와 같다.

이처럼 세로와 가로의 길이가 정수든 소수든 정사각형의 면적은 (세로)×(가로)의 계산으로 모두 구할 수 있다.

정사각형은 꼭짓점 4개의 각이 직각이고 네 변의 길이가 같은 사각형이다.

정사각형은 '4등분, 9등분 등 여러 가지 방법으로 같은 크기의 정사각형으로 분할할 수 있는' 성질이 있다. 직사각형은 같은 크기의 정사각형으로 분할할 수 없는 경우가 많다. 예를 들어 $1 : \sqrt{2}$ 인 직사각형은 한 변의 길이가 얼마든 정사각형으로 분할할 수 없다.

정사각형은 '단위'로서 중요한 역할을 한다. 십진위치적 기수법에서는 □ = 1 로 그 위력을 보여주며, 면적의 단위도 항상 정사각형을 기준으로 생각한다.

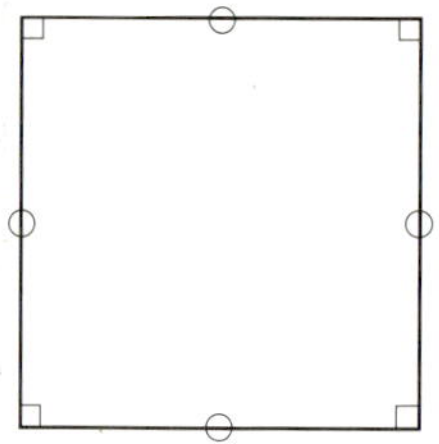

같은 크기의 정사각형으로 분할 가능

같은 크기의 정사각형으로 분할 불가능

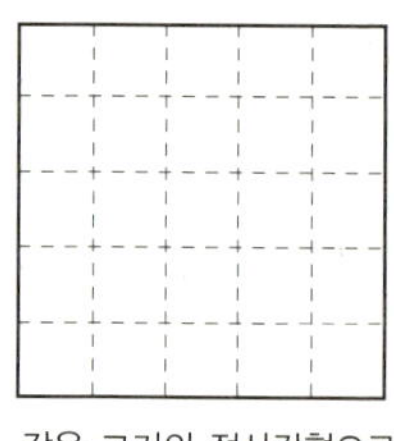

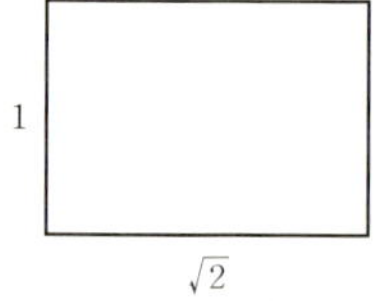

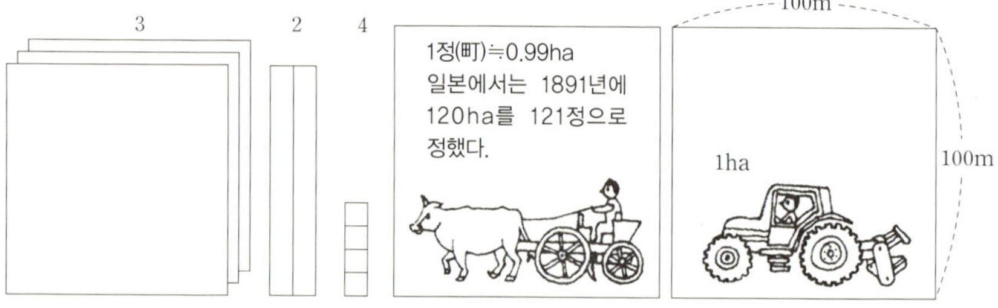

한편 원은 정사각형 속에서 빙글빙글 돈다.

또한 삼각형 중에 '뢸로의 삼각형'이라는 것은 사각형의 좌우상하 어딘가에 반드시 일부분이 닿은 채 매끄럽게 회전한다.

뢸로의 삼각형은 목재 등에 사각 구멍을 뚫는 기계에 원리가 응용된다.

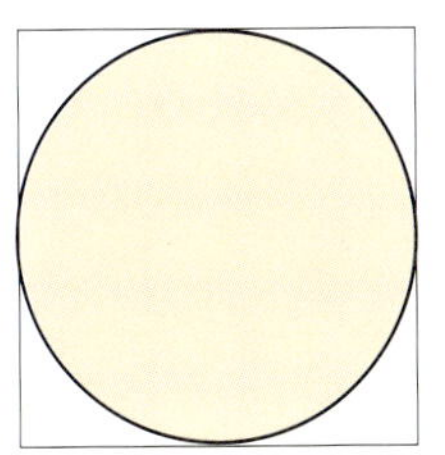
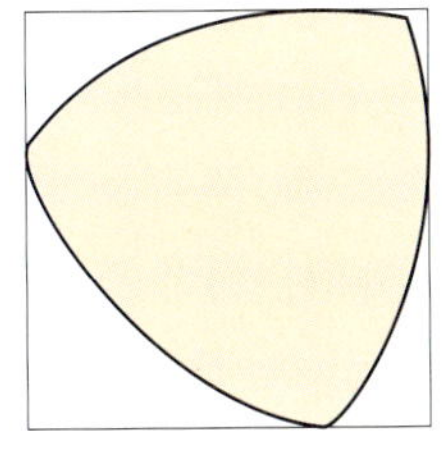
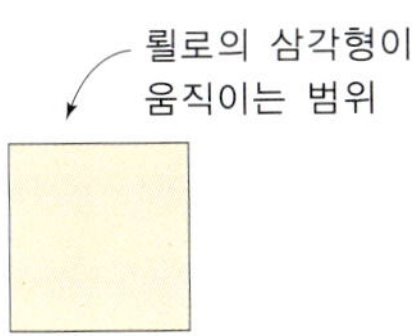

뢸로의 삼각형이 움직이는 범위

한편 수학자 루진(1883~1950)은 '정사각형은 각각 크기가 다른 정사각형으로 분할할 수 없다'고 했으나 실제로 분할할 수 있는 다양한 실례가 발견되었다. 최소 21개로 분할할 수 있다는 증명도 있는데 그렇게 분할하면 아래 그림처럼 된다.

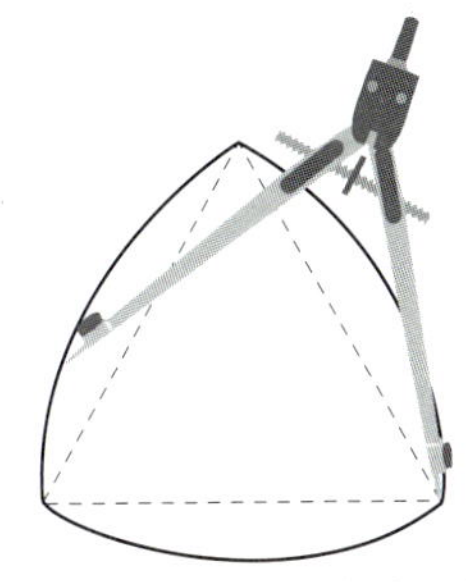

뢸로의 삼각형을 그릴 때는 정삼각형의 각 꼭짓점을 중심으로 그림처럼 원호를 그린다

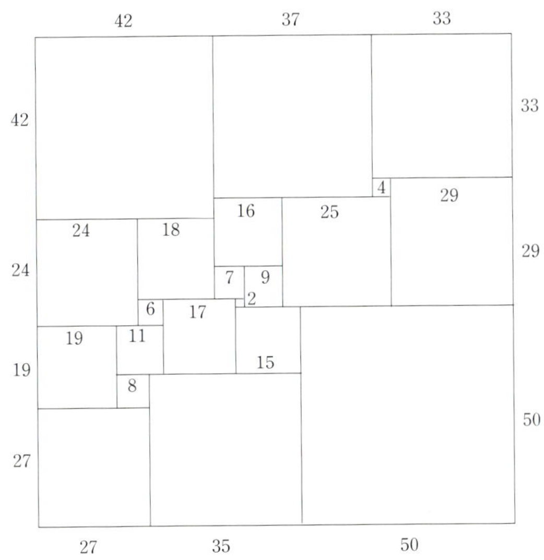

평행사변형

평행사변형은 '마주 보는 변(대변)이 각각 평행인 사각형'으로 그 조건은 다음과 같다.

- 마주 보는 각(대각)의 크기가 같다.
- 마주 보는 변(대변)의 길이가 같다.
- 이웃하는 각의 합이 180°이다.

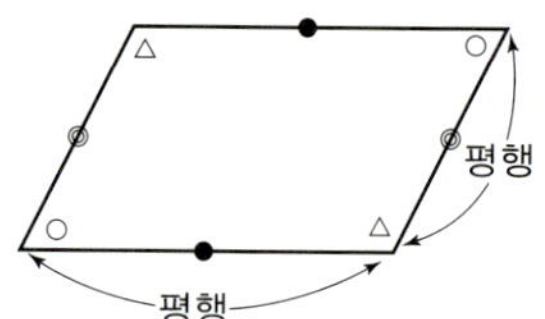

평행사변형의 면적 S는 밑변을 a, 높이를 h로 하면

$$S = ah$$인데,

이것은 다음과 같이 간단하게 증명할 수 있다.

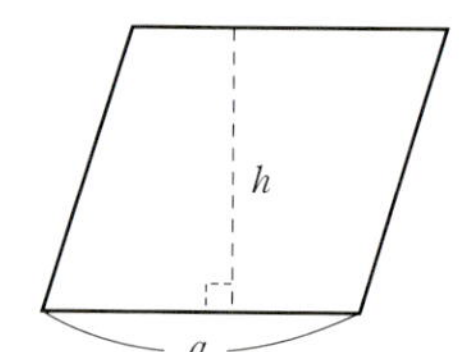

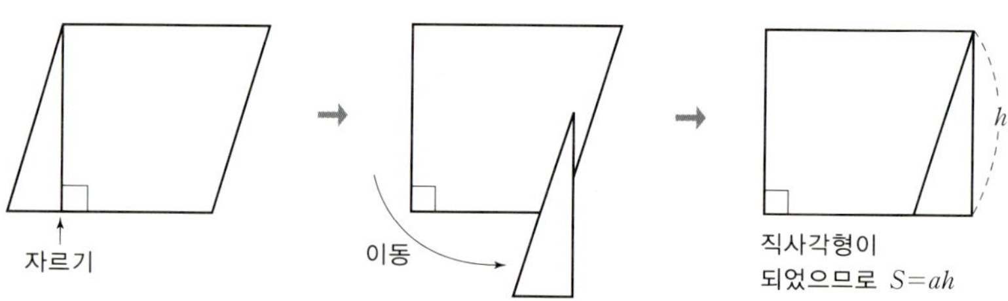

그런데 오른쪽 그림과 같은 평행사변형은 어떨까? 왜 면적이 ah인지 간단히 증명할 수 있을까?

다음의 두 가지 방법을 보자.

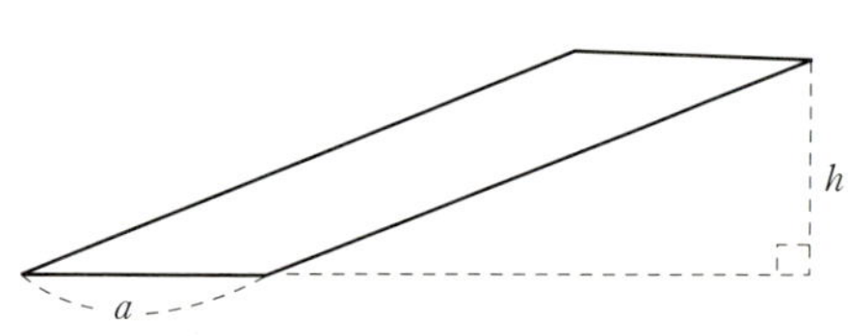

● 첫 번째 증명

① 오른쪽에 색칠된 삼각형을 덧붙이고 전체를 둘러싸는 테두리를 그린다. 평행사변형의 면적 S는 흰 부분이다.

② 테두리는 그대로 둔 채 색칠된 직각삼각형을 왼쪽으로 이동한다. 전체적인 테두리와 색칠된 삼각형은 변화가 없으므로 S는 두 군데 흰색 부분의 합이다.

③ 왼쪽 끝까지 이동하면 S는 흰색 부분의 면적이 된다. 직사각형이므로

$$S = ah$$

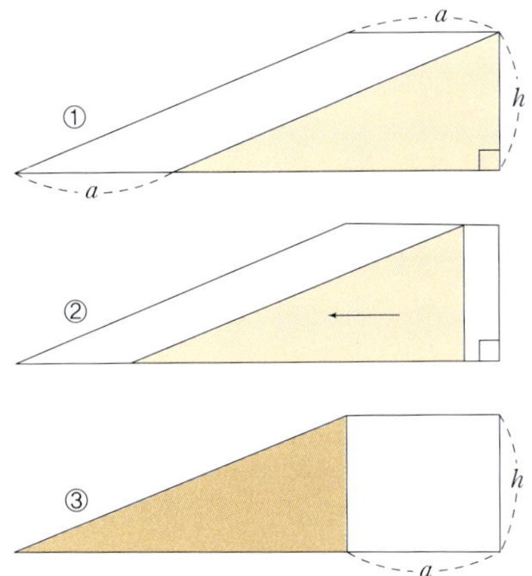

● 두 번째 증명

① 봉투에 같은 폭의 종이를 넣는다.

② 가위로 자른다.

③ 안에 있는 종이를 a만큼 꺼내면 밑변 a, 높이 h인 평행사변형이 생긴다. ②에서 남은 면적과 공통(색칠된) 부분의 면적이 같으므로 종이가 빠져나간 직사각형 부분의 면적 ah와 평행사변형의 면적 S는 같다. 따라서 S$=ah$이다.

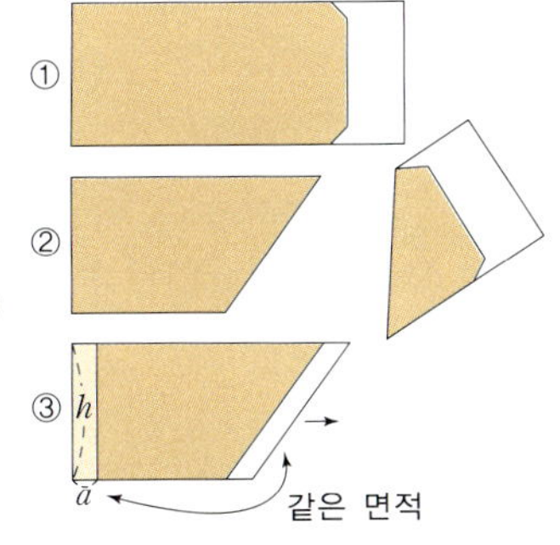

봉투를 직선이 아니라 곡선으로 자르면 재미있는 법칙이 보인다. 그림처럼 가로 폭이 항상 a이고 높이가 h인 도형의 면적 S는

$$S = ah \, (3\text{-}09 \, \text{'카발리에리의 원리' 참조})$$

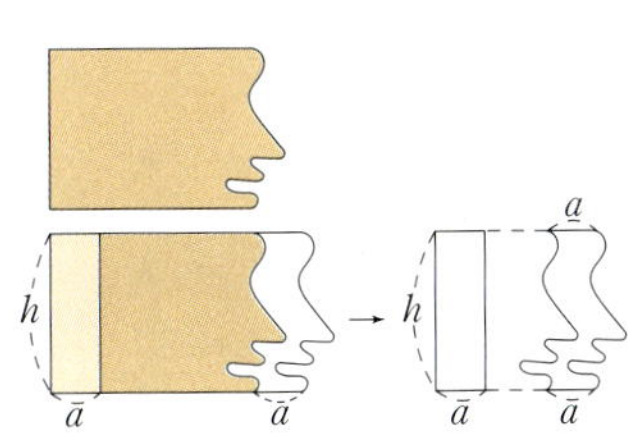

삼각형이 다른 다각형과 분명하게 차별화되는 것은 변의 길이만 정해지면 형태가 확실해지는 점이다.

즉 세 변이 정해지면 그 삼각형은 부동의 형태를 갖춘다. 그 외의 다각형은 변의 길이를 정하는 것만으로 형태가 정해지지 않는다. 예를 들어 사각형은 같은 사각형이라도 모양이 얼마든지 변형된다.

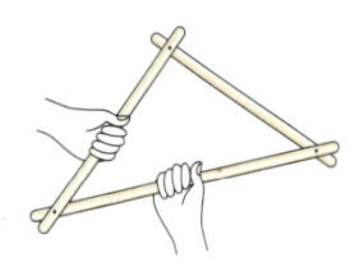

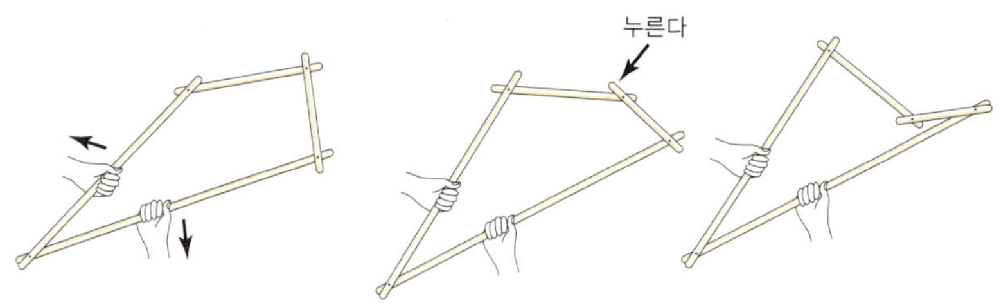

집을 지을 때 지진이나 바람에 견디도록 기둥과 기둥을 대각선으로 연결하는 '버팀대'를 쓰는 것도 그 때문이다. 완성되고 나면 벽에 가려져서 보이지 않지만 버팀대로 얼마나 여러 개의 삼각형이 만들어졌는가에 따라 튼튼한 건물인지 아닌지가 결정된다.

사각형에도 여러 가지 모양이 있다. 내각 4개도 각각 큰 것이 있는가 하면 작은 것도 있다. 그렇지만 내각의 합 ●＋▲＋★＋■는 변하지 않는다.

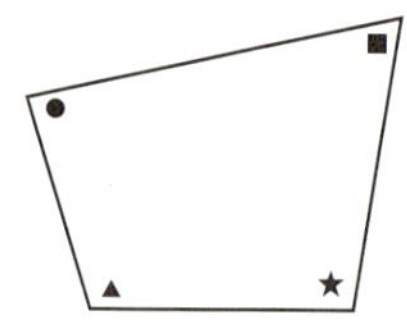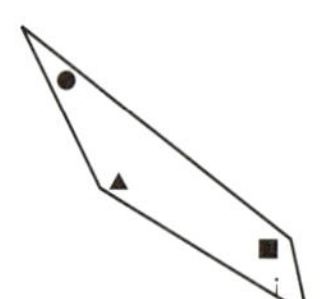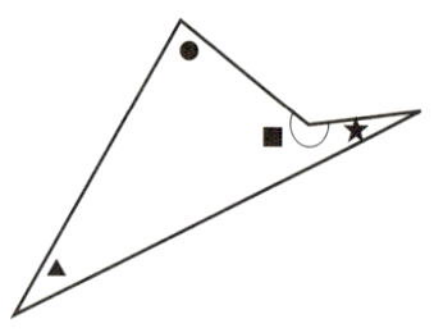

왜 그럴까?

그림처럼 대각선을 그어 2개의 삼각형으로 나눠보자. 삼각형 내각의 합은 언제나 180°이니까 180°가 2개면 360°다.

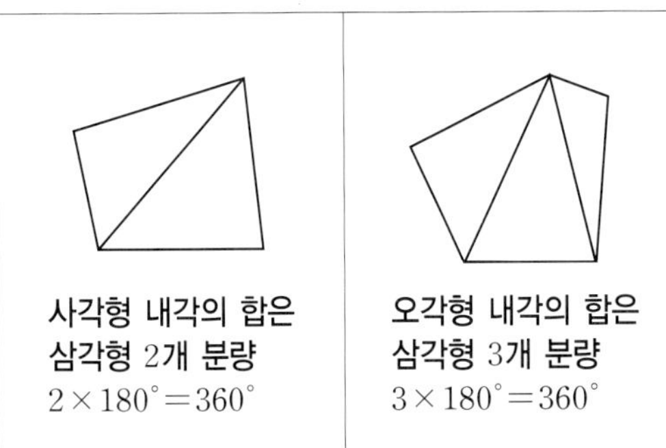

마찬가지로 오각형은 3개의 삼각형으로 나눌 수 있는데, 여기서 하나의 공식이 도출된다. 즉 일반적으로 m각형은 $m-2$개의 삼각형으로 나누어지므로 m각형 내각의 합은

$$(m-2) \times 180°.$$

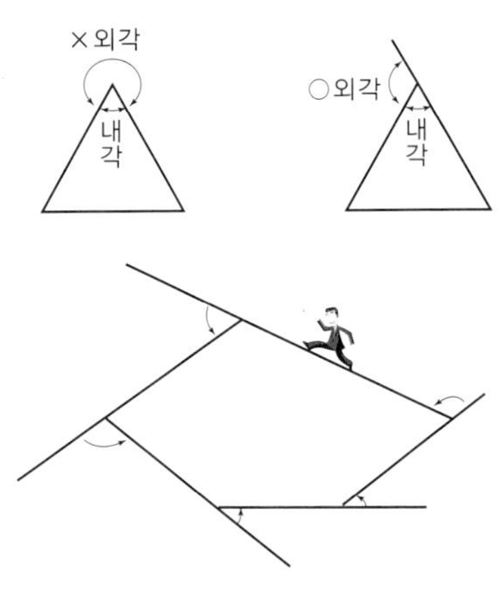

이번에는 외각을 살펴보자. 바깥쪽 각이니까 왼쪽 그림이 맞을 것 같지만 예부터 오른쪽 그림의 각을 외각이라 해왔다. 즉 $(180° - 내각)$이다.

몇 각형이든 외각의 합은 늘 360°다. 이는 땅바닥에 다각형을 그리고 그 둘레를 한 바퀴 걸었다고 생각하면 된다. 방향을 바꾼 각의 총합은 360°이며 그것이 외각의 합이다.

〈주〉 옆 페이지 아래의 오른쪽 그림처럼 凹다각형의 경우는 외각(180° − 내각)이 마이너스가 되기도 하지만 전체를 계산해보면 결국 '외각의 총합은 360°'가 된다. 내각과 외각의 총합은 m각형의 경우 180° × m이다. 따라서 내각의 합은 180° × m − 360°.

평행선

그림처럼 방향이 같은 직선 l, m, n을 평행선이라고 한다. 평행하는 두 직선은 아무리 연장해도 교차하지 않는다. 만약 교차한다면 그 교점 P에서 반대 방향으로 두 직선을 보았을 때 분명히 서로 다른 방향으로 뻗은 직선으로 보인다.

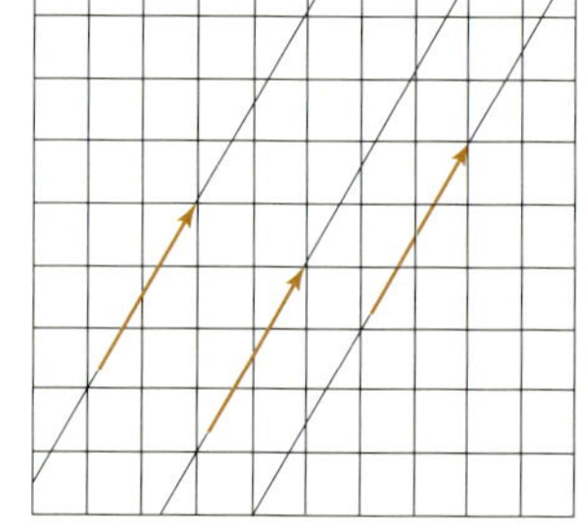

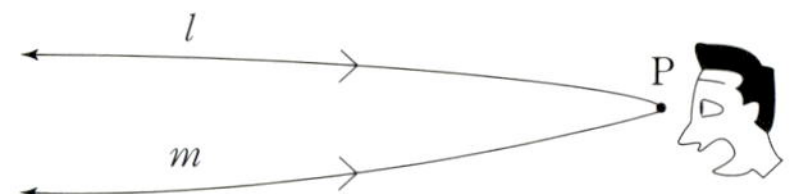

같은 모양, 같은 크기의 삼각형 판자를 나란히 붙이면 세 종류의 평행선이 보이는데,

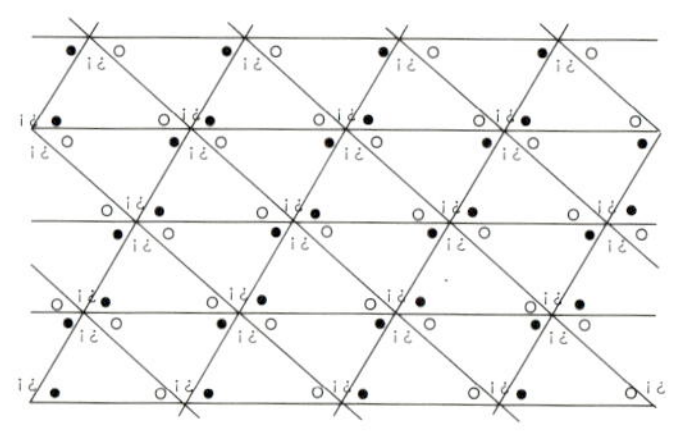

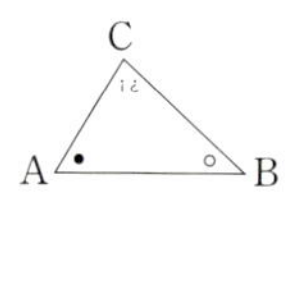

이 그림을 한참 바라보면

$$\angle A + \angle B + \angle C = 180°$$

즉 '△ABC 내각의 합이 $180°$'라는 것을 알 수 있다.

아래 그림과 같은 두 직선 l, l'와 이 두 직선과 교차하는 직선 m이 있다고 하자. l과 l'가 평행이면 그것이 m과 같은 쪽에서 만드는 내각 α와 β의 합은 $180°$여야 한다. 실제로 어느 한 쪽에서 $\alpha + \beta < 180°$가 성립하면 l과 l'는 그쪽에서 교차한다(유클리드의 공리에도 있다 : 30페이지 참조).

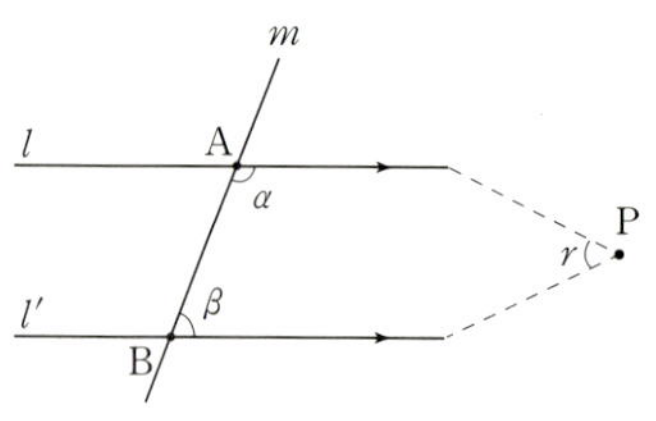

만약 l과 l'가 평행이 아니면 직선 m의 어느 한쪽에 교점 P가 생긴다.

$\triangle$ABP의 내각의 합은 180°이므로 $a+b<180°$이다. 바꿔 말하면 $\alpha+\beta=180°$의 경우 l과 l'는 평행이다. 순서가 바뀌어도 마찬가지다. 따라서 (평행인 두 직선) $\Longleftrightarrow$ (같은 쪽 내각의 합이 180°).

여기서 직접 다음과 같은 결과를 이끌어낼 수 있다.

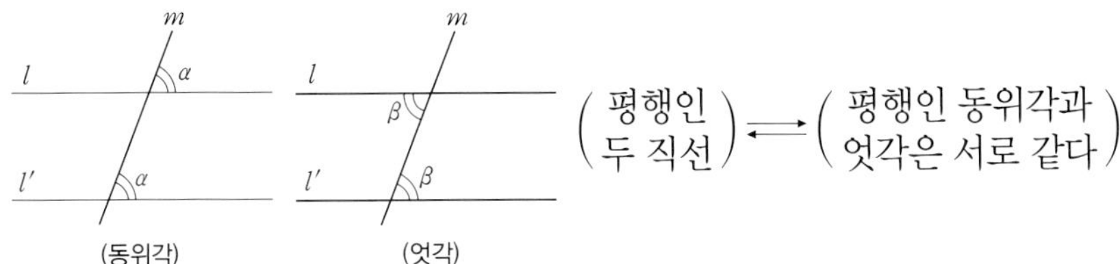

$$\left(\begin{array}{c}\text{평행인}\\\text{두 직선}\end{array}\right) \Longleftrightarrow \left(\begin{array}{c}\text{평행인 동위각과}\\\text{엇각은 서로 같다}\end{array}\right)$$

한편 두 직선 l, l'와 교차하는 같은 간격의 평행선이 있다면, 이때 평행선에 의해 나뉘는 선분의 길이는 같다. 그러므로 직선 l상에서 3 : 2로 나뉘는 점은 평행선에 의해 직선 l'상에서도 3 : 2로 나뉘는 점으로 옮겨져 있다. 일반적으로 두 직선 l, l'와 교차하는 평행선 m, m', m''가 있을 때

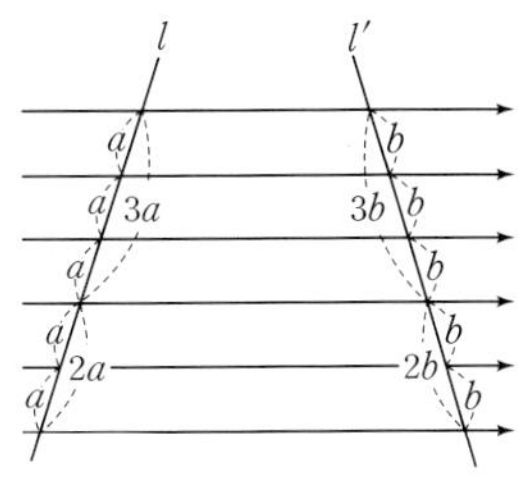

$$AB : BC = A'B' : B'C'$$

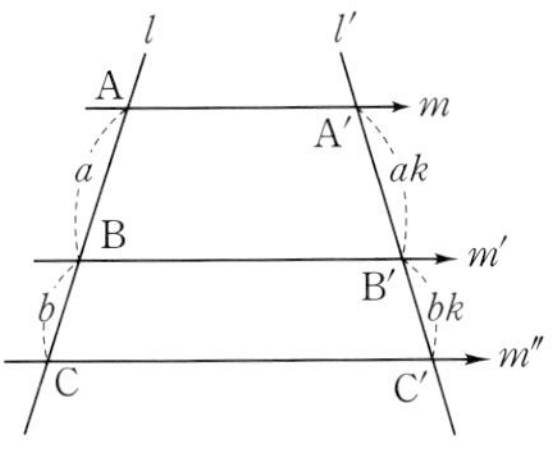

이것을 '비례선 정리'라고 하며 '평행선은 비를 보존한다'고 설명한다.

이 정리를 이용해서 임의의 선분을 n등분할 수 있다. 그림처럼 미리 5등분된 눈금 있는 자로 선분 AB를 향해 평행선을 그으면 AB를 정확하게 5등분할 수 있다.

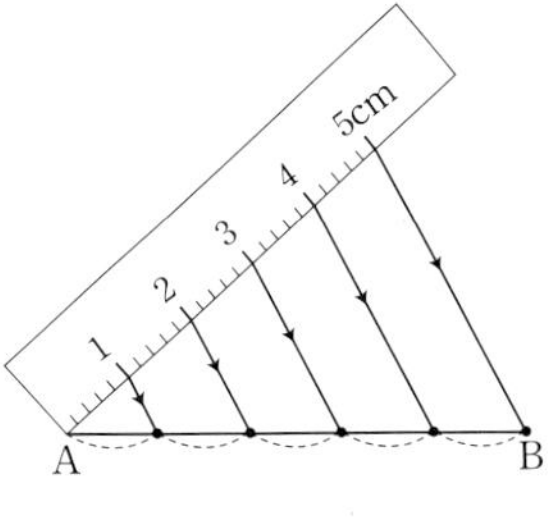

두 도형 F, F′가 있다. F가 이동해서 F′와 완전히 겹칠 때 F와 F′는 합동이라고 하며 F≡F′로 나타낸다.

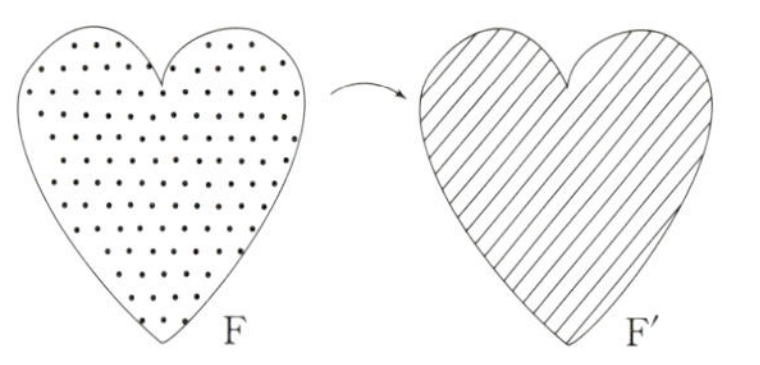

가장 기본적인 평면도형인 삼각형의 합동 조건을 살펴보자.

① 대응하는 ‘변-각-변’이 같으면 2개의 꺾은선 CAB와 C′A′B′가 겹치므로 △ABC≡△A′B′C이다.

① 2변 협각

② 대응하는 ‘각-변-각’이 같으면 2개의 꺾은선 XABY와 X′A′B′Y′가 겹치므로 △ABC≡△A′B′C′가 된다.

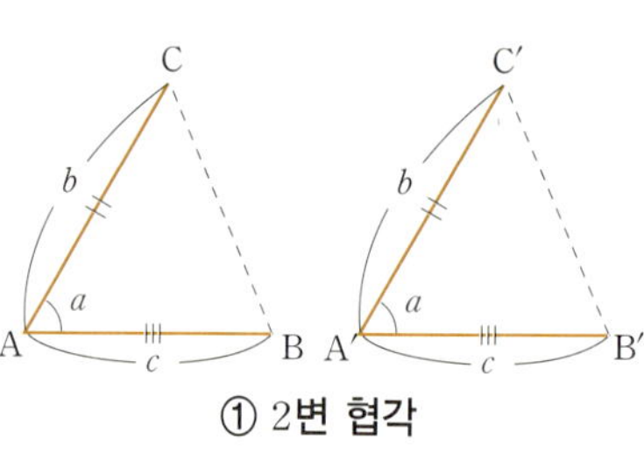
② 2각 협변

③ 대응하는 변이 모두 같은 삼각형은 그림처럼 △A′B′C′를 뒤집어서 AB와 A′B′를 겹쳐보자.

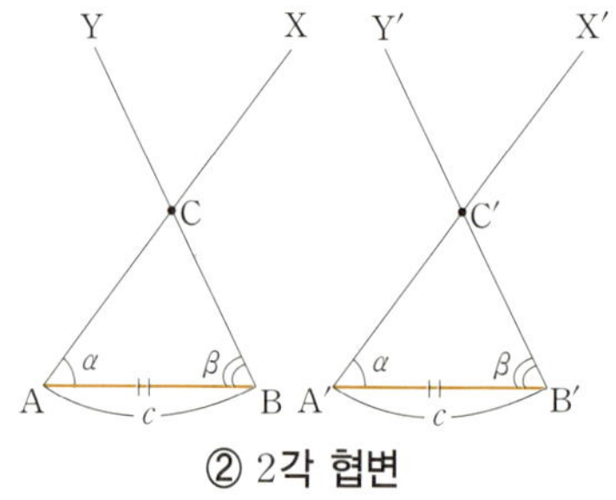
③ 3변

그러면 $\triangle ACC'$, $\triangle BCC'$는 이등변삼각형으로

$\angle ACC' = \angle AC'C$, $\angle BCC' = \angle BC'C$이고,

$\angle ACB = \angle A'C'B'$

두 삼각형의 '변-각-변'이 같으므로

$\triangle ABC \equiv \triangle A'B'C'$다.

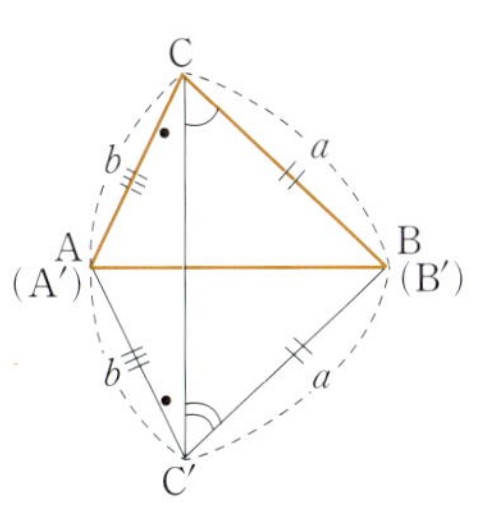

삼각형의 합동 조건은 삼각형의 모양과 크기를 결정하는 조건이라고도 말할 수 있다. 특히 3변의 합동 조건은 세 변의 길이가 주어지면 삼각형이 완전히 결정되어 굳어지는 것을 의미하며, 이런 성질은 토목과 건설 분야에서 많이 이용된다.

오른쪽 그림은 철교의 형태를 단순화한 것인데 다리를 고정하기 위해 둘 다 철제를 삼각형 모양으로 이어서 붙였다.

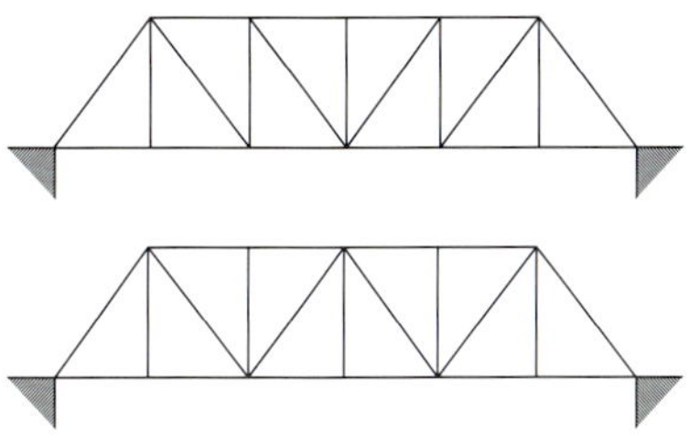

아래 그림 왼쪽에서 보듯 나무로 만든 사각형은 좌우에서 힘을 가하면 쉽게 변형된다. 사각형은 네 변의 길이를 부여하는 것만으로는 형태가 고정되지 않기 때문이다.

고정하려면 버팀대를 넣어 삼각형과 삼각형이 붙어 있는 형태를 만들어야 한다.

닮은꼴

공간이 부족해서 오키나와는 생략하고 대략적인 일본 지도를 그려보았다. 반대 방향으로 뒤집어져 있는 것까지 포함해서 크기만 다를 뿐 모두 같은 모양이다.

이처럼 가로세로 같은 비율로 확대·축소한 도형을 닮은꼴이라 한다. 닮은꼴을 적당한 위치에 놓으면 두 도형의 대응

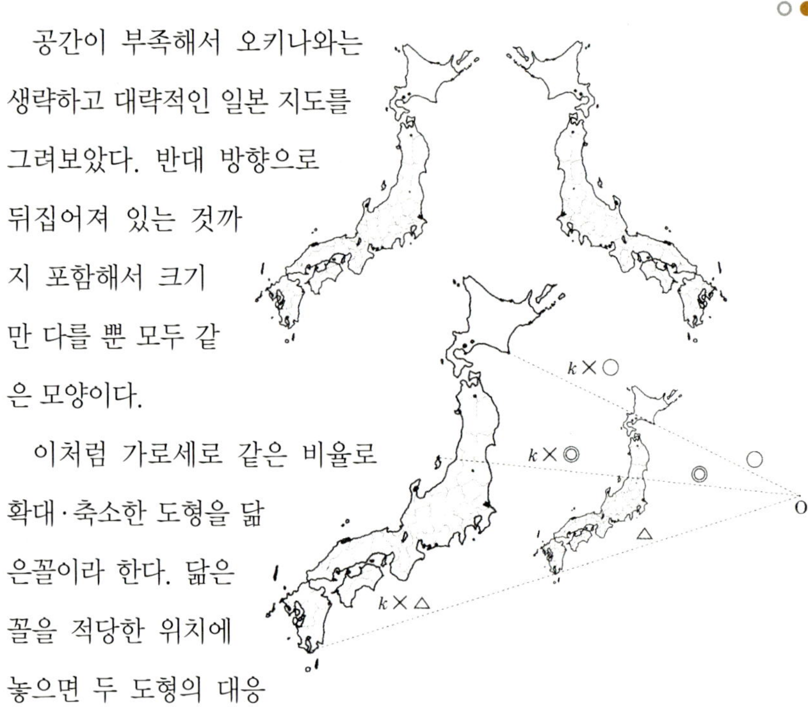

하는 점을 이은 직선은 모두 한 점에서 교차한다. 그 지점을 O라고 하면 O에서 대응하는 각 점까지 거리의 비는 같다.

● 삼각형의 닮은꼴

삼각형의 닮은꼴 조건은 다음 3가지다.

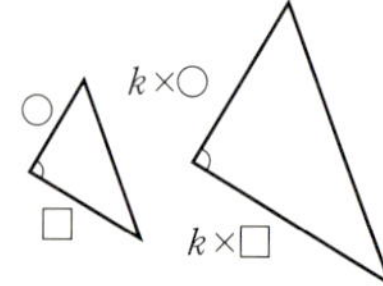

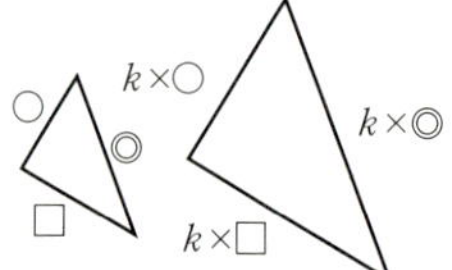

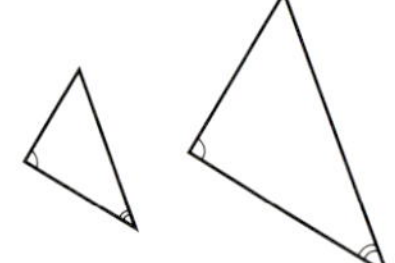

(1) 1개의 각과 그것을 사이에 둔 변의 비는 같다

(2) 세 변의 비가 각각 같다

(3) 두 각이 각각 같다

● 닮은꼴의 면적비

축소 복사나 확대 복사를 하려다가 머뭇거린 적이 있을 것이다. A3를 절반 크기인 A4로 축소하려 하면 70.71%라는 표시가 뜨기 때문이다. 이 수치로 정말 $\frac{1}{2}$이 될까?

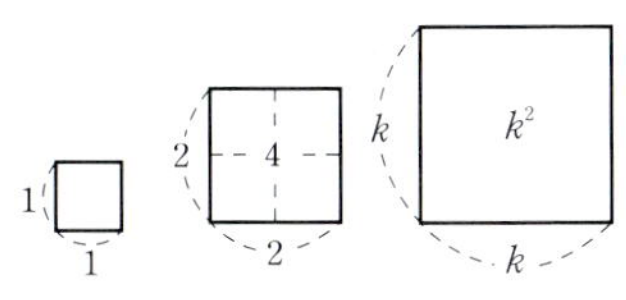

정사각형을 가지고 설명하면 한 변이 2배가 되면 면적은 $2^2=4$배가 되며, 한 변이 k배가 되면 면적은 k^2배가 된다. 닮은꼴일 때 두 도형의 면적비는 길이의 비가 $1 : k$이면

$$1 : k^2$$

그래서 면적을 $\frac{1}{2}$로 하려면 변의 비는 $1 : \sqrt{\frac{1}{2}}$이 되어 $\sqrt{\frac{1}{2}}=\sqrt{0.5}≒0.7071$이므로 복사기에는 70.71%로 표시된다.

면적에 대해서는 나중에 다시 설명한다.

● 정말!

오른쪽은 크기가 다른 지도 2개를 겹쳐본 것이다. 자세히 보면 두 지도가 일치한 부분이 있을 것이다.

이렇듯 어느 한 부분만 고정된 것은 단순한 우연일까? (5-15 '부동점' 참조)

　어떤 아이가 '원이 없으면 세상은 혼란에 빠질 것 같다'고 말하는 것을 듣고 감탄한 적이 있다. 원이 없으면 자동차, 자전거, 모터 등 모든 것이 움직이지 못하게 된다. 원의 개념은 인공적인 산물로, 원시 시대에는 둥글게 생긴 것 외에 인공적인 원은 없었다.

　오늘날 원은 '한 점에서 일정한 거리에 있는 점의 자취이며 거기에 둘러싸인 평면의 내부'라고 정의한다.

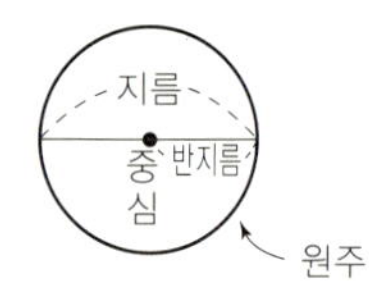

　원의 둘레와 지름의 길이와의 관계를 나타내는 것이 원주율 π이다. 즉 $\pi = \dfrac{\text{지름}}{\text{원둘레}}$

　다음과 같이 하면 간단하게 원주율의 근사치를 구할 수 있다.

1) 맥주 캔에 실을 3바퀴 감고 정확히 3바퀴째 되는 지점에서 끊는다.

2) 실의 길이와 캔의 지름을 잰다.

3) 캔의 지름으로 실의 길이를 잰다.

　실제로 재봤더니 3바퀴가 614mm이고 1바퀴는 204.7mm, 지름은 65mm였다. $204.7 \div 65 \fallingdotseq 3.1492$.

　π의 소수점 이하 100자리까지는 다음과 같다.

$$\pi = 3.1415926535897932384626433832795028841971 69399375105$$
$$82097494459230781640628620899862803482534 21170679\cdots$$

원의 면적은 원주율×반지름×반지름=πr^2. 적분을 배우기 전까지는 이것이 곡선에 둘러싸인 면적을 구하는 유일한 식이다. 왜 원의 면적이 πr^2인지 그림을 보면서 이해하자.

● 반지름 r인 원을 10등분하기

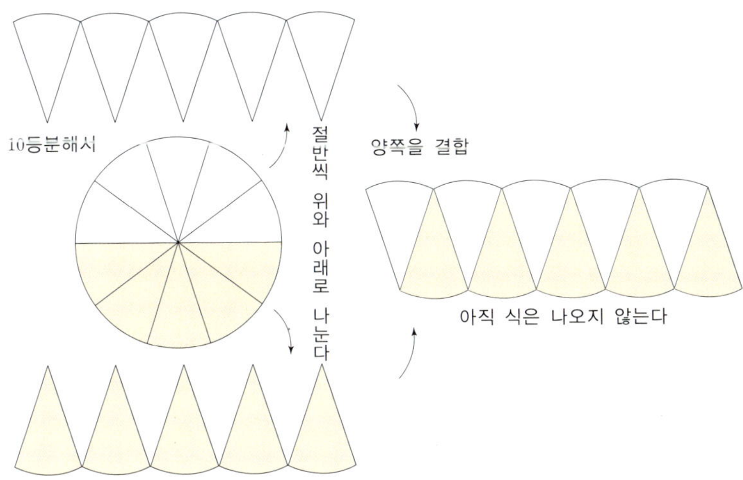

● 반지름 r인 원을 90등분하기

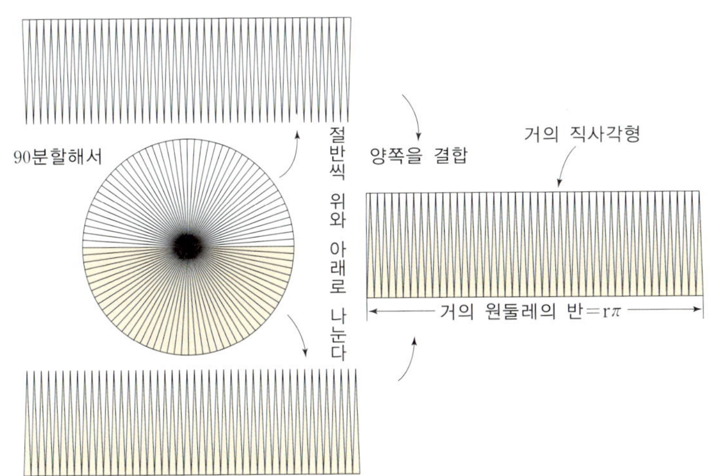

이렇듯 더욱 잘게 분할해나가면 원의 면적은 정확히 πr^2임을 밝힐 수 있다.

원주각 정리

원의 호 AB를 고정한다. P와 Q가 원주
상의 점일 때 $\angle APB$와 $\angle AQB$를 호 AB
에 대한 원주각(또는 호 AB상의 원주각)이
라고 한다.

이들이 모두 같다는 것이 원주각 정리다.
한참 들여다보면

"정말 같네. 신기해!"

라고 감탄하게 된다. 그리고 이어서 의문이 든다.

"왜 같지?"

이럴 때는 각자 나름으로 이해할 수 있는 방법을 찾아보자. 스스로 이해
하는 방법이 곧 남을 설득하는 방법이 되며, 그것이 바로 '증명'이다.

원주각 정리를 증명하기 위해서는 중심각
을 이용한다. 즉 'P가 어디에 있든 원주각
$\angle APB$는 중심각 $\angle AOB$의 절반'인 것에
주목하면 된다. 이때 보조선 PO를 이용해
두 삼각형의 내각과 외각을 계산하면 간단하
다.

$$\angle APB = \frac{1}{2}\angle AOB \text{(일정)}$$

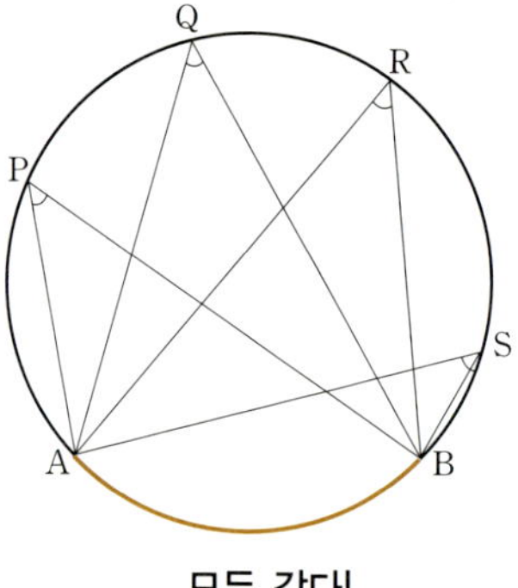

모두 같다!

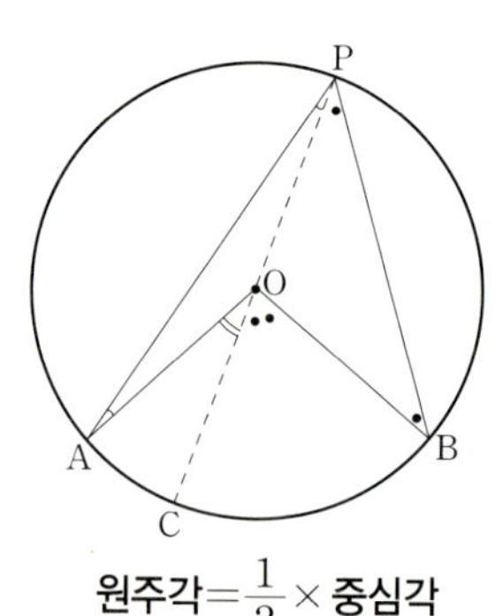

원주각 $= \frac{1}{2} \times$ 중심각

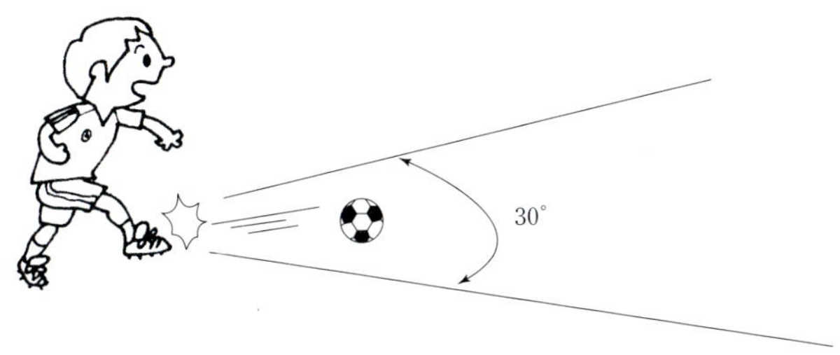

축구 경기에서 골을 넣으려는 상황을 생각해보자. 오른쪽 그림처럼 P가 원주 위의 P_1과 P_2에서 공을 차면 슛 코스의 각도는 항상 30°다. 원 밖의 점 Q에서는 $\angle AQB < 30°$, 원 안의 점 R에서는 $\angle ARB > 30°$이다. 역으로 생각하면 슛 코스의 각도가 정확히 30°인 점을 모으면 오른쪽 그림과 같은 원이 완성된다.

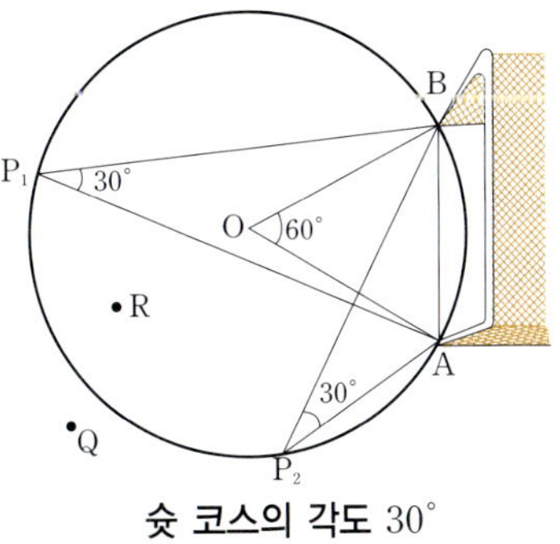

슛 코스의 각도 30°

● **지름 위의 원주각**

호 AB가 반원이 되었을 때, 다시 말해서 선분 AB가 정확히 지름이면

원주각 $\angle APB$

$= \dfrac{1}{2} \times$ 중심각$\angle AOB$

$= \dfrac{1}{2} \times 180° = 90°$

즉 $\angle APB$는 직각이다.

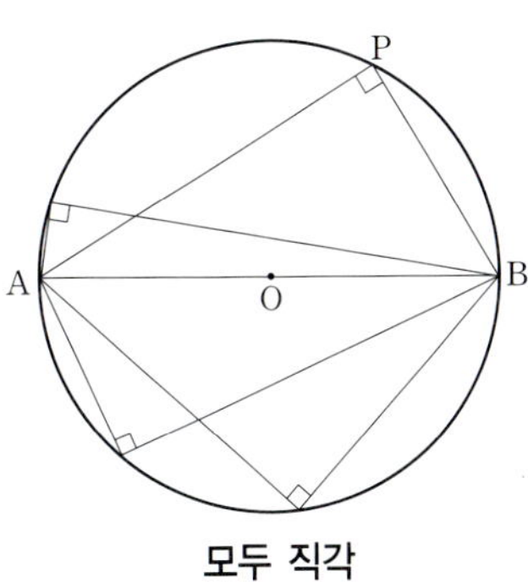

모두 직각

이는 원주각의 정리 중 가장 유명하며 자주 응용된다.

평면상에 원과 직선을 하나씩 그렸을 때 이들의 위치 관계는 교차하는 점(교점 또는 공유점이라고 한다)의 개수에 따라 다음과 같이 분류한다.

(가) 공유점이 0개 **(나) 공유점이 1개** **(다) 공유점이 2개**

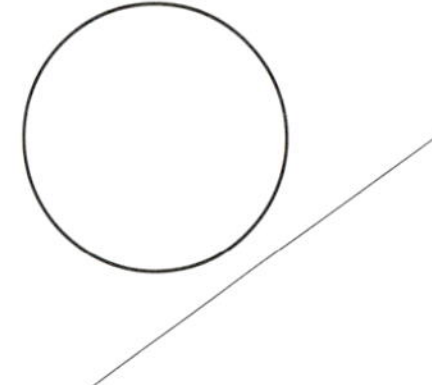 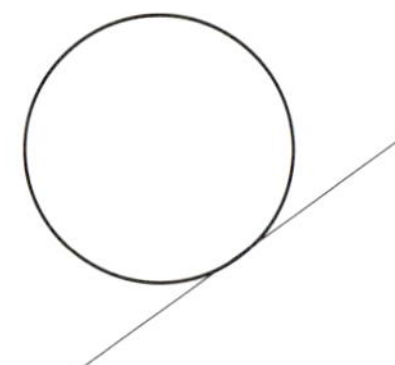 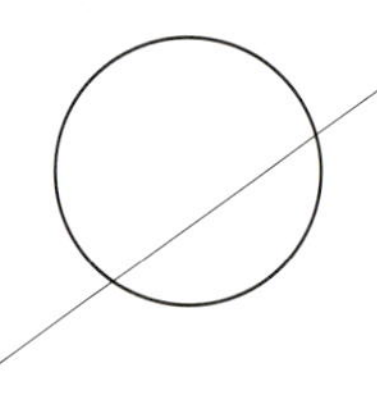

지평선으로 해가 지는 모습을 떠올리면 이해하기 쉽다. 또는 야구를 좋아하는 사람은 원을 공, 직선을 배트라고 생각하고 (가)헛스윙, (나)파울, (다)안타라고 생각해도 좋다.

세 종류의 위치 관계 중 가장 미묘한 것은 원과 직선이 접해 있는 (나)다. 접점이 유일한 공유점인데 정확하게 어디가 접점일까? 자전거 차축의 위치 O와 지면 l의 접점 H는 어디일까? 힌트는 원의 중심 O와 H를 이은 반지름 OH가 접선 l과 수직이라는 것이다.

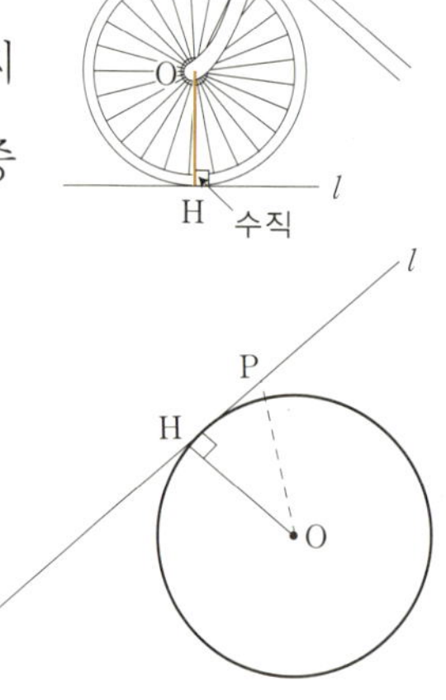

● 원의 접선 긋는 법

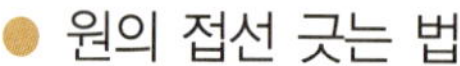

[문제 1] 원 O의 원주상의 점 H를 접점으로 하는 접선을 긋는 방법은?

답 : 점 H를 지나 반지름 OH에 수직인 직선 l을 그으면 그것이 접선
    이다.

이론적으로 설명하면 l상에 H 이외의 점 P를 찍으면 △OHP는 직각
삼각형이므로 빗변 OP>OH. 원래 이 원은 중심 O에서의 거리가 OH와
같은 점들의 모임이므로 P는 원 밖에 있다. 즉 원과 직선 l의 공유점은 H
뿐이다.

[문제 2] 이번에는 원 O 바깥에 있는 점 A에서 접선
        을 긋는 방법은?
답 : A를 지나는 직선을 여러 번 그리다 보면 반지름
    과 수직이 되는 선이 나올 수도 있지만 그보다는
    유클리드 원론의 다음과 같은 방법이 편리하다.

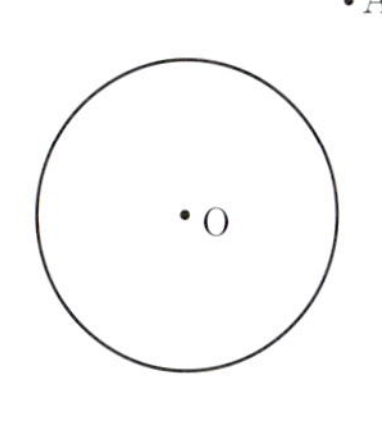

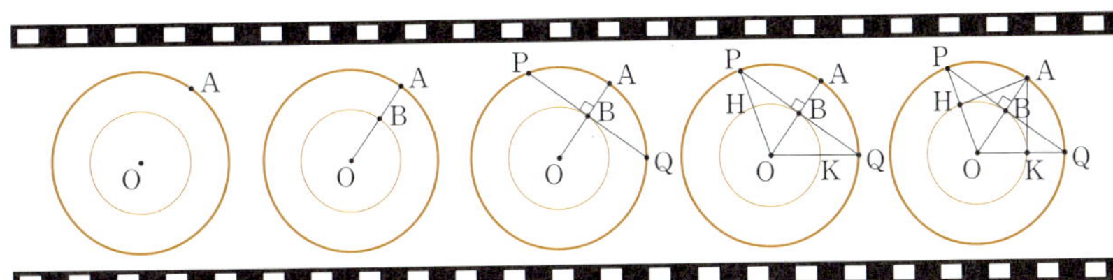

먼저 중심이 O이며 A를 지나는 원을 그린다. 왼쪽부터 차례로 보면 어
떤 과정을 거쳤는지 알 수 있는데 최종적으로 H와 K가 접점이다(맨 오른
쪽 그림에서 △OAH와 △OPB가 합동이므로 AH는 OH와 수직이다).

● 접선 정리

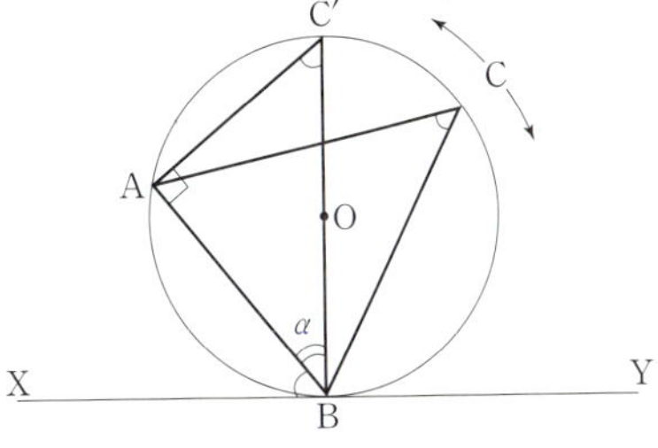

직선 XY와 원 O의 접점이 B일
때 ∠ACB=∠ABX가 성립한다.

    ∠C=∠C′이므로 모두 $90°-\alpha$이
기 때문이다.

타원

타원은 원과 형제라 할 수 있는 곡선으로 원을 가지고 쉽게 만들 수 있다. 그림처럼 원주상의 점 P에서 직선 l에 내린 수직선 PH에 중점 P′를 찍는다. 이것을 여러 번 반복하면 상하 $\frac{1}{2}$배로 축소된 타원이 생긴다.

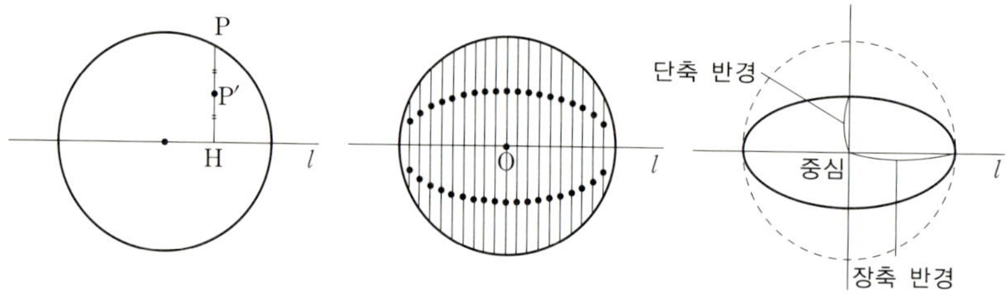

이처럼 원을 한쪽 방향으로 축소·확대하면 타원이 생긴다.

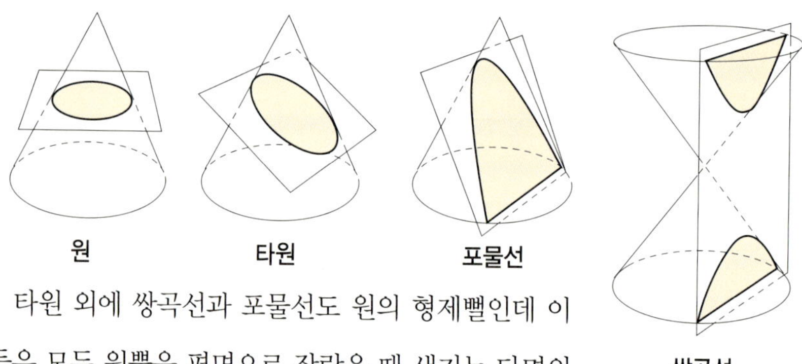

타원 외에 쌍곡선과 포물선도 원의 형제뻘인데 이들은 모두 원뿔을 평면으로 잘랐을 때 생기는 단면의 곡선이다. 이런 곡선을 원뿔곡선이라고 하며 그리스 시대부터 이 곡선들의 성질에 대해 다양한 연구가 이루어져왔다.

다음 그림처럼 원뿔에 내접하는 두 개의 구를 생각해보자. 내접하는 구 S_1, S_2가 임의의 평면(그림에서는 타원 모양)과 접하는 점을 각각 F_1, F_2라 하고 원뿔과 접하는 원을 C_1, C_2라고 하자.

타원상에 점 P를 잡으면 PQ_1과 PF_1은 모두 구 S_1의 접선이고 점 F_1, Q_1은 접점이므로

$$PF_1 = PQ_1$$

마찬가지로

$$PF_2 = PQ_2$$

따라서

$$PF_1 + PF_2 = PQ_1 + PQ_2 = Q_1Q_2$$

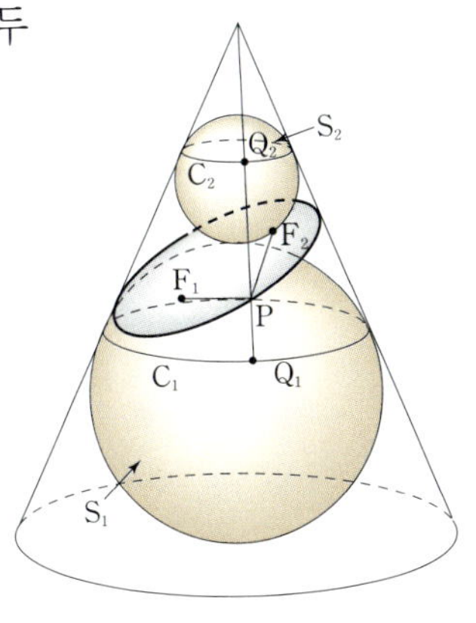

Q_1Q_2는 원뿔 표면에서 C_1과 C_2의 거리로 점 P의 위치에 관계없이 일정하다.

이렇게 해서 타원의 새로운 정의를 얻을 수 있다. 즉 타원이란 '두 정점 F_1, F_2로부터의 거리의 합 $PF_1 + PF_2$가 일정한 동점 P의 자취'이다.

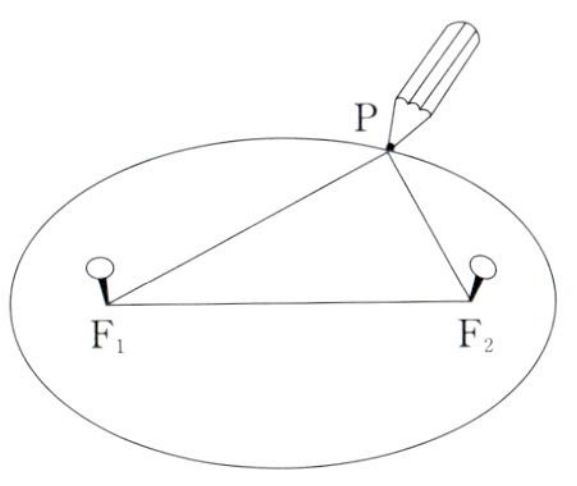

이 정의를 직접 확인하며 타원을 그려볼 수도 있다. 위 그림처럼 정점 F_1, F_2를 타원의 초점이라고 한다. F_1과 F_2에 압정을 꽂고 실을 둘러 팽팽하게 당기면서 연필을 움직이면 타원을 그릴 수 있다.

또한 원뿔곡선을 체험하려면 원뿔 모양의 컵에 음료수를 따라 천천히 마셔보자. 바로 눈앞에서 원 → 타원 → 포물선 → 쌍곡선으로 변하는 원뿔곡선을 관찰할 수 있다.

피타고라스의 정리

1장에서 살펴본 피타고라스는 그를 따르는 많은 제자들과 함께 '피타고라스학파'라 불리며 다양한 학문적 성과를 내놓았다. 당시에는 제자가 발견한 것도 스승이 발견한 것으로 간주했으므로, 피타고라스가 발견한 것으로 전해지는 정리도 어쩌면 제자가 발견한 것일 수도 있다.

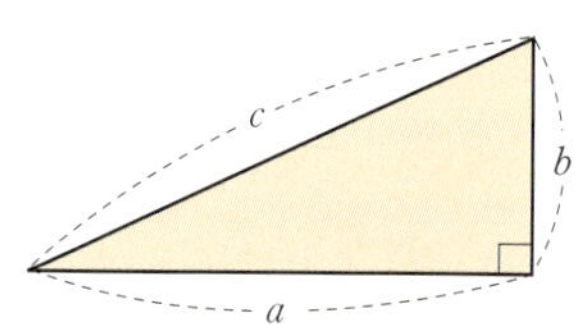

'피타고라스의 정리'는 어떤 직각삼각형이든 빗변의 길이를 c, 밑변을 a, 높이를 b라고 하면

$$a^2 + b^2 = c^2$$

이 성립한다는 정리다.

다음은 피타고라스의 정리를 증명하는 몇 가지 방법들이다.

● 첫 번째

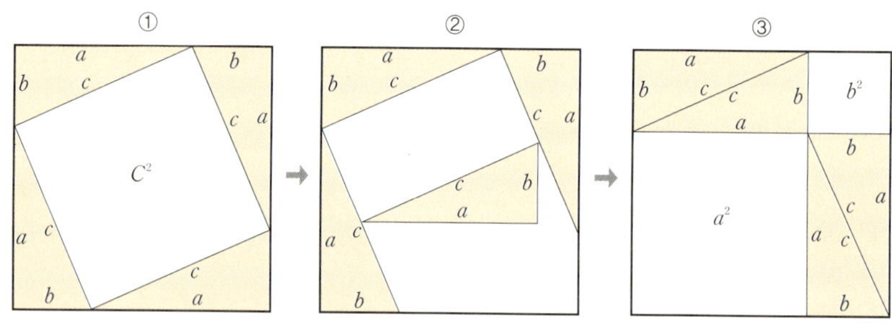

① 같은 직각삼각형 4개를 놓았을 때 흰 부분의 면적은 c^2이다.

② 직각삼각형을 움직여도 흰 부분의 면적은 항상 c^2이다.

③ 직각삼각형 2개를 이동한 결과, 흰 부분이 a^2과 b^2으로 나뉘지만 두 곳의 면적을 합치면 역시 c^2이다. 따라서 $a^2 + b^2 = c^2$이다.

● 두 번째

① 각각 a와 b를 1변으로 하는 정사각형 2개를 그린다.

② 그림과 같이 직각삼각형을 그린다.

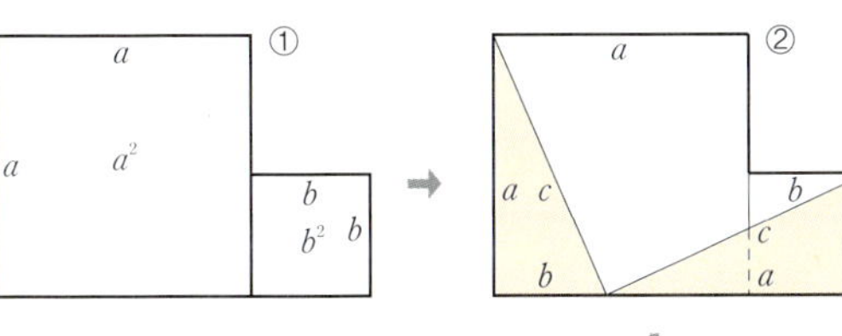
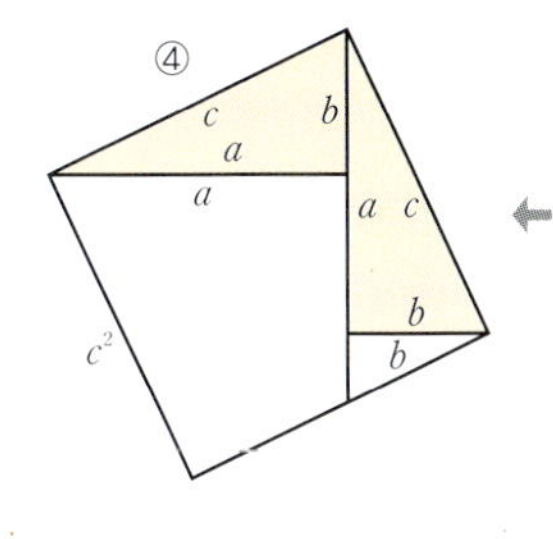
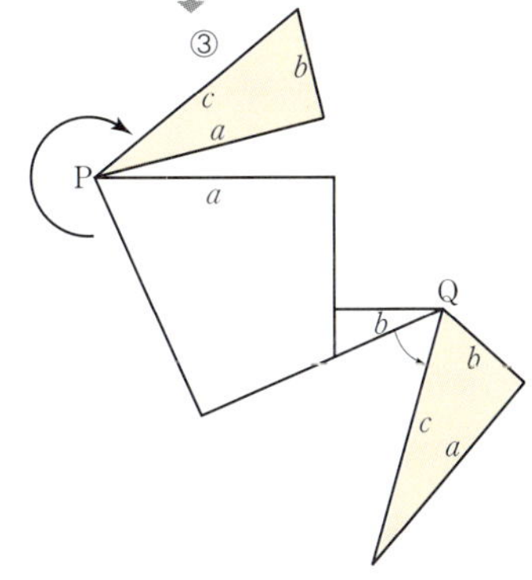

③ P, Q를 중심으로 각각의 직각삼각형 각각을 회전한다.

④ 한 변이 c인 정사각형이 된다.

따라서 $a^2+b^2=c^2$이다.

● 세 번째

그림처럼 직각삼각형을 놓고 O를 중심으로 반지름 b인 원을 그리면 Q가 접점, PQ는 접선이 된다.

그런데 △PRQ와 △PQS가 닮은꼴이므로 PQ : PR＝PS : PQ에 의해 $PQ^2＝PR \cdot PS$가 성립한다. 이것을 '방멱의 정리'라 한다.

$$PQ^2＝PR \cdot PS$$

a, b, c로 바꿔보면 $a^2＝(c-b)(c+b)=c^2-b^2$

따라서 $a^2+b^2=c^2$이다.

피타고라스 정리의 확장

피타고라스의 정리는 '빗변 상의 정사각형의 면적=다른 두 변을 각각 한 변으로 하는 정사각형 면적의 합'이었다. 그러나 정사각형이 아니라도 세 변에 대한 도형이 닮은꼴이면 '빗변 상의 도형의 면적 =다른 두 변에 대한 도형 면적의 합'이다. 증명해보자.

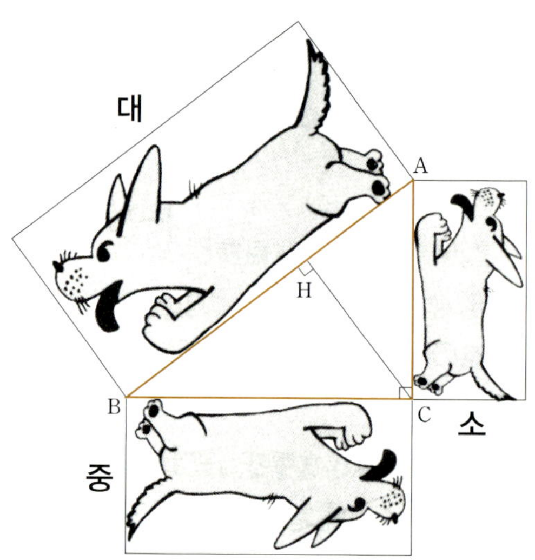

$\triangle$ACH와 $\triangle$ABC는 닮은꼴이므로

$$\frac{AH}{AC} = \frac{AC}{AB}$$ 그러므로 $AC^2 = AH \cdot AB$ ……※1

그런데 닮은꼴의 면적비는 대응하는 변의 제곱의 비와 같으므로 (*2-08* 참조) ※1을 사용하면

$$\frac{작은 \ 강아지(넓이)}{큰 \ 강아지(넓이)} = \frac{AC^2}{AB^2} = \frac{AH \cdot AB}{AB^2} = \frac{AH}{AB}$$

그러므로, 작은 강아지=큰 강아지$\times \dfrac{AH}{AB}$

마찬가지로

$$\frac{중간 \ 강아지}{큰 \ 강아지} = \frac{BC^2}{AB^2} = \frac{HB}{AB},$$ 그러므로 중간 강아지=큰 강아지$\times \dfrac{HB}{AB}$

따라서

작은 강아지＋중간 강아지＝$\left(\dfrac{\mathrm{AH}}{\mathrm{AB}}+\dfrac{\mathrm{HB}}{\mathrm{AB}}\right)\cdot$큰 강아지＝$\dfrac{\mathrm{AB}}{\mathrm{AB}}\cdot$큰 강아지

＝큰 강아지

이렇게 증명되는데 이것은 피타고라스의 정리를 증명하는 것이기도 하다.

이번에는 임의의 삼각형으로 생각해보자.

$\triangle \mathrm{ABC}$에서

$\mathrm{AH}^2 = b^2 - \mathrm{CH}^2,$

$c^2 = \mathrm{AH}^2 + (a - \mathrm{CH})^2$이므로

$c^2 = b^2 - \mathrm{CH}^2 + a^2 - 2a\cdot\mathrm{CH} + \mathrm{CH}^2$

$\quad = a^2 + b^2 - 2a\cdot\mathrm{CH}$

$\mathrm{CH} = b\cos\mathrm{C}$이므로

$c^2 = a^2 + b^2 - 2ab\cos\mathrm{C}$ $\cdots\cdots$※2

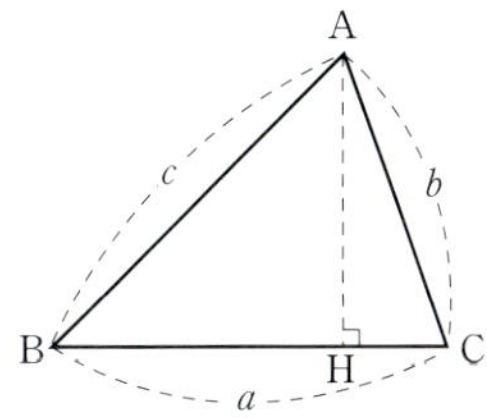

이는 코사인 정리라 하는데 $\mathrm{C}=90°$일 때 $c^2 = a^2 + b^2$이 되어 피타고라스의 정리가 된다. 그러나 ※2를 이끌어내면서 피타고라스의 정리를 사용했기 때문에 이것을 피타고라스의 정리를 증명하는 데 사용해서는 안 된다.

또 한 가지. 오른쪽 그림처럼 AC, BC를 연장해서 임의의 평행사변형 ① ②를 그린다. 그림처럼 점 P를 찍어 PC＝QR로 하고 변이 QR에 평행이 되도록 평행사변형 ③을 그린다. 그러면

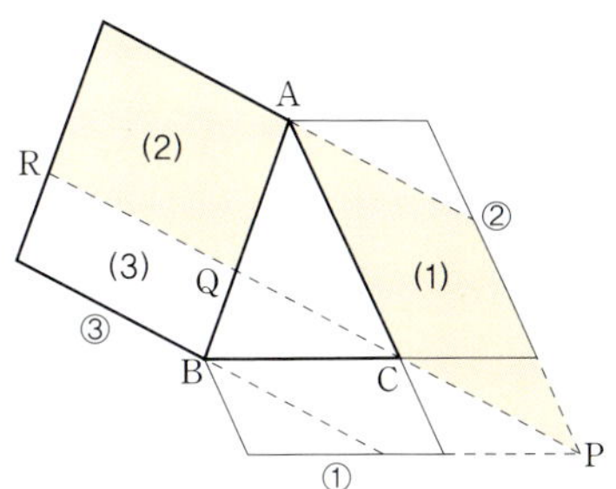

①의 면적＋②의 면적＝③의 면적 $\cdots\cdots$※3

간단하게 설명하면 ②와 색칠된 평행사변형 (1)의 면적이 같으며, (1)과 색칠된 평행사변형 (2)의 면적도 같다. 마찬가지로 ①과 평행사변형 (3)의 면적도 같다.

15 면적의 비

평면상에 그린 도형이나 그림을 가로나 세로 한 방향으로만 2배 늘리면 닮은꼴이 성립되지 않는다. 하지만 가로와 세로 모두 2배로 늘리면 닮은꼴이 되고 면적은 4배가 된다.

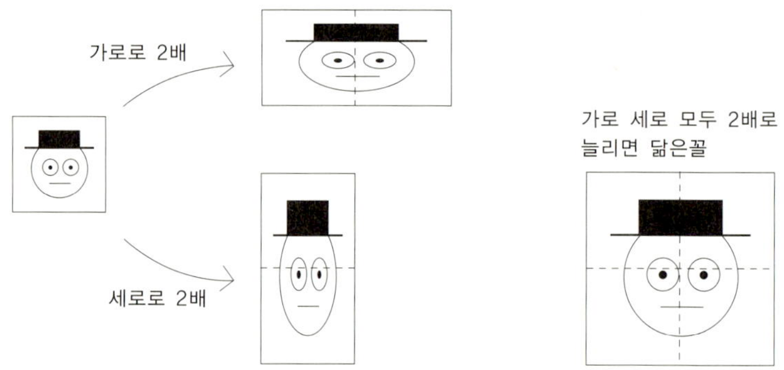

가로와 세로를 모두 3배로 늘리면 면적은 $3 \times 3 = 9$배의 닮은꼴이 된다. 일반적으로 가로와 세로를 동시에 k배해서 생기는 닮은꼴의 닮음비는 k배다. 그리고

닮음비가 k배인 평면도형의 면적은 k^2배,

이때 '면적의 비는 닮음비의 제곱'이라고 표현하기도 한다. 또는 닮음비를 대응하는 선분의 '길이의 비'라고 볼 수 있으므로 '길이가 k배가 되면 면적은 k^2배가 된다'고도 한다.

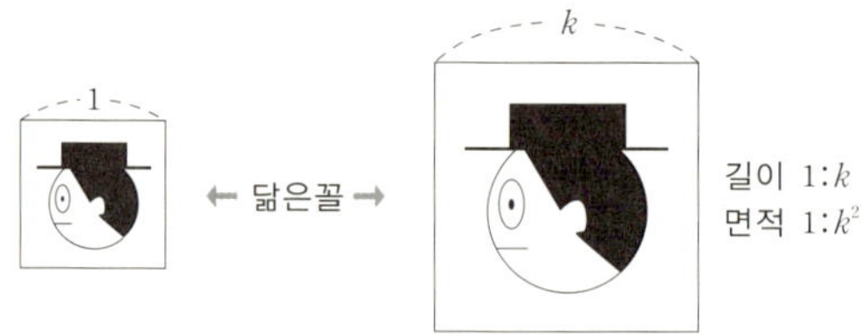

반대로 면적이 2배가 된 닮은꼴에서 길이는 몇 배가 될까?

$k^2=2$이므로 $k=\sqrt{2}=1.414\cdots$

면적이 반으로 줄었을 때는

$k^2=\dfrac{1}{2}$이므로 $k=\dfrac{1}{\sqrt{2}}=\dfrac{\sqrt{2}}{2}=0.7071\cdots$

이 숫자는 앞서 복사기의 확대·축소 복사를 예로 들면서 이미 설명했다.

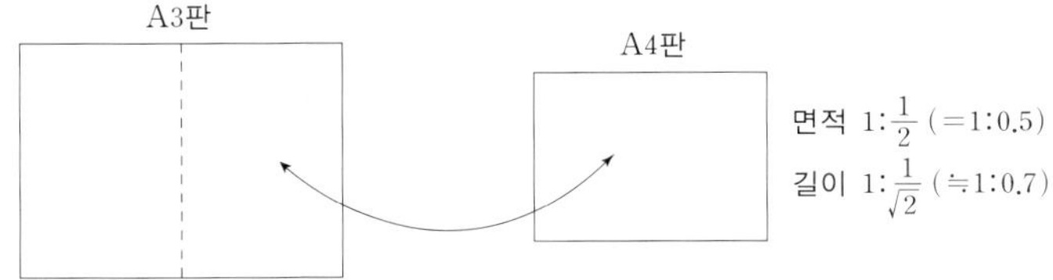

닮은꼴의 면적의 비에 대한 이런 성질을 가지고 피타고라스의 정리를 설명해보자.

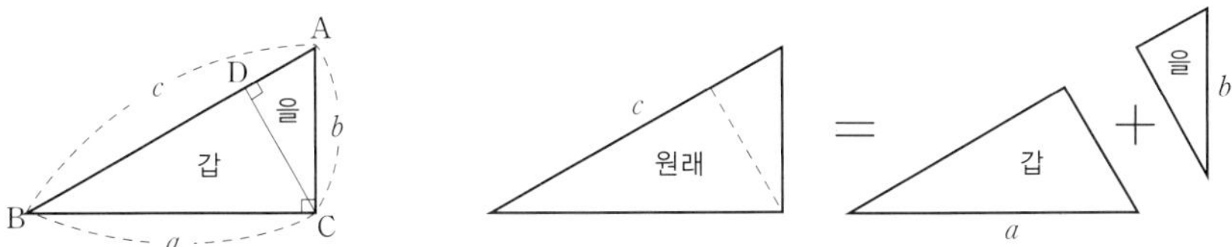

직각삼각형 ABC에 수직선 CD를 그어 삼각형을 갑, 을로 나누면 두 삼각형은 원래의 △ABC와 닮은꼴이 된다.

따라서 세 삼각형의 면적비 (원형) : (갑) : (을)은 대응하는 변 길이의 제곱비 $c^2 : a^2 : b^2$ 과 같아진다.

그래서 (원형)$=c^2k$, (갑)$=a^2k$, (을)$=b^2k$로 곱한다. 그런데 (원형)$=$(갑)$+$(을)이므로 $c^2k=a^2k+b^2k$, 즉 $c^2=a^2+b^2$을 이끌어낼 수 있다.

흔히 '중심을 낮춘다' 또는 '중심이 기울었다'라고 말하는데, 중심이란 그 물체에 작용하는 중력을 합친 합력의 작용점이다. 어느 한쪽으로 기울지 않고 균형을 유지하는 지점이라 생각하면 된다.

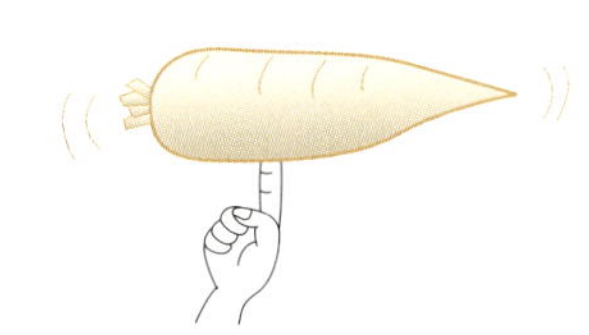 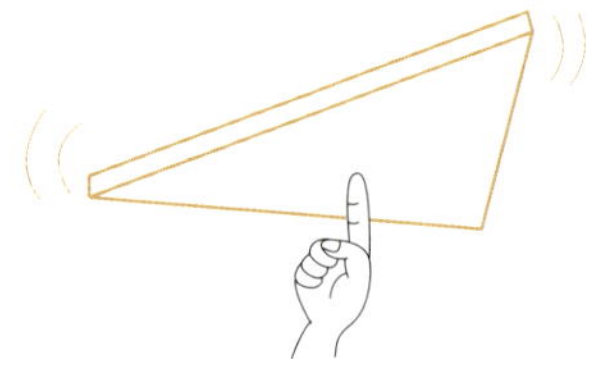

두께가 일정한 삼각형 널빤지의 무게중심은 어디일까?

기원전 3세기경 그리스의 학자 아르키메데스는 다양한 물체의 무게중심을 연구했다. 그리고 삼각형 널빤지는 왼쪽 그림처럼 M과 N을 변 AC, AB의 중점으로 했을 때 BM과 CN의 교점 G가 무게중심이라는 결론을 얻었다.

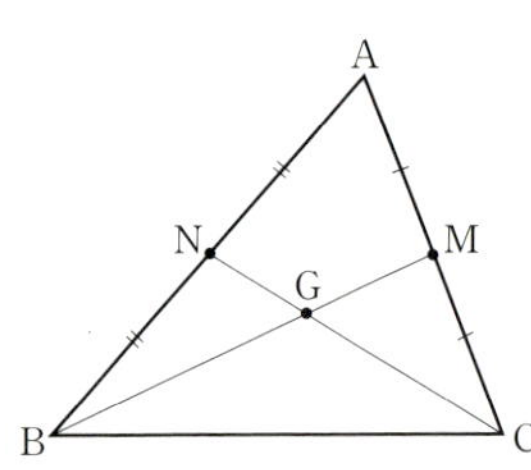

간단하게 말하면 삼각형 널빤지가 그림처럼 가느다란 막대기들로 이루어졌다고 생각하고, 각 막대기의 무게중심 즉, 중점을 찾는 것이다. 그런 뒤 삼각형 판자의 중점(重點)은 각 중점(中點)들을 이은 선상에서 찾으면 된다. 그럴듯한 설명이다.

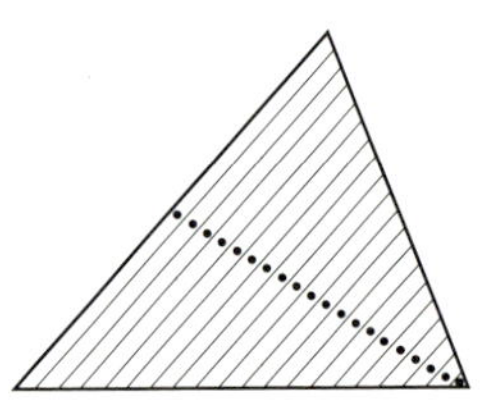 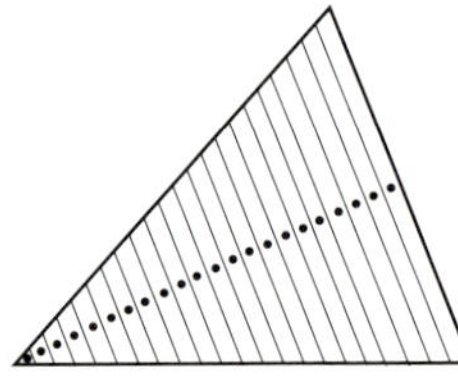

● 삼각 팽이 돌리기

두꺼운 종이로 원하는 모양의 삼각형을 만들고 BM과 CN의 교점 G에 이쑤시개를 꽂으면 매끄럽게 돌아가는 삼각 팽이를 만들 수 있다.

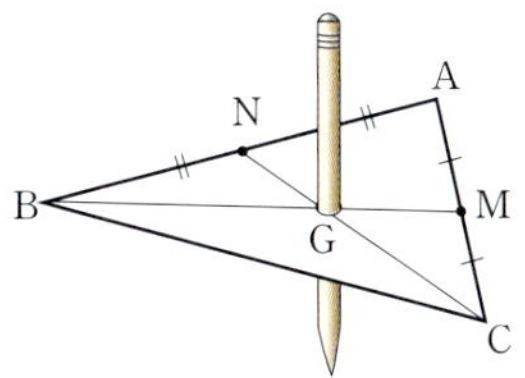

● 3중선의 교점

BM, CN처럼 꼭짓점과 대변의 중점을 이은 선분을 중선이라고 한다. 또 하나의 중선 AL′도 G를 지날까? 삼각 팽이의 무게중심이 두 곳에 있을 리 없으므로 3개의 중선은 당연히 한 점에서 교차한다. 즉 삼각형의 무게중심은 세 중선의 교점이다.

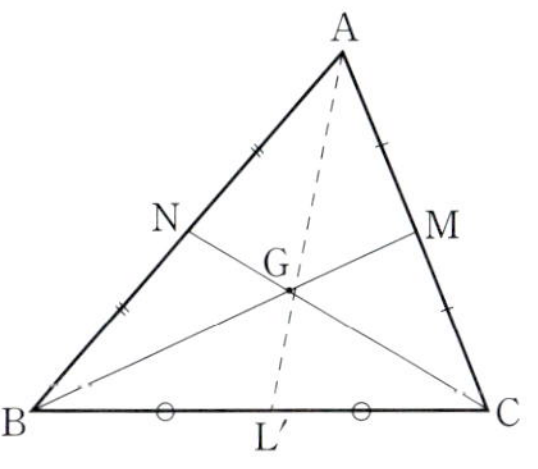

예를 들어 다음과 같이 증명할 수 있다.

1) 직선 AG의 연장선상에 AG＝GD인 점 D를 잡고 B와 D, C와 D를 잇는다.

2) △ABD에 중점 연결 정리(86페이지)를 적용하면 NG∥BD. 마찬가지로 △ADC에서 MG∥CD. 따라서 GC∥BD, GB∥CD 이므로 사각형 BDCG는 평행사변형이다.

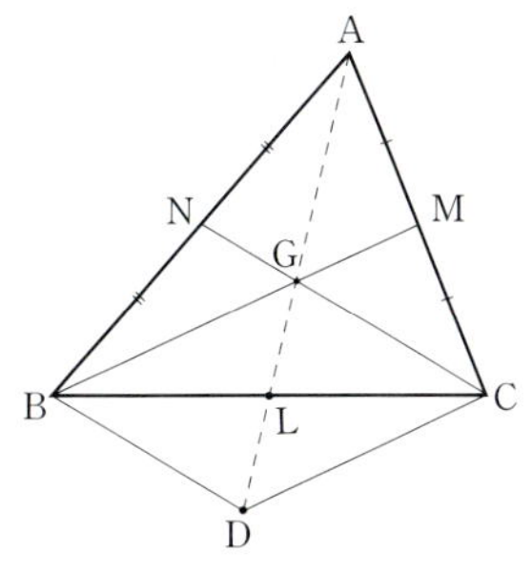

3) 평행사변형의 대각선은 서로 2등분하므로 교점 L은 BC의 중점이 된다. 이것으로 G가 세 중선의 교점임을 나타낼 수 있다.

참고로 AG : GL＝2 : 1이므로 삼각형의 무게중심은 '중선을 2 : 1로 내분하는 점'이라고도 할 수 있다.

△ABC 세 내각의 이등분선은 한 점 I에서 교차한다. 이 점 I를 △ABC의 내심이라고 한다.

점 I는 △ABC의 세 변에서 같은 거리에 있으므로 점 I를 중심으로 세 변에 접하는 원을 그릴 수 있다.

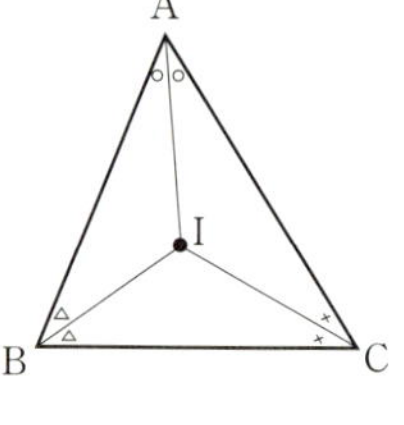
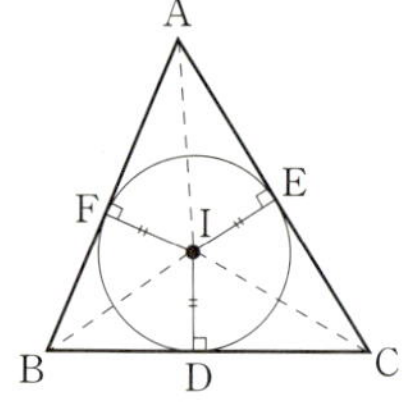

이 원을 △ABC의 내접원이라고 한다.

내접원이 세 변에 접하는 점을 D, E, F라고 하면 △ABC의 내접원은 △DEF의 외접원이다.

△DEF의 세 각을 살펴보자.

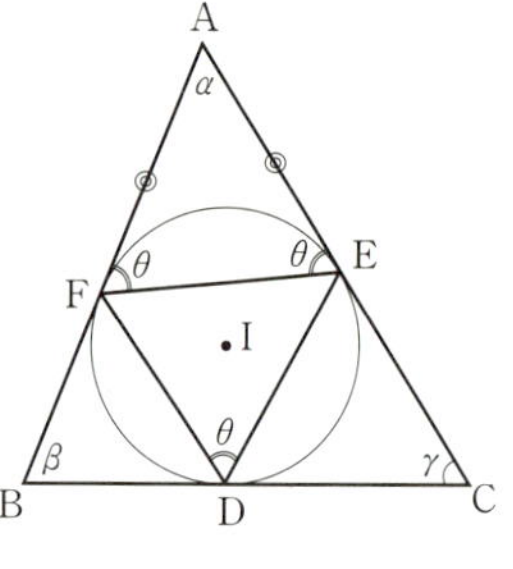

∠D$=\theta$라고 하면 접선 정리(65페이지)에 의해 ∠AEF$=\theta$. 그리고 △AEF는 이등변삼각형이므로 ∠AFE$=\theta$에 의해

$$\alpha+2\theta=180° \text{ 따라서 } \theta=90°-\frac{\alpha}{2}$$

이렇게 해서 $\angle D=90°-\dfrac{\alpha}{2}$, $\angle E=90°-\dfrac{\beta}{2}$, $\angle F=90°-\dfrac{\gamma}{2}$

인 것을 알 수 있다.

그림처럼 △$A_1B_1C_1$의 내접원의 접점에서 만들어지는 삼각형은 △$A_2B_2C_2$가 되고 이 삼각형의 내접원에서 만들어지는 삼각형은 다시 △$A_3B_3C_3$가 된다. 이렇게 만들어지는

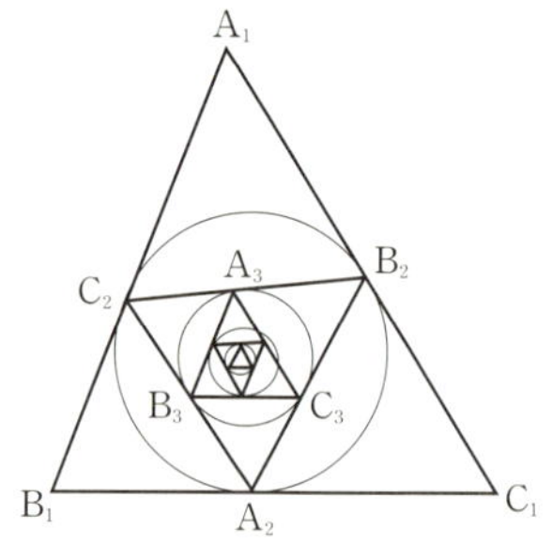

삼각형은 점차 정삼각형에 가까워진다(등비급수를 이용한다).

다음으로 $\triangle ABC$의 면적 S와 내접원의 반지름 r의 관계를 살펴보자. 오른쪽 그림에서

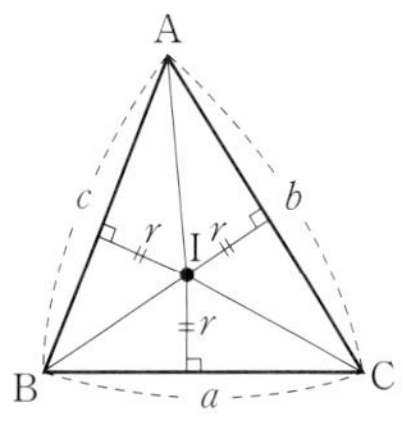

$$S = (\triangle BCI) + (\triangle CAI) + (\triangle ABI)$$

$$= \frac{1}{2}ar + \frac{1}{2}br + \frac{1}{2}cr$$

$$= \frac{1}{2}(a+b+c)r$$

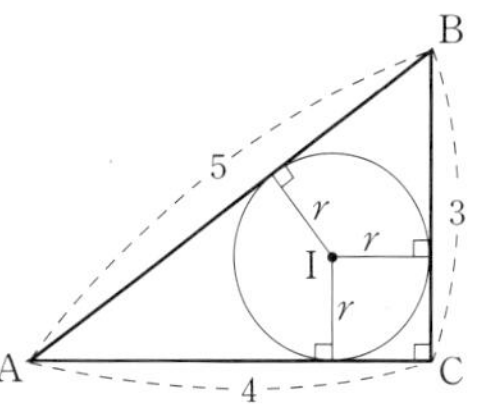

이것을 이용해서 세 변의 길이가 3, 4, 5인 직각삼각형의 내접원의 반지름 r를 구해보자.

$$\frac{1}{2}(3+4+5) \cdot r = \frac{1}{2} \times 4 \times 3,$$ 이 식을 풀면 $r=1$이다.

삼각형의 내심은 다양한 분야에 응용되고 있는데, 일상과 가까운 예로 종이학은 삼각형 4개의 내심을 접는 것이 기본 요령이다.

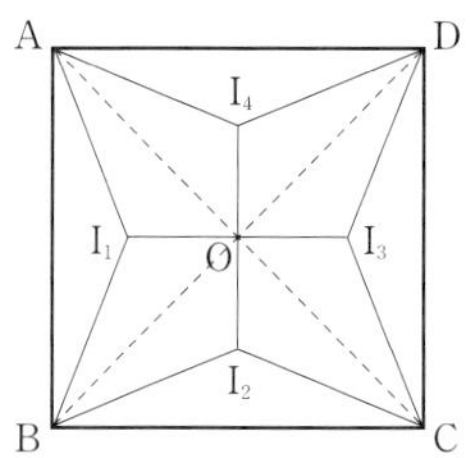

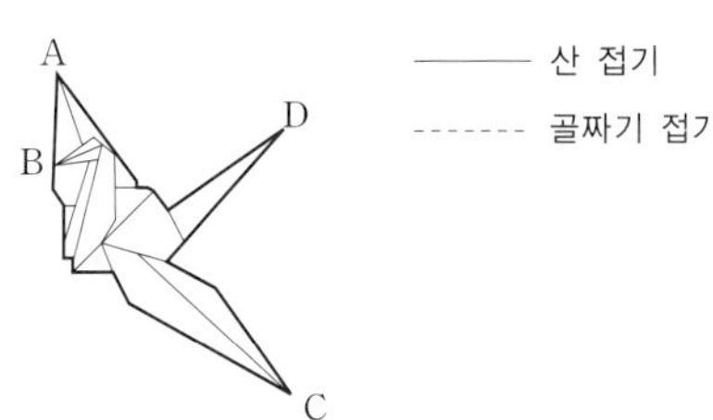

즉 $\triangle ABO$, $\triangle BCO$, $\triangle CDO$, $\triangle DAO$의 내심 I_1, I_2, I_3, I_4를 접는다.

이 원리를 이해하면 정사각형 외에도 다양한 모양의 종이로 학을 접을 수 있다.

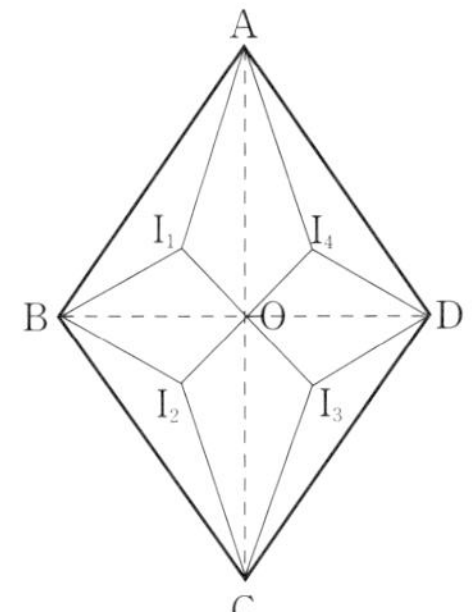

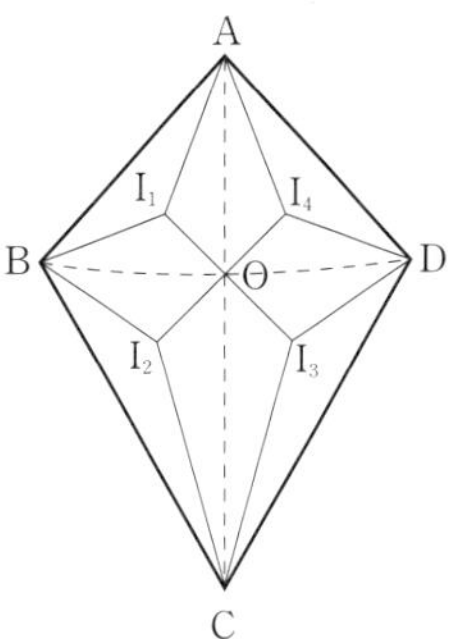

△ABC의 각각의 수직 이등분선 3개는 한 점에서 교차한다. 이 점을 외심이라고 하는데 정말 한 점에서 교차하는지 증명해보자.

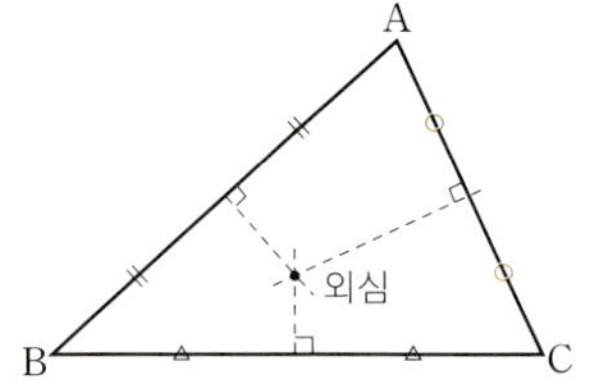

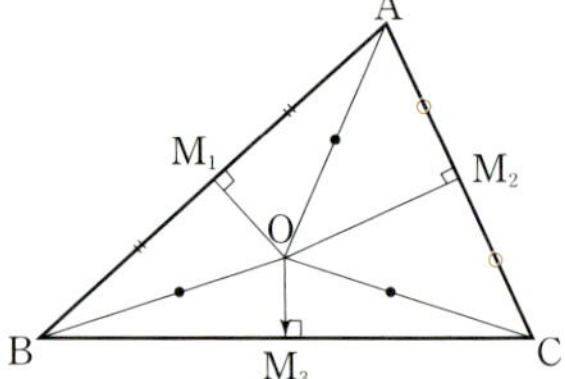

위 그림에서 AB, AC의 수직 이등분선의 교점을 O라 하자.

그러면 $\triangle OAM_1$과 $\triangle OBM_1$, $\triangle OAM_2$와 $\triangle OCM_2$도 합동이므로 $OA=OB=OC$이다. O에서 BC 위에 수직선 OM_3를 내리면 $\triangle OBM_3$와 $\triangle OCM_3$는 $OB=OC$, OM_3는 공통의 수직선이므로 합동이 되어 역시 $BM_3=M_3C$, 즉 M_3는 BC의 중점이다. BC의 수직 이등분선을 2개 그을 수 없으므로 세 개의 수직이등분선은 한 점에서 교차한다.

즉, $OA=OB=OC$이므로 외심은 △ABC 외접원의 중심이다.

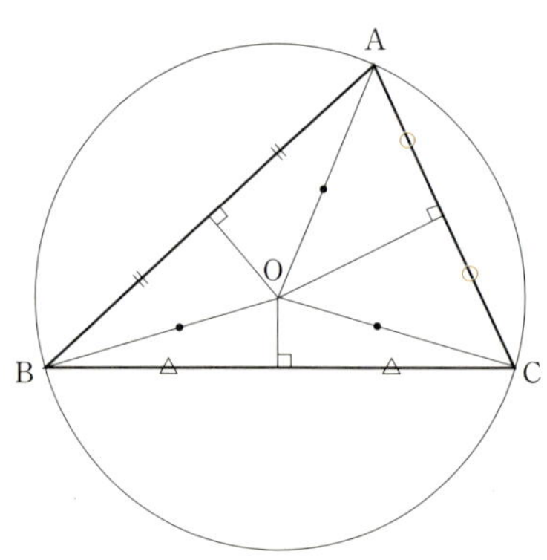

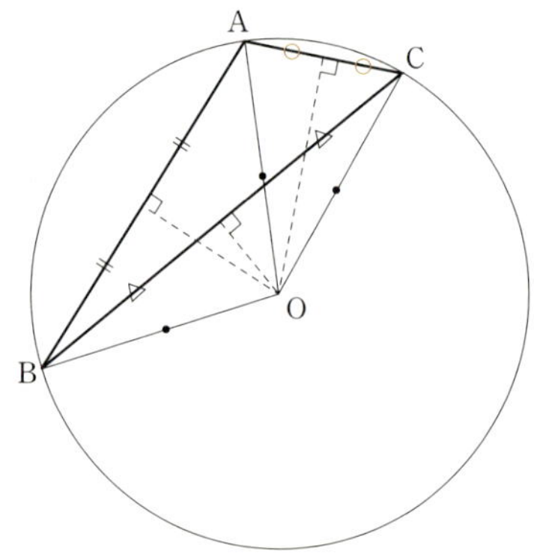

이렇게 설명하여 외심이 '어떤 점'인지 감이 오지 않는다면 다음의 상황을 생각해보자.

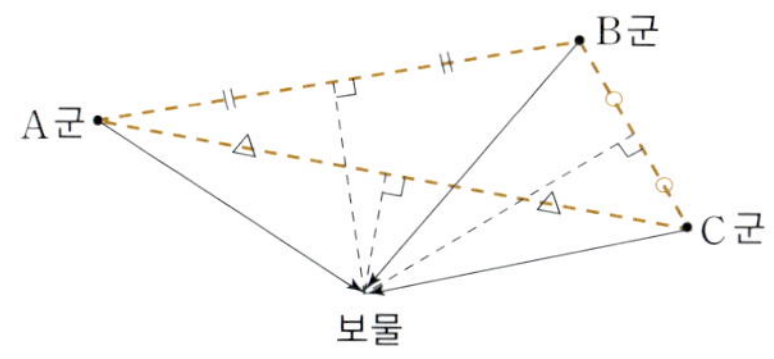

A군, B군, C군이 각자 자기 자리에서 동시에 움직여 맨 먼저 도착하는 사람이 보물을 차지하기로 한다면 보물을 어디에 두어야 할까?

보물은 세 명으로부터 공평하게 같은 거리에 두어야 하는데, 이것이 외심이다.

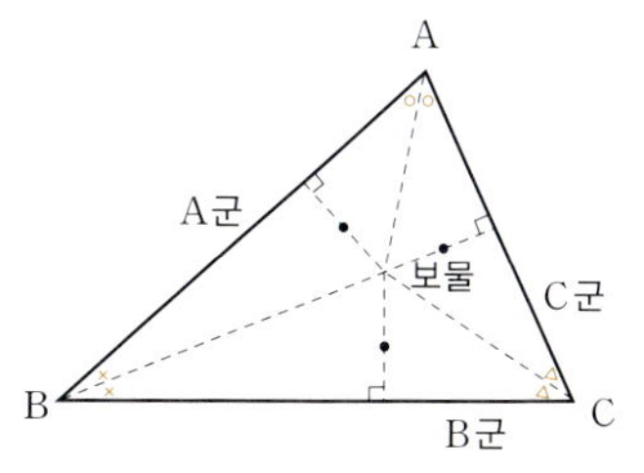

이 문제를 앞서 살펴본 내심과 관련된 것으로 바꾸면 어떻게 될까? 내심은 각 선에서 같은 거리에 있으므로 질문은 'A군은 AB, B군은 BC, C군은 CA 위에 있다. 보물은 어디에 두어야 공평한가?'가 된다.

마지막으로 다음과 같은 상황을 생각해볼 수 있다. 삼각형 널빤지 등을 끈으로 묶어서 수평으로 내려놓을 때 흔히 OA=OB=OC가 되게 길이를 조절하는데, 이렇게 하면 수평이 되지 않는다. 왜 그럴까?

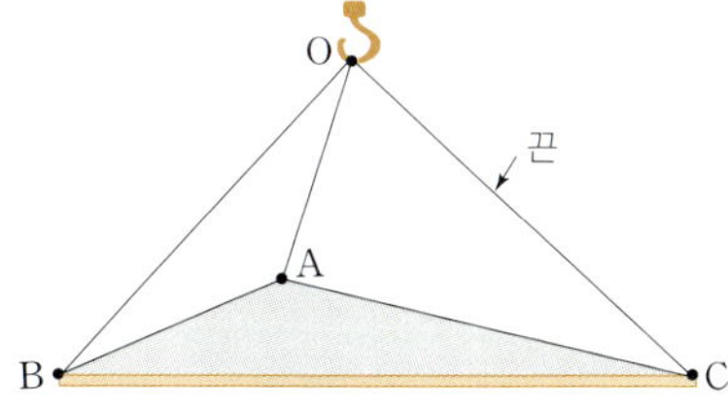

삼각형의 수심

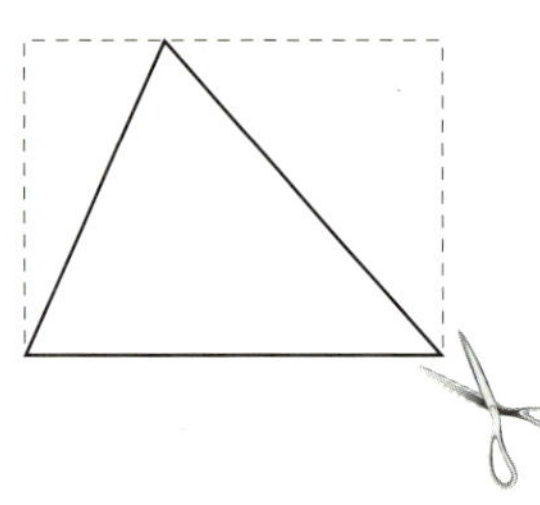

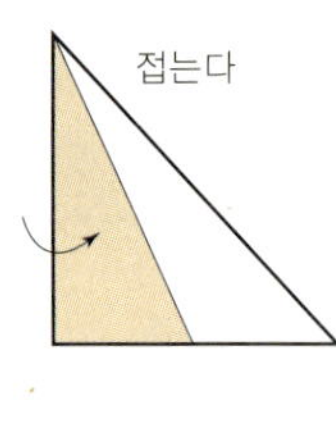

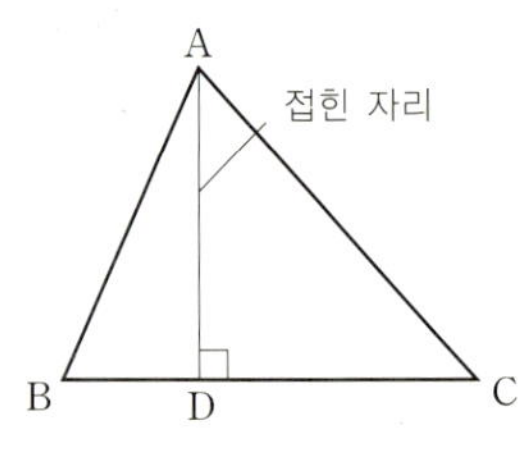

종이를 적당한 크기의 삼각형으로 오린다. 단, 모든 각이 90°보다 작은 예각삼각형으로 한다. 그림처럼 삼각형을 접었다가 펴면 접힌 자국이 남는데 이것은 꼭짓점 A에서 대변 BC로 그은 수직선 AD이다.

나머지 변들도 접었다 펴서 세 줄의 수직선을 만들면 세 줄이 한 점에서 교차하는 것을 알 수 있는데, 이 점을 수심이라 한다.

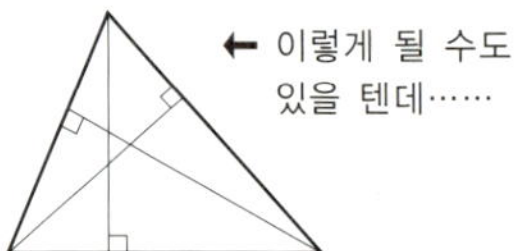

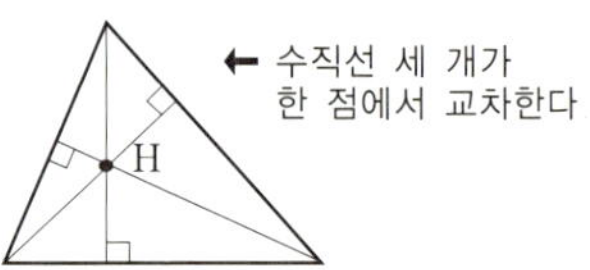

이 결과를 앞서 살펴본 내용들과 종합해보자.

중심 : 세 중선이 교차하는 점

내심 : 세 내각의 이등분선이 교차하는 점

외심 : 세 변의 수직 이등분선이 교차하는 점

수심 : 세 꼭짓점에서 대변 위에 내린 수직선이 교차하는 점

종이접기로는 불가능하지만 둔각삼각형에도 당연히 수심이 있다. 그러므로 수심의 더욱 정확한 정의는 각 꼭짓점에서 대변 '또는 그 연장선상으

로’ 내린 수직선이 교차하는 점이라고 해야 할 것이다.

● 세 수직선이 한 점에서 교차

삼각형으로 오린 종이를 접어 각 꼭짓점에서 대변으로 내린 수직선이 한 점에서 교차하는 것을 확인할 수는 있지만, 그것을 이론적으로 증명하기는 복잡하다. 증명의 개요만 설명한다.

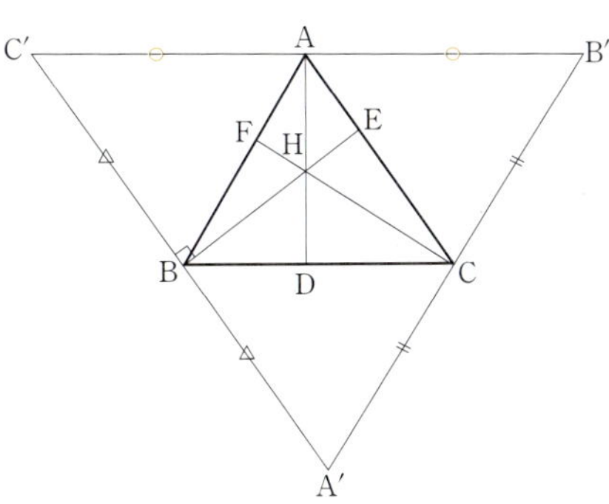

A를 지나 BC에 평행인 직선, B를 지나 CA에 평행인 직선, C를 지나 AB에 평행인 직선을 그어 △A′B′C′를 만든다. 그러면 이 △A′B′C′의 외심이 △ABC의 수심에 해당된다! 따라서 세 수직선은 한 점에서 교차한다는 것이 일반적인 증명이다.

● 수족삼각형

△ABC의 각 꼭지점에서 수선의 발 D, E, F를 이어서 생긴 △DEF를 수족삼각형이라고 한다.

지름이 BH인 원을 그리면 D, F는 그 위에 있고 CH가 지름인 원을 그리면 D, E는 그 위에 있다. 그림을 보면 △ABC의 수심 H는 △DEF의 내심인 것을 알 수 있다.

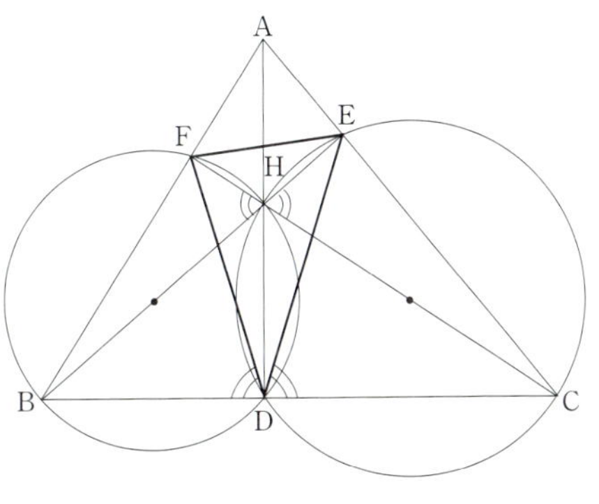

20 삼각형의 방심

△ABC의 한 내각의 이등분선과 다른 두 외각의 이등분선은 한 점 I_1에서 교차한다. 이 점 I_1을 △ABC의 방심이라고 한다.

I_1은 직선 AB, BC, CA에서 같은 거리에 있으므로 I_1을 중심으로 세 직선에 접하는 원을 그릴 수 있는데, 이 원을 △ABC의 방접원이라고 한다. 삼각형의 방심은 3개가 있다.

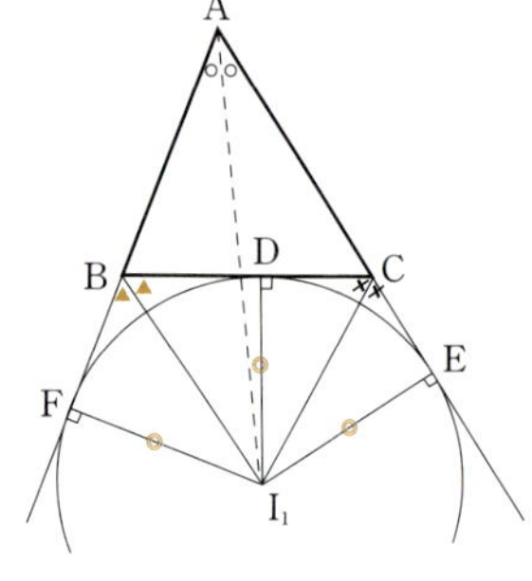

AI_1, BI_2, CI_3의 교점 I는 △ABC의 내심이다. 여기서

$$\angle I_1AI_2 = \angle I_1AC + \angle I_2AC$$
$$= \frac{1}{2}(\angle A\text{의 내각} + \angle A\text{의 외각}) = 90°$$

마찬가지로

$$\angle I_2BI_3 = 90°, \quad \angle I_3CI_1 = 90°$$

따라서 I는 △$I_1I_2I_3$의 수심이기도 하다.

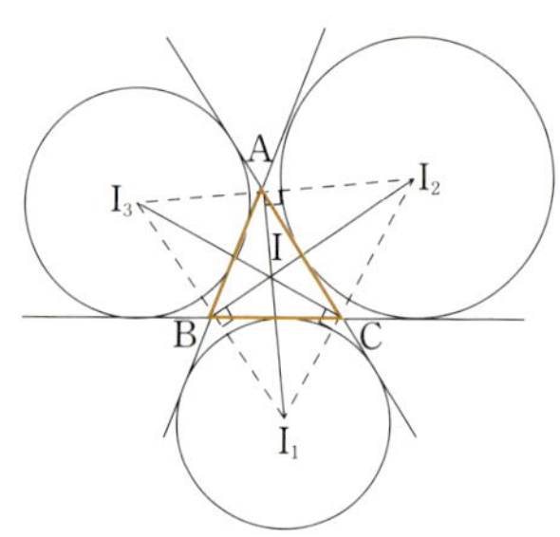

오른쪽 그림처럼 △ABC의 내심이 I일 때

$x+y=c, \ y+z=a, \ z+x=b$이므로

$$x+y+z = \frac{a+b+c}{2}$$

여기서 $s = \dfrac{a+b+c}{2}$ 라고 하면

$$x = (x+y+z) - (y+z) = s-a$$

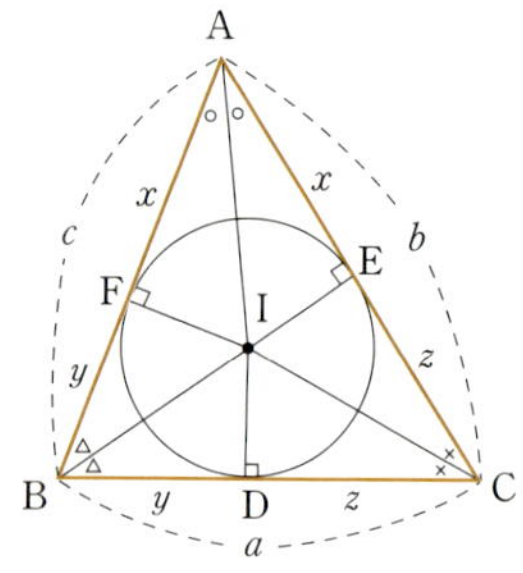

마찬가지로 해서 $y=s-b$, $z=s-c$이다.

s를 이용하면 삼각형의 면적 S는 r을 내접원의 반지름이라 할 때

$$S=rs \quad \cdots\cdots ①$$

로 이렇게 간단하게 나타낼 수 있다(67페이지 참조).

오른쪽 그림과 같은 $\triangle ABC$의 내접원 I와 방접원 I_1이 있을 때

$$AE'=AF' \quad \cdots\cdots (i)$$

그리고

$$AE'+AF'=(AC+CD')+(AB+BD')=AB+AC+BC$$
$$=a+b+c=2s \quad \cdots\cdots (ii)$$

(i), (ii)에 의해 $AE'=AF'=s$를 얻는다.

방접원 I_1의 반지름을 r_1이라 하면 $\triangle AFI$와 $\triangle AF'I_1$은 닮은꼴이므로

$$\frac{r}{s-a}=\frac{r_1}{s} \quad 즉 \quad rs=r_1(s-a)$$

이렇게 해서 $\triangle ABC$의 면적 S를 구하는 식

$$S=r_1(s-a)\cdots\cdots ②$$

를 얻는다. 같은 방법으로 방접원 I_2, I_3의 반지름을 각각 r_2, r_3으로 하여

$$S=r_2(s-b)\cdots\cdots ③$$
$$S=r_3(s-c)\cdots\cdots ④$$

를 얻는다. ①, ②, ③, ④에 따라 간단하게

$$\frac{1}{r_1}+\frac{1}{r_2}+\frac{1}{r_3}=\frac{s-a}{S}+\frac{s-b}{S}+\frac{s-c}{S}=\frac{s}{S}=\frac{s}{rs}=\frac{1}{r}$$

의 관계를 얻을 수 있다.

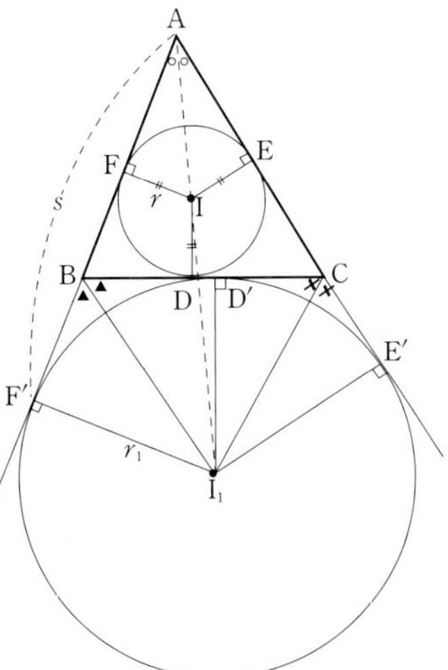

△ABC의 세 변 길이가 주어졌을 때 면적 S를 구하려면 헤론의 공식을 사용한다.

$s=\dfrac{a+b+c}{2}$ 일 때 면적은

$S=\sqrt{s(s-a)(s-b)(s-c)}$ 이다.

이 공식에는 기원전 1세기경 활약한 고대 그리스 수학자 헤론의 이름이 붙어 있는데 아르키메데스가 발견했다는 설도 있다. 앞 페이지의 결과를 가지고 헤론의 공식을 증명해보자.

오른쪽 그림에서 $BF'=w$ 라고 하면

$w=s-c$

마찬가지로 $CE'=s-b$.

$\triangle BFI \backsim \triangle I'F'B$ 이므로

$$\dfrac{s-b}{r}=\dfrac{r_1}{s-c}$$

따라서

$$rr_1=(s-b)(s-c)\cdots\cdots(i)$$

가 성립한다.

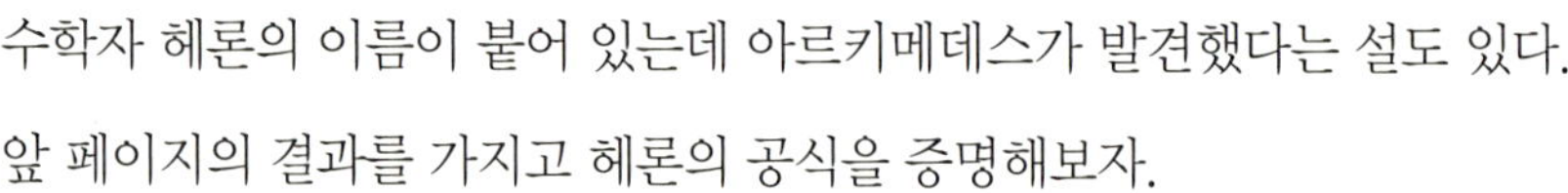

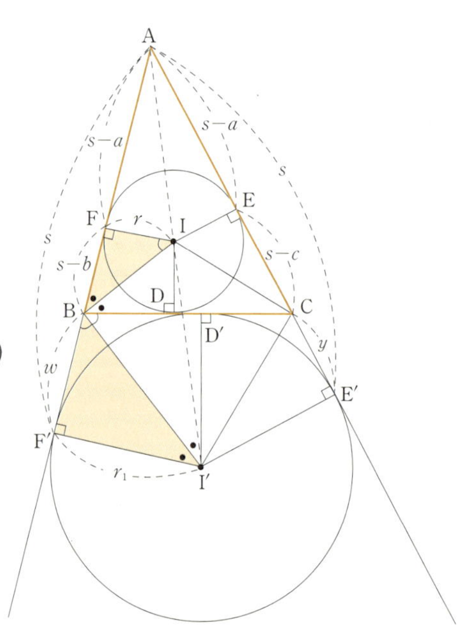

그리고 83페이지의 ①, ②에 의해

$$rs=r_1(s-a)\cdots\cdots\text{(ii)}$$

(i), (ii)의 양변을 곱해서 r_1으로 나누면

$$r^2s=(s-a)(s-b)(s-c)$$

양변에 s를 곱하면

$$r^2s^2=s(s-a)(s-b)(s-c)$$

따라서

$$S=rs=\sqrt{s(s-a)(s-b)(s-c)}$$

헤론의 공식은 각의 크기를 몰라도 변의 길이만 알면 삼각형의 면적을 계산할 수 있어 토지 면적을 측량할 때 편리하다. 옆의 그림과 같은 사각형 토지의 면적은 먼저 삼각형 2개로 나누어 변의 길이를 측정한 후 각각 헤론의 공식으로 면적을 구해서 더한다.

$$s_1=\frac{4+7+5}{2}=8$$

$$S_1=\sqrt{8(8-4)(8-7)(8-5)}=\sqrt{8\cdot4\cdot1\cdot3}=4\sqrt{6}$$

$$s_2=\frac{5+6+7}{2}=9$$

$$S_2=\sqrt{9(9-5)(9-6)(9-7)}=\sqrt{9\cdot4\cdot3\cdot2}=6\sqrt{6}$$

따라서

$$(\text{사각형 ABCD})=S_1+S_2=4\sqrt{6}+6\sqrt{6}=10\sqrt{6}(\text{m}^2)$$

즉 대략 24.49m^{2}이다.

먼저 '정말?'하고 놀란 다음 '어째서?'라고 이유를 생각하고서야 이해되는 문제들이 있다. 대표적인 것을 예로 들어보자.

'모든 사각형은 각 변의 중점을 이으면 평행사변형이 된다.'

이 법칙은 모든 사각형뿐만 아니라 '모든 사각형'을 '일직선상에 있지 않은 네 점'으로 바꿔도 성립된다.

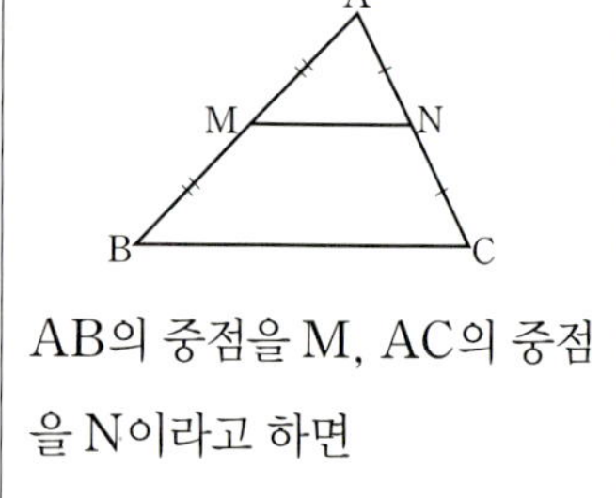

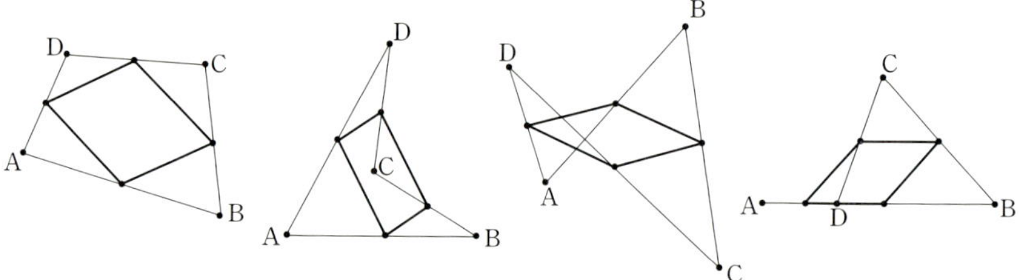

이는 선분 AC를 그어보면 이유가 분명해진다.

$\triangle BCA$와 $\triangle ACD$로 나누어 중점 연결 정리를 사용하면 PS와 QR는 모두 CA와 평행이고 길이도 CA의 절반이다. 따라서 $SP /\!/ RQ$이고 더구나 $SP = RQ$이므로 사각형 PQRS는 평행사변형이다.

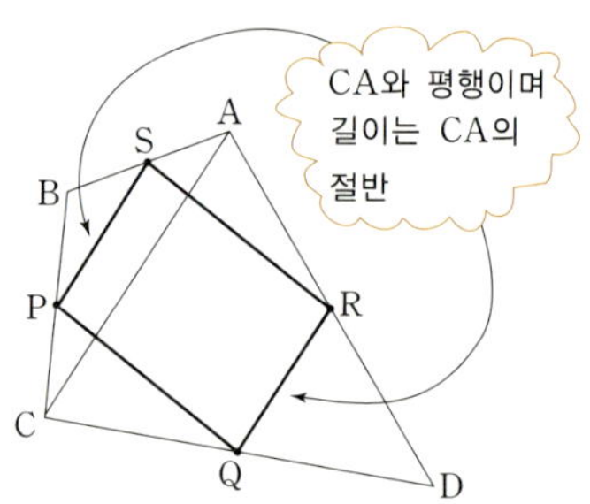

중점 연결 정리는 '삼각형의 무게중심'이나 다음 항목의 '구점원' 증명에도 활용된다.

이 정리를 조금 응용해보자. 스위스의 수학자 오일러(1707~1783)는 삼각형의 외심과 무게중심과 수심은 일직선상에 있다는 정리를 발견했다. '어째서' 그렇게 되는지 살펴보자.

첫 번째 단계는 오른쪽 그림에서

$$AH = 2OD$$

를 증명한다. 그러기 위해서는 중점 연결 정리를 사용하면서

$$EB = 2OD, \quad EB /\!/ AH, \quad EB = AH$$

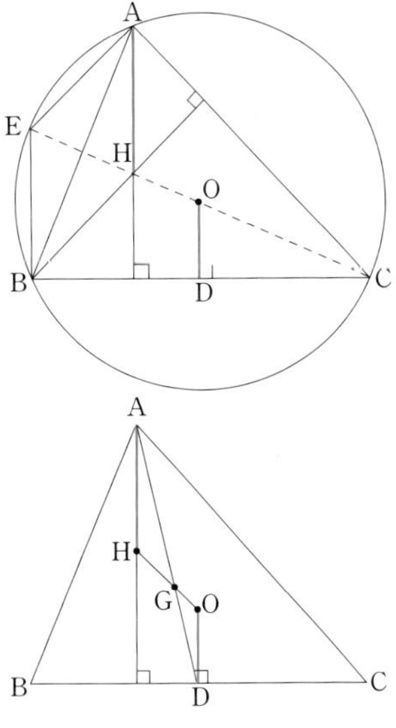

를 나타낸다.

$AH = 2OD$인 것을 알았으면 다음 단계로 넘어간다.

오른쪽 그림에서 AD와 HO의 교점 G가 무게중심이다(중선을 2 : 1로 내분하니까).

이렇게 해서 외심 O, 무게중심 G, 수심 H는 일직선상에 있다고 할 수 있다(아울러 GH = 2OG). 이 직선을 오일러직선이라고 부르며, 다음에 설명할 구점원을 오일러원이라고도 한다.

23

오일러는 다음과 같이 삼각형에 대한 점 9개를 구했을 때 이들이 같은 원주상에 있음을 증명했다.

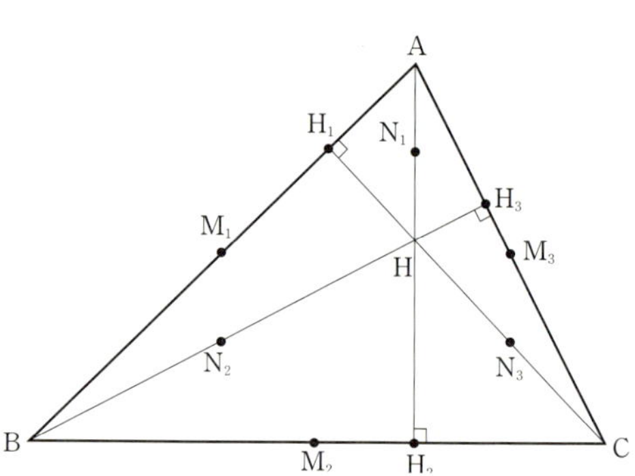

구점원의 정리

삼각형 ABC 각 변의 중점 ·· 3점(M_1, M_2, M_3)

각 꼭짓점에서 대변으로 내린 수직선의 발 ·················· 3점(H_1, H_2, H_3)

각 꼭짓점과 수심 H의 중점 ·································· 3점(N_1, N_2, N_3)

계 9점

이들 9개의 점은 동일 원주상에 있다.

그림을 그려서 증명해보자.

[증명]

$\triangle$ABC와 $\triangle$AHC를 보면 중점 연결 정리에 따라

$$M_1M_2 = \frac{1}{2}AC,$$

$$N_1N_3 = \frac{1}{2}AC \text{이므로}$$

$$M_1M_2 /\!/ AC, \quad N_1N_3 /\!/ AC$$

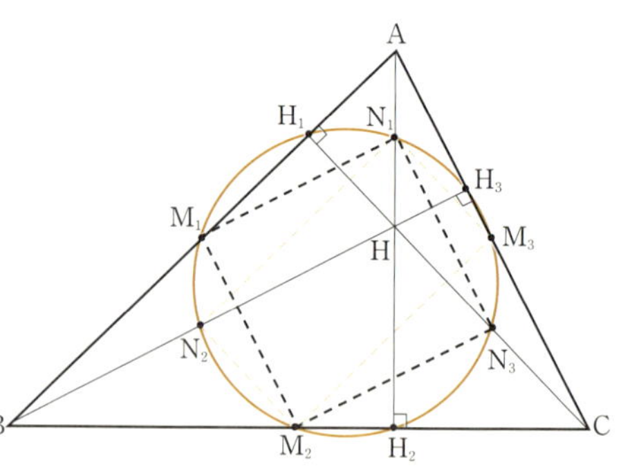

그리고 $M_1N_1 \perp N_1N_3$이므로 사각형 $M_1M_2N_3N_1$은 직사각형이다. 따라서 네 점 M_1, M_2, N_3, N_1은 같은 원주상에 있고 M_1N_3, N_1M_2는 그 원의 지름이 된다.

마찬가지로 사각형 $N_1N_2M_2M_3$도 직사각형이다. 따라서 N_1, M_1, N_2, M_2, N_3, M_3는 같은 원둘레 위에 있고 H_1과 H_2, H_3의 세 점만 남는다.

$\angle M_1H_1N_3$는 $90°$니까 H_1은 지름이 M_1N_3인 원주상에 있다. 마찬가지로 H_2, H_3도 지름이 N_1M_2, N_2M_3인 원둘레 위에 있다. 이렇게 해서 점 9개가 모두 같은 원둘레 위에 있음이 증명된다.

그렇다면 중심은 어디일까?

구점원의 중심과 반지

구점원의 중심은 삼각형 ABC의 외심 O와 수심 H를 이은 선분의 중심이다. 그리고 반지름은 외접원의 반지름 R의 $\frac{1}{2}$이다.

앞에서 $AH=2OM_2$라 했다. 그러면

$OM_2=N_1H$, $OM_2 /\!/ N_1H$

따라서 OH와 M_2N_1의 교점 N이 OH(그리고 M_2N_1)의 중점이 된다.

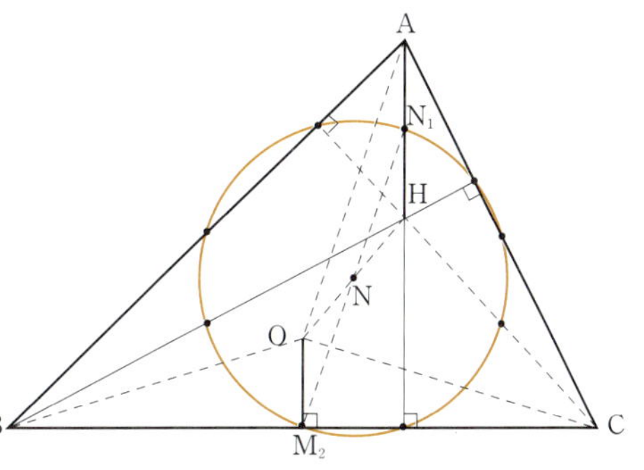

M_2N_1은 구점원의 지름이니까 N은 그 중심이다.

그리고 $OA=2NN_1$이고 $OA=R$이므로, 구점원의 반지름$=\frac{1}{2}R$.

이외에도 구점원은 삼각형의 내접원, 방접원과도 접해 있다. 오일러직선을 생각하면 구점원에 무게중심, 내심, 외심, 수심, 방심이 모두 모인 셈이다. 놀랍지 않은가? 구점원의 정리를 아름답다고 생각하기 시작하면 기하학에 더욱 빠져들기 쉽다.

반지름 r인 원에 내접하는 정n각형의 면적 S_n을 구해보자. 예를 들어 정육각형의 면적 S_6는 다음과 같다.

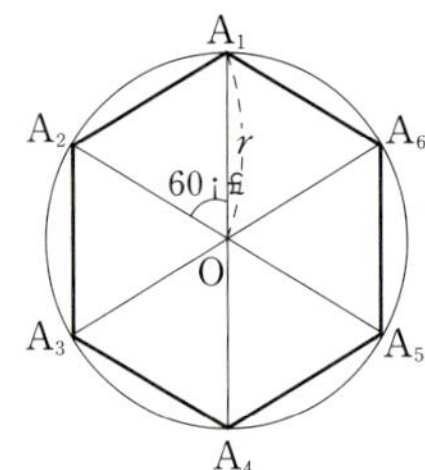

$$S_6=(\triangle OA_1A_2)\times 6=\frac{1}{2}r^2\sin 60^\circ\times 6=\frac{3\sqrt{3}}{2}=r^2$$

일반적으로 S_n은 다음과 같다.

$$S_n=\frac{1}{2}nr^2\sin\frac{360^\circ}{n}$$

이번에는 반지름 r인 원에 외접하는 정n각형의 면적 T_n을 구해보자. 정육각형일 때 면적 T_6는 다음과 같다.

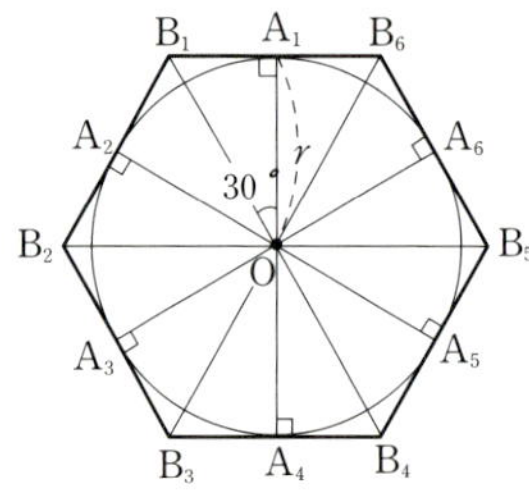

$$T_6=(\triangle OA_1B_1)\times 12$$
$$=\frac{1}{2}r^2\tan 30^\circ\times 12=2\sqrt{3}r^2$$

일반적으로 T_n은 다음과 같다.

$$T_n=nr^2\tan\frac{180^\circ}{n}$$

반지름 r인 원의 면적을 S라고 하면

$$S_n<S<T_n$$

이 성립한다. 여기서 $S=\pi r^2$이므로 다음 부등식이 성립한다.

$$\frac{1}{2}n\sin\frac{360^\circ}{n}<\pi<n\tan\frac{180^\circ}{n}$$

n을 크게 할수록 S_n은 커지고 T_n은 작아지므로 원주율 π의 가장 좋은 근삿값을 얻을 수 있다. 예를 들어 $n=180$이라고 하면

$$3.140954\cdots < \pi < 3.141911\cdots$$

아르키메데스는 $n=96$의 경우를 고찰하여 근삿값을 얻었다.

$$3\frac{10}{71} < \pi < 3\frac{1}{7}$$

한편 정다각형의 성질을 활용한 것으로 삼각그래프라는 것이 있다.

옆의 그림처럼 한 변이 l인 정삼각형 내부의 점 P에서 각 변으로 내린 수직선의 길이를 h_1, h_2, h_3라 하고 정삼각형의 면적을 S라 한다. 이때 $\triangle ABP + \triangle BCP + \triangle CAP = \triangle ABC$가 성립하므로

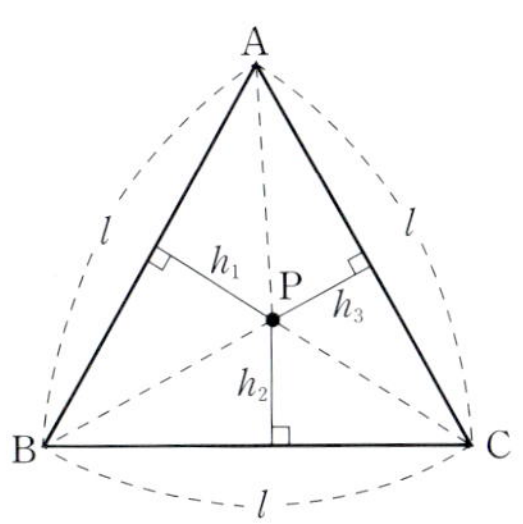

$$\frac{1}{2}lh_1 + \frac{1}{2}lh_2 + \frac{1}{2}lh_3 = S$$

따라서

$$h_1 + h_2 + h_3 = \frac{2S}{l} \text{ (일정)}$$

즉 점 P의 위치에 상관없이 수직선의 합은 일정하다. 이 성질은 정삼각형뿐만 아니라 모든 정다각형에서 성립한다.

삼각그래프는 이런 성질을 이용해서 만든다. 어느 법안에 대한 여론 조사 결과가 다음 표와 같다고 할 때, 이를 삼각그래프로 나타내면 오른쪽과 같다.

	찬성	반대	무응답
A시	50%	30%	20%
B읍	40%	20%	40%
C면	30%	60%	10%

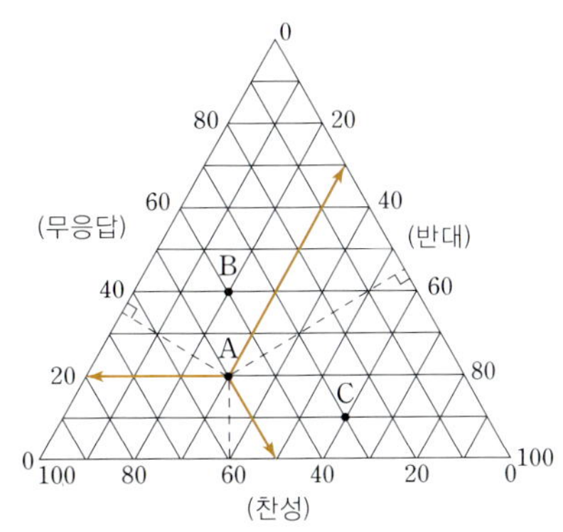

25 이어 붙이기(타일링)

길을 걷다 보면 컬러 보도블록이 깔려 있는 것을 흔히 볼 수 있다. 블록의 모양은 정사각형, 평행사변형, 삼각형 등 다양한데, 그중 임의의 사각형을 생각해보자.

● **임의의 사각형을 이어서 붙인다**

(1) ① 사각형을 그려서 똑같은 모양을 여러 개 만든다. 180° 회전한 모양도 준비한다.

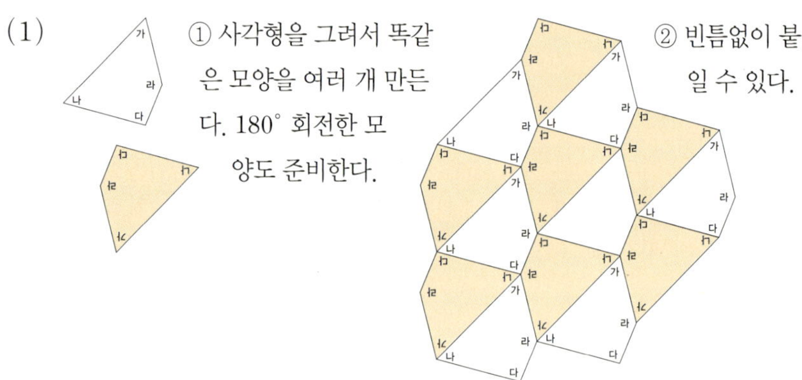

② 빈틈없이 붙일 수 있다.

(2) 다음과 같은 사각형으로도 가능할까?

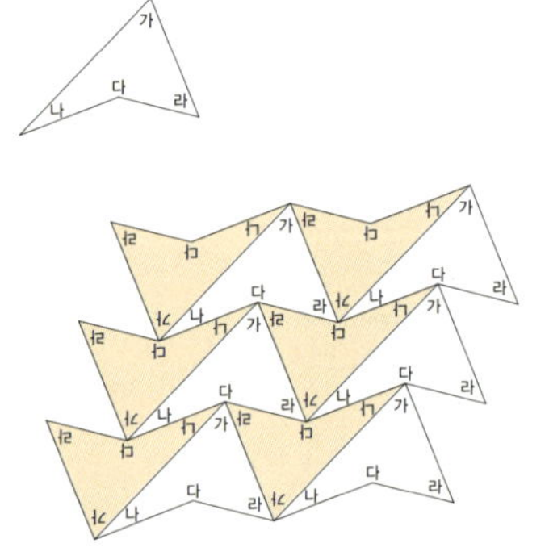

역시 빈틈없이 붙일 수 있다. 이 모양을 보면 사각형 내각의 합(가+나+다+라)이 360°인 것도 확인할 수 있다.

두꺼운 종이로 본뜰 사각형을 만들어 종이에 대고 계속 그려나가면 실감할 수 있다.

● 나란히 붙일 수 있는 그림을 그린다

조금 복잡한 모양으로 붙이고 싶다면 이렇게 해보자.

(1) 직사각형을 기본으로 한다

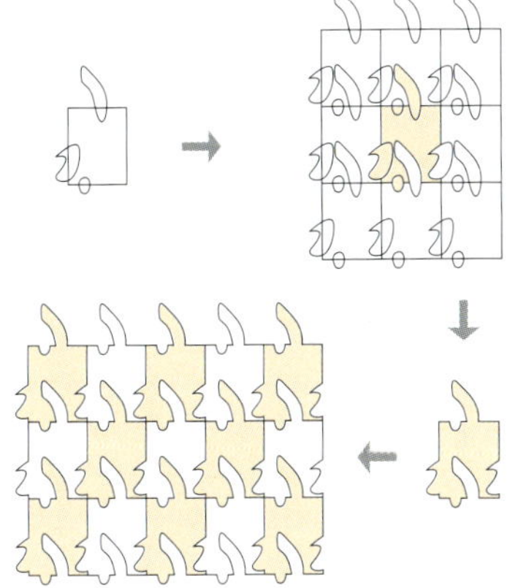

① 직사각형에 적당히 변화를 주고 그것을 기본 단위로 한다.
② 그 도형을 평면에 나란히 붙인다.
③ ②의 한가운데에서 직사각형과 교차하는 부분 중 한쪽은 색칠하고 나머지 한쪽은 흰색으로 둔다.
④ 색칠된 도형을 붙여나간다.

(2) 임의의 사각형을 기본으로 한다

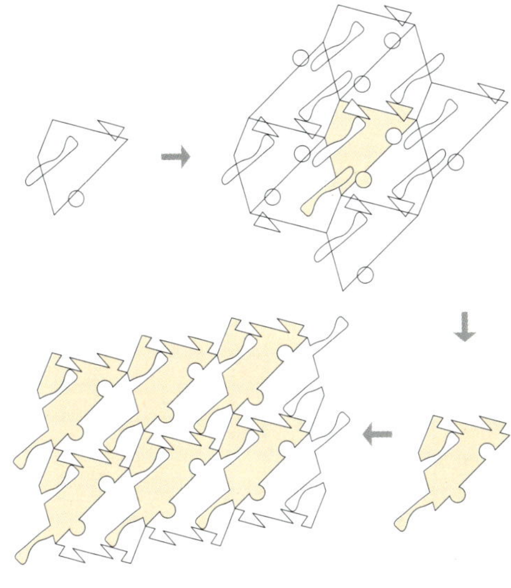

① 사각형에 적당히 변화를 주고 그것을 기본 단위로 한다.
② 그 도형을 평면에 나란히 붙인다.
③ ②의 한가운데에서 다른 도형과 교차하는 부분 중 한쪽은 색칠하고 나머지 한쪽은 흰색으로 둔다.
④ 색칠된 도형을 붙여나간다.

이름이 상징하듯 황금비는 그리스 시대부터 각광을 받아왔다.

기원전 300년경, 유클리드는 《원론》에서 황금비를 이렇게 정의했다.

'선분을 균등하지 않은 부분으로 나눌 때, 전체 길이 대 큰 길이가 큰 길이 대 작은 길이와 같이 내분되어 나뉘는 것이다'

여기서 말하는 내분이 곧 '황금비'다.

정의를 풀어서 설명하면 다음과 같다.

- 선분 AB를 크고 작은 두 부분으로 나눈다.
- AB와 AG의 비(전체 : 대)가 AG와 GB의

  비(대 : 소)와 같을 때, 즉

$$전체 : 대 = 대 : 소(AB : AG = AG : GB)$$

일 때 AB는 G에 의해 황금비로 나뉜다.

작은 쪽을 1, 큰 쪽을 x로 놓으면

$$(x+1) : x = x : 1$$

정리한 방정식

$$x^2 - x - 1 = 0$$

을 풀면

$$x = \frac{1+\sqrt{5}}{2} = 1.618\cdots$$

황금비는 거의 1.6 : 1이다.

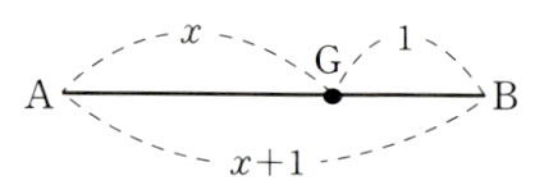

그리스 시대부터 황금비가 각광을 받은 이유는 정오각형의 두 대각선이 서로 황금분할이기 때문이었다(옆 그림에서 △CAB와 △GBC가 닮은꼴인 것을 이용하면 '전체 : 대＝대 : 소'를 알 수 있다).

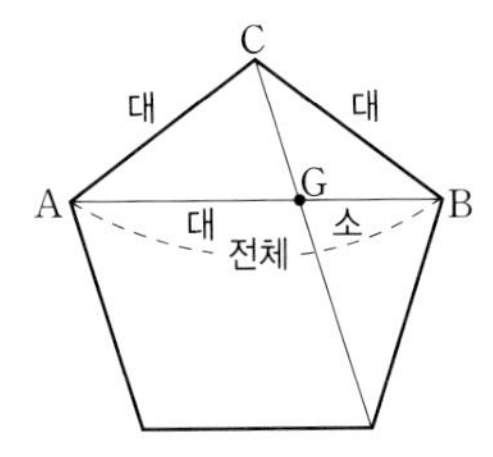

바꿔 말하면 정오각형은

> 대각선 : 한변

이 황금비다. 그리고 옆 그림의 굵은 선 부분만 떼어내서 생각하면 정십각형과 그 외접원도

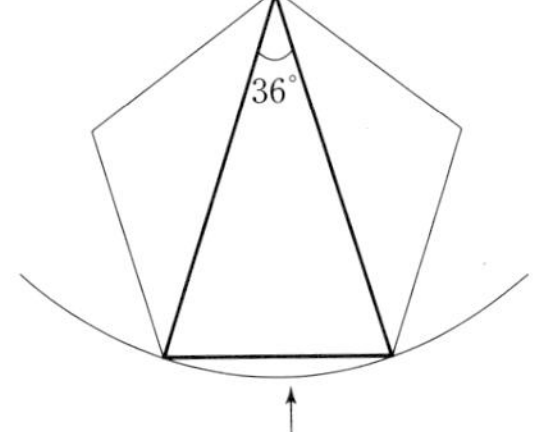

> 외접원의 반지름 : 정십각형의 한 변

이 황금비다.

이야기가 조금 빗나가지만 《원론》에서는 황금비의 성질을 구사하여 다음과 같은 엉뚱한 정리를 증명했다.

같은 원에 내접하는 정오각형, 정육각형, 정십각형에 대해

$$(정오각형의 \ 한 \ 변)^2 = (정육각형의 \ 한 \ 변)^2 + (정십각형의 \ 한 \ 변)^2$$

이 성립한다!

그 옛날 이렇게 수준 높은 연구가 이루어졌다니 놀라울 따름이다.

《원론》의 끝 부분에는 정십이면체와 정이십면체의 작도에 대한 언급도 있는데 모두 황금비 연구를 기초로 한다.

황금비가 각광을 받은 이유로는 피보나치수와의 관계, 미술 작품과의 관련, 황금직사각형의 이용, 나선의 근사 등을 들 수 있는데 여기에 대해서는 《창의적 문제해결력 수학 1 – 수와 계산》 편을 참고하기 바란다.

27 아폴로니우스의 원

먼저 각의 이등분선과 변의 비에 대해 생각하자.

$\triangle$ABC에서 AB : AC$=m : n$이라 하자.

$\angle$A의 이등분선과 BC의 교점을 D라 하면

BD : DC$=m : n$

그리고 $\angle$A의 외각의 이등분선과 BC의 연장선의

교점을 D$'$라고 하면

BD$'$: D$'$C$=m : n$

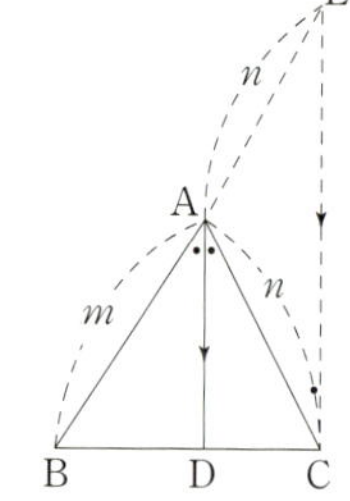

이를 바탕으로 두 정점 A,
B에서 거리의 비가 3 : 1인
점 P의 자취를 구해보자.

AP : PB$=3 : 1$인 점 P
를 잡는다.

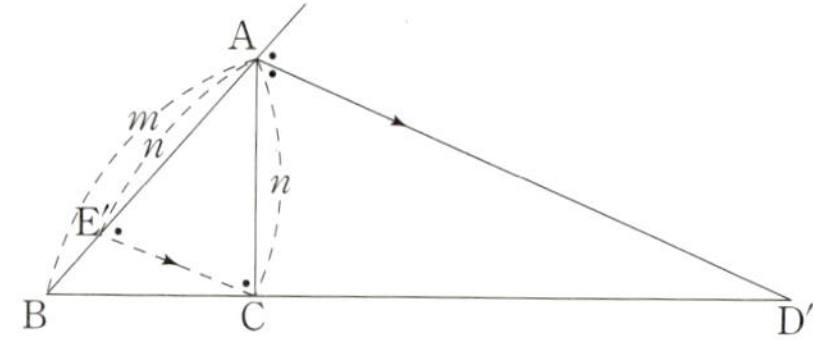

$\angle$APB의 이등분선과 AB
의 교점을 C라 하면

AC : CB$=3 : 1$이다.

$\angle$APB의 외각의 이등분선과 AB의 교점을 D라 하면

AD : DB$=3 : 1$이다.

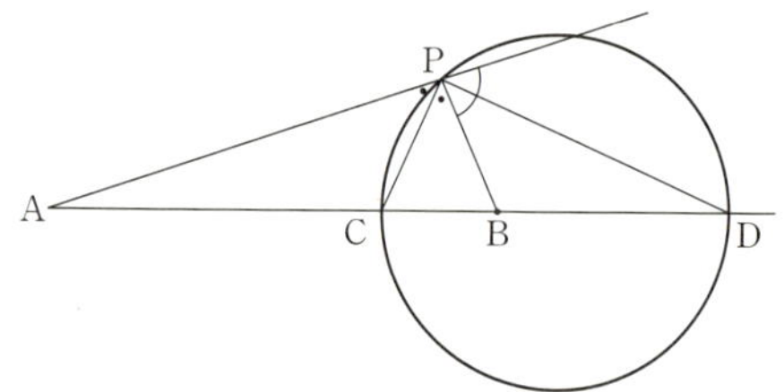

여기서 $\angle$CPD$=\angle$CPB$+\angle$BPD$=90°$니까 P는 지름이 CD인 원
둘레 위에 있다.

일반적으로 두 정점 A, B에 대해 PA : PB$=m : n\,(m \neq n)$을 만족

시키는 점 P의 자취는 하나의 원이 되는데 이 원을 아폴로니오스의 원이라 한다.

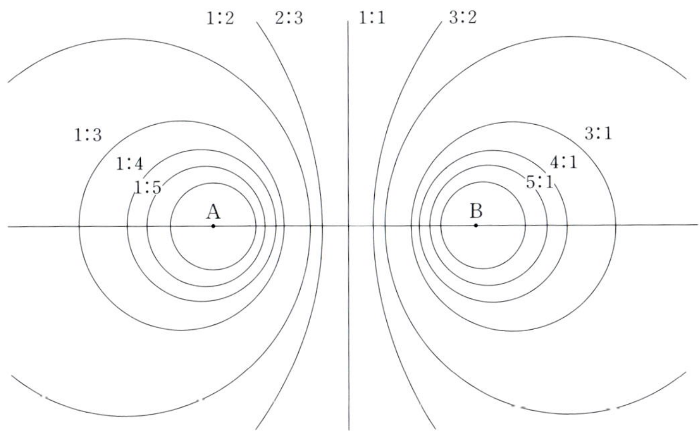

아폴로니오스의 원은 여러 상황에 이용된다. 예를 들어 그림과 같은 야구 그라운드에서 타구 속도가 주자의 주행 속도보다 3배 빠를 때, 점 B에 있는 선수의 수비 범위는 점 A, B에서 거리의 비가 3 : 1인 아폴로니오스의 원 내부가 된다.

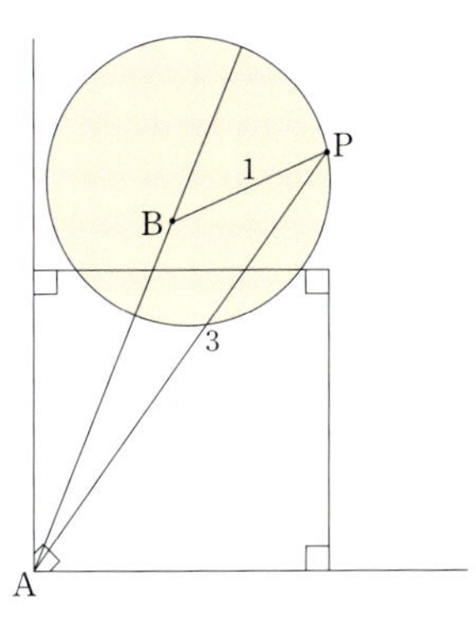

질량이 M인 지구와 질량이 M′인 달의 인력이 균형을 이루는 점 P에서는 만유인력의 법칙에 따라

$$\frac{M}{AP^2} = \frac{M'}{BP^2} \quad 즉 \ AP : BP = \sqrt{M} : \sqrt{M'}$$

$M : M' ≒ 81 : 1$이므로 달의 인력권은 A, B에서 거리의 비가 $9 : 1$인 아폴로니우스의 원 내부다.

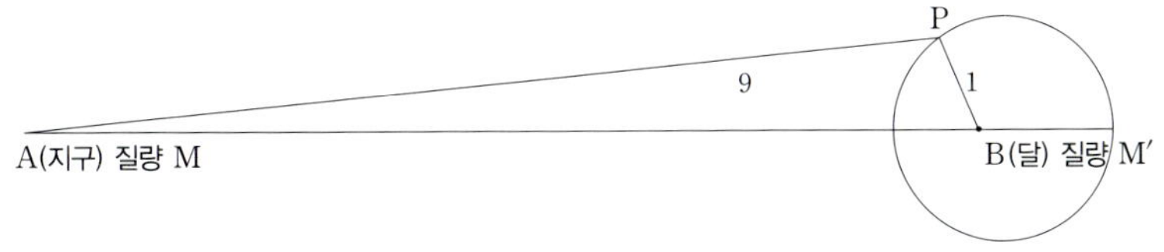

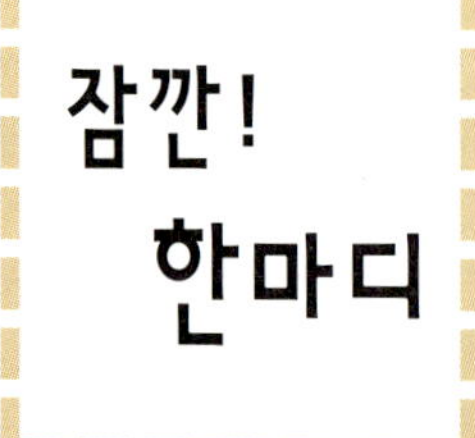

아르키메데스(기원전 287~212)는 시칠리아 섬 시라쿠사 출신으로 고대 그리스 최고의 수학자다. 그의 업적으로는 곡선 도형의 면적과 회전체의 체적을 구한 것이 가장 유명하다. 특히 원주율 π의 값이(현대적으로 표기하면)

$$3\frac{10}{71} < \pi < 3\frac{1}{7}$$

인 것을 증명하여 지금까지도 사용되는 근삿값 3.14를 확정했다.

그는 역학·기계학 분야에도 조예가 깊어 시라쿠사의 왕 히에론에게 "지렛대만 주면 지구도 움직일 수 있다"고 큰소리 쳤다고 하며, 2차 포에니 전쟁 때는 다양한 무기를 고안해서 로마군을 막아내 그들을 깜짝 놀라게 했다. 아르키메데스는 '(나선) 양수기'도 발명했는데 2200년이 지난 지금까지도 그 양수기를 사용하는 곳이 있다고 한다. '유례없는 천체 관측자'라고 불린 그는 또한 '유체역학'을 발명하여 '정지한 유체의 표면은 구이며 그 중심은 지구의 중심과 일치한다'고 주장했다. 그리고 '유체 속의 물체는 그것을 배제한 유체의 무게만큼 가벼워진다'는 부력의 원리를 발견했다.

아르키메데스와 관련된 가장 유명한 일화는 욕조 속에서 물질의 부피와 밀도의 차이를 알아낸 것이다. 그는 '왕관이 순금으로 만든 것인지 알아내라'는 왕의 요청에 고민하던 중, 욕조 속에 몸을 담그자 자신의 몸 부피만큼 흘러넘치는 물을 보고 문제를 해결할 힌트를 얻었다고 한다. 이에 흥분하여 벌거벗은 채 거리로 나와 "유레카, 유레카!"('알았다'는 뜻)라고 외쳤다는 것인데, 로마 건축가 비트루비우스에 따르면 아르키메데스는 '왕관을 물에 넣어 흘러넘친 물의 양으로 부피를 측정하고 같은 부피의 은을 물에 넣어 밀도를 비교해 계산한 결과 왕관이 순금으로 만들어진 게 아니라는 것을 알았다'고 한다.

 **인간의 망막은** 2차원의 면이라서 한쪽 눈으로는 거리감을 포착하기 어렵다. 하지만 '초점을 맞추는' 기능과 '입체적인 것에 대한 경험' 또는 기본적으로 '두 눈에 보이는 광경의 차이'를 이용해 머릿속에서 3차원적인 이미지를 만들어낸다. 이것을 역이용하면 '평면적인 것을 입체화'하거나 '착각에 의한 입체화'도 가능하다. 옛날에는 '여자보다 남자가 입체를 인식하는 능력이 뛰어나다'고 했다. 어려서부터 나무에 오르며 같은 사물을 여러 각도에서 보는 데 익숙하기 때문이라는 것이었다. 그러나 나무에 오를 일이 거의 없는 요즘 아이들은 어떨까? 입체를 인식하는 능력이 저하되었을까, 아니면 다양한 시각적 간접체험을 제공하는 텔레비전을 통해 오히려 능력이 향상되었을까.

'상품 제조' 분야에서 공간 도형은 꼭 필요하다. 건축이든 자동차 제조든 공간적인 설계도를 종이(2차원)에 그리는 것에서 시작되기 때문이다. 게다가 그 그림은 점과 선으로 이루어진다.

공간 특유의 어려움은 '수직선을 긋는 것'에도 나타난다. 평면일 때는 아주 쉽다. 종이 위에 직선 L과 그 외에 점 P가 있다고 할 때 점 P에서 직선 L로 수직선(즉 직각이 되도록)을 긋는 방법은 여러 가지가 있다. 삼각자가 있다면 [그림 1]처럼 점 P와 직선 L에 자를 대기만 하면 된다. [그림 2]처럼 해도 정확한 수직선을 그릴 수 있다.

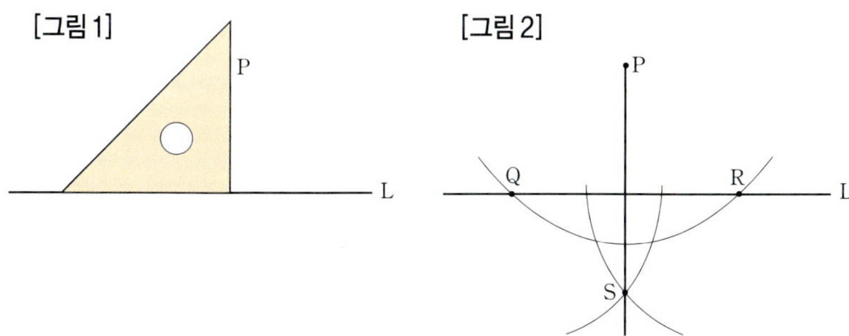

① 직선 L밖에 점 P가 있을 때 점 P를 중심으로 원을 그리고 L과의 교점을 Q, R이라고 한다.

② Q, R를 중심으로 같은 반지름으로 원을 그리고 그 교점을 S라 한다.

③ P와 S를 잇는 직선은 L과 직각으로 교차한다.

공간에 있는 점에서 직선으로 수직선을 긋는 것도 '그 점과 직선을 포함하는 평면'을 생각하면 (그리고 평면상에서 삼각자와 컴퍼스를 사용할 수 있다면) 문제 될 게 없다. 그러나 공간에 있는 점에서 어느 평면으로 수직선을 긋는 것은 이야기가 다르다. 컴퍼스로는 '공간 내에 원을 그릴 수 없으며' 삼각자를 '평면에 수직으로 세우는 것'도 불가능하다. 이번 장에서는 이러한 공간 개념과 관련된 기하학의 정리를 알아보겠다.

인간 직관의 한계를 넘어선 3차원의 공간을 떠올리는 것은 4차원 이상의 공간을 상상하는 토대가 된다. '직선'이나 '(초)평면'은 3차원 공간이든 4차원 이상의 공간이든 성질이 매우 비슷하기 때문이다.

01 평면에서 공간으로

이 장에서는 무대가 평면에서 공간으로 확대된다. 수학적으로 더 정확히 말하면 '공간이 2차원에서 3차원으로 확대된다'고 할 수 있다.

0차원 공간	점
1차원 공간	직선
2차원 공간	평면
3차원 공간	공간

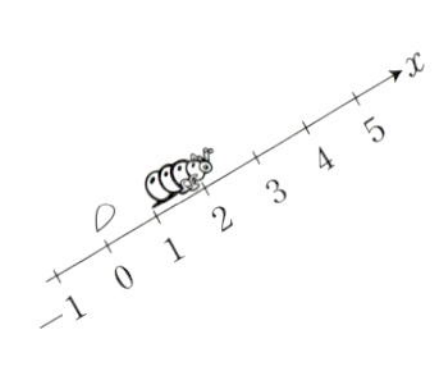
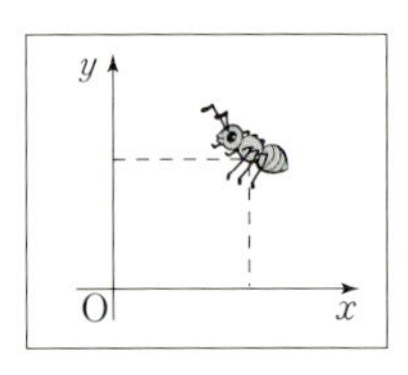
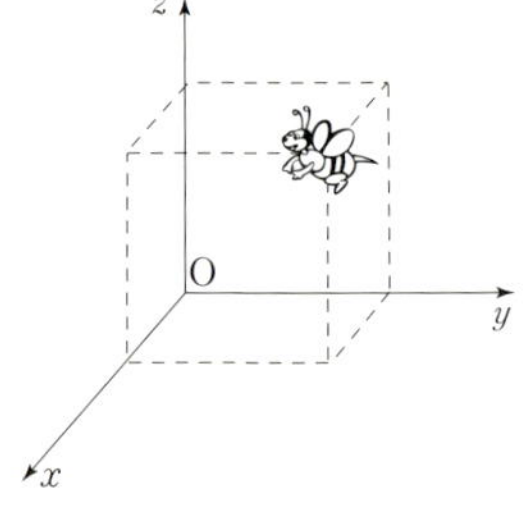

4장 '해석기하학'에서 소개할 좌표를 사용하면 직선이 무대일 때는 그 위에 있는 점은 1개의 수에 대응할 수 있고 평면이 무대일 때는 (x, y)라는 숫자 2개로 나타낼 수 있다. 그리고 공간일 때는 (x, y, z) 3개의 숫자로 나타낼 수 있다. 이런 이유에서 1차원, 2차원, 3차원이라고 하며, 점은 0차원이라고 하기도 한다.

다음처럼 감자를 잘라서 각각 다른 모양을 만들어보자. 평면은 공간의 단면, 직선은 평면의 단면, 점은 직선의 단면이라고 할 수 있다.

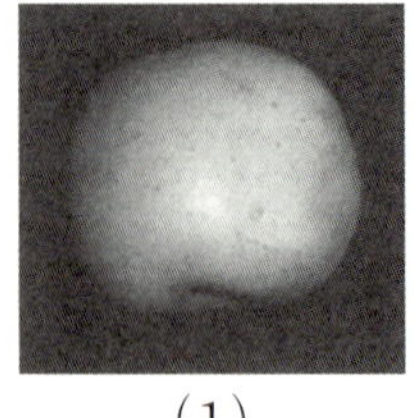

(1)   (2)   (3)   (4)

사진 (3)을 보면 알 수 있듯 공간에서는 두 평면의 공유점이 모여 직선 1개가 생긴다. 그리고 사진 (4)를 보면 공간 내의 세 평면의 공유점으로서 점 1개가 생긴다. 이것은 지극히 기본적인 3차원 공간의 성질로, 일상 속에서 얼마든지 확인할 수 있다.

● **평면의 결정**

무대가 공간으로 확대되면 평면은 그곳에서 기본 도형이 된다. 공간에 세 점을 정하면 그 점들을 지나는 평면이 1개 생긴다. 단, 세 점은 한 직선 위에 있지 않다.

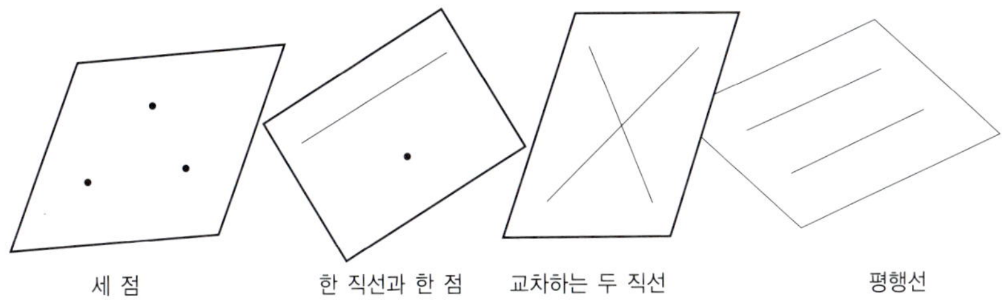

마찬가지로 해서 한 직선과 그 위에 있지 않은 한 점을 지나는 평면, 교차하는 두 직선을 지나는 평면, 한 쌍의 평행선을 포함하는 평면이 하나씩 생긴다. 이것이 공간에 평면을 결정하는 조건이다.

뒤에서 직선과 평면의 수직에 관해 정의하겠지만 한 직선에 수직이고 그 위에 있지 않은 점을 지나는 평면도 1개 생긴다.

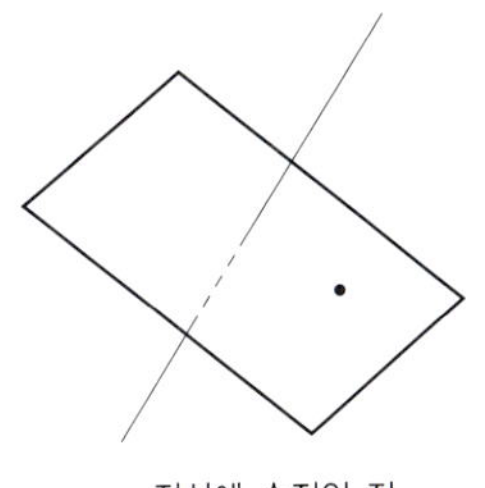

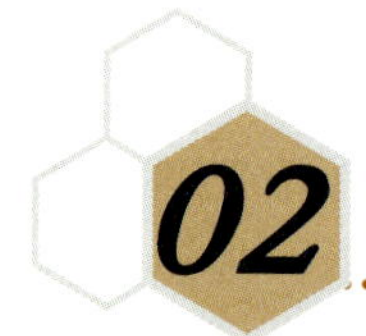

02 공간 속의 도형 —실물로 체험

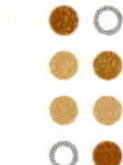

공간 도형(입체 도형)의 대표적인 것으로 정육면체와 같은 다면체가 있다. 종이로 직접 만들어보자.

● 정육면체(입방체)

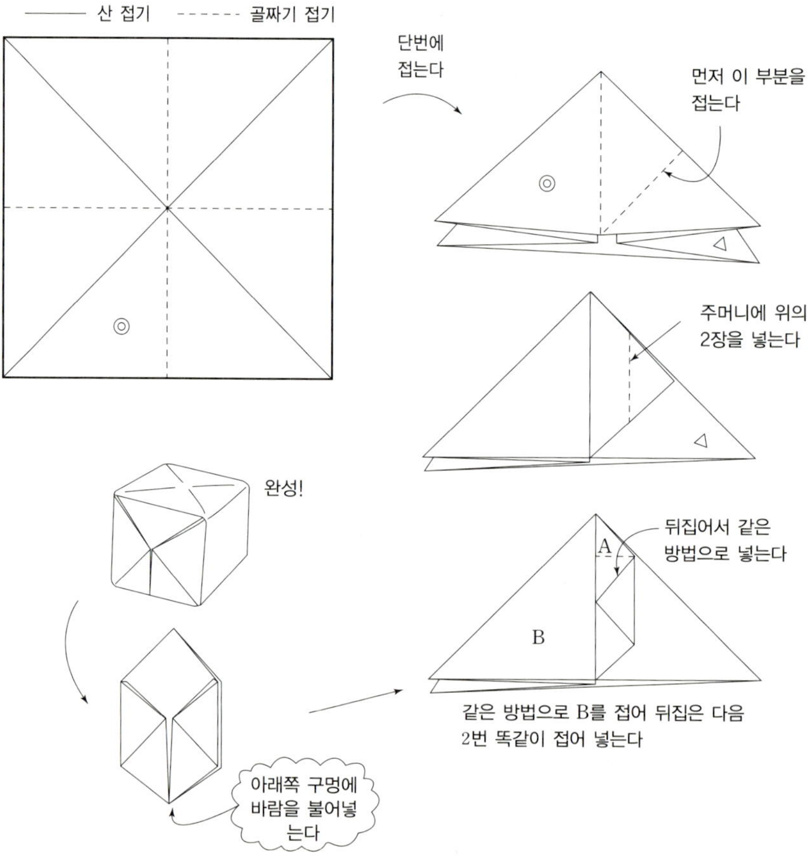

이번에는 정육면체 모양의 종이를 사용한다.

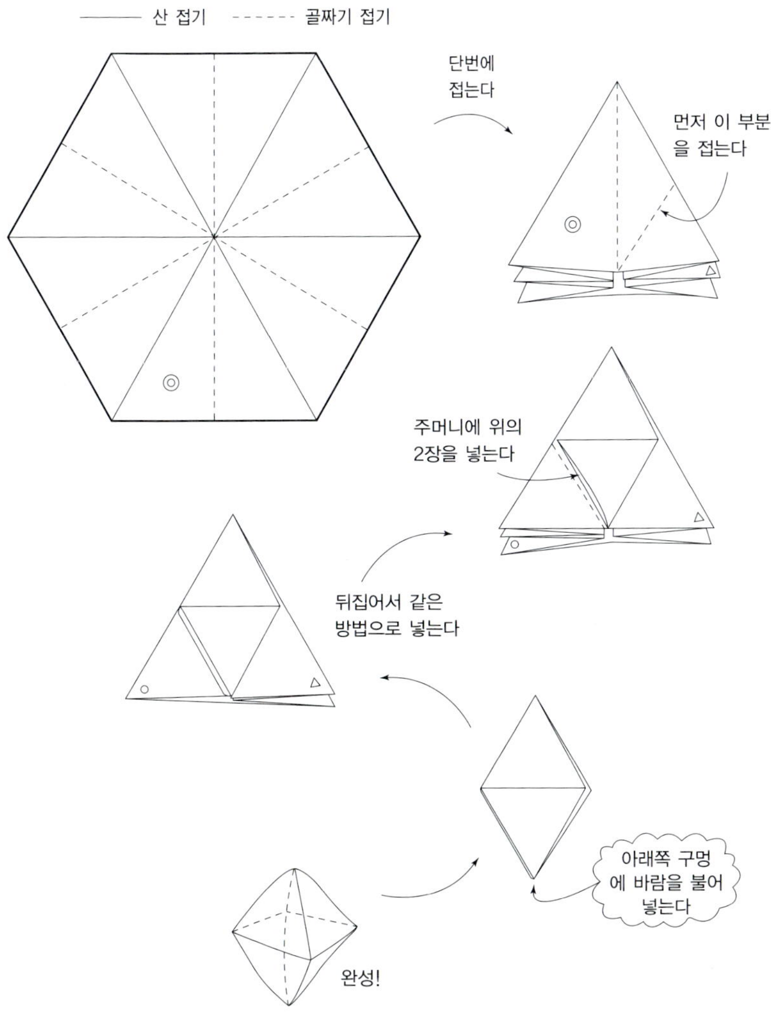

'실물' 입체를 꼭 한번 직접 만들어보자.

직선과 직선

공간에서 두 직선의 위치 관계에 대해 생각해보자. 먼저 두 직선 l, m이 평행인 경우부터 보면 이때는 직선 l이 방향을 그대로 유지한 채 이동해서(평행 이동) 직선 m과 겹칠 수 있다. 이때 최단 거리로 이동해서 l, m을 포함하는 1개의 평면 α가 생긴다.

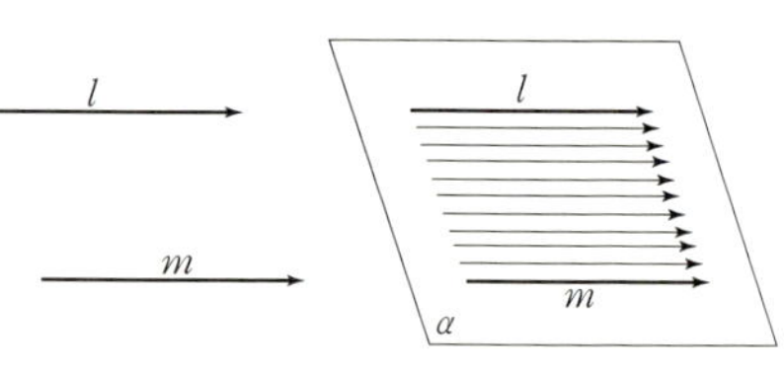

한편 두 직선 l, m이 한 점에서 교차할 때가 있다. 이때는 직선 l, m상에 각각 점 A와 다른 점 B, C를 찍으면 세 점 A, B, C에 의해 1개의 평면 α가 생긴다. α는 당연히 l, m을 포함한다.

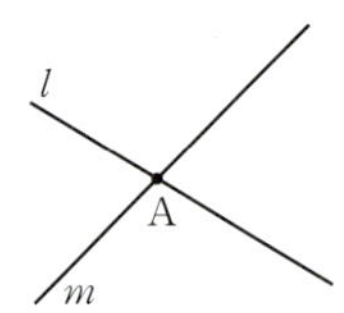
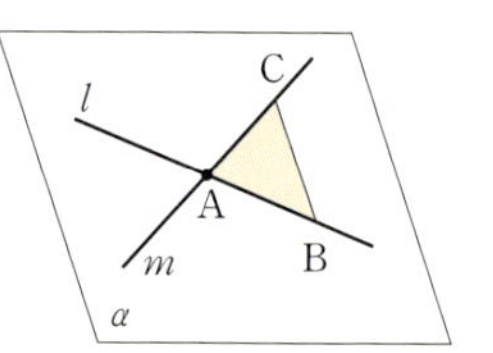

두 직선 l, m이 평행하지도 교차하지도 않을 때 이 두 직선은 꼬인 위치에 있다고 한다.

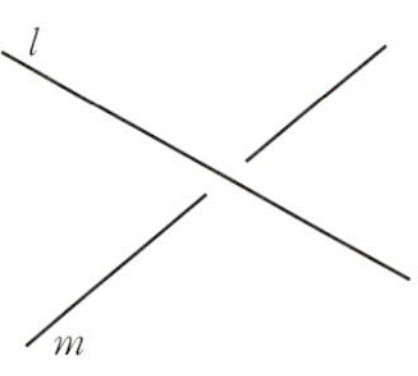
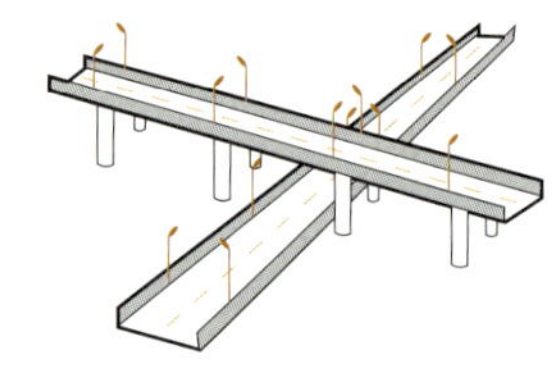

공간에 무작위로 직선을 2개 그으면 꼬인 위치에 있게 될 때가 많다. 이는 입체 교차로를 떠올리면 이해하기 쉽다.

이번에는 두 직선이 이루는 각에 대해 생각해보자.

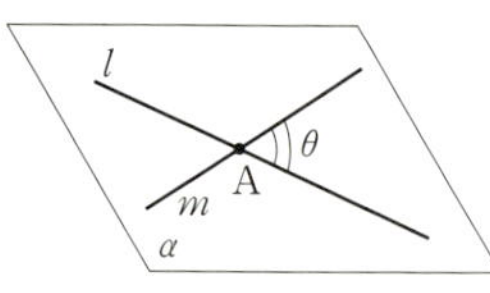

먼저 두 직선 l, m이 교차하는 경우는 평면에서 두 직선이 이루는 각 θ와 마찬가지로 생각하면 된다.

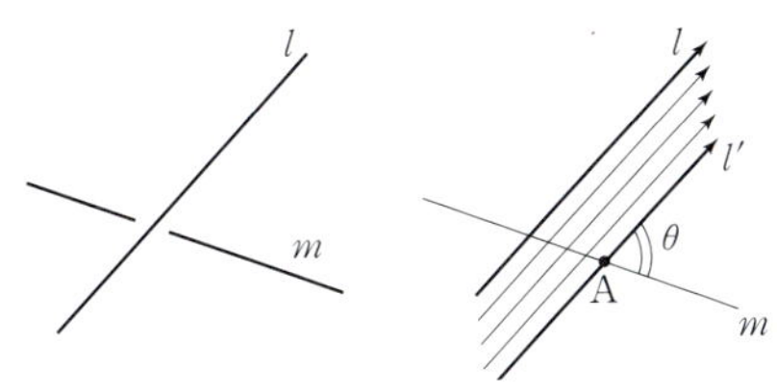

두 직선 l, m이 꼬인 위치에 있다면 한쪽 직선이 다른 한쪽 직선과 교차할 때까지 평행 이동해서 두 직선이 이루는 각 θ를 측정한다.

평행한 두 직선 l, m은 평행 이동해서 겹쳐지므로 각은 $0°$이다. 즉

$$l \,/\!/\, m \Leftrightarrow \theta = 0°$$

그리고 두 직선 l, m이 이루는 각이 $90°$일 때 두 직선 l, m은 수직이라고 한다. 즉

$$l \perp m \Leftrightarrow \theta = 90°$$

오른쪽 그림과 같은 직육면체 ABCDEFGH에서는 꼬인 위치에 있는 두 변은 모두 수직이다. 예를 들어

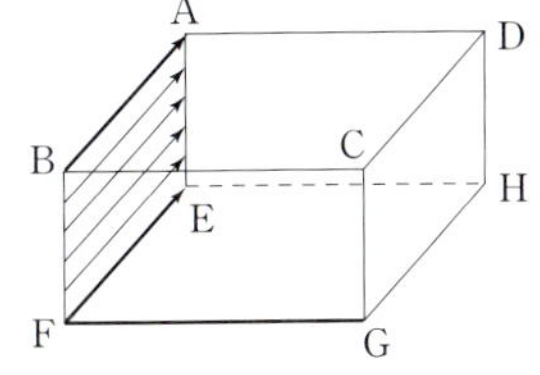

AB$\,/\!/\,$EF, EF$\perp$FG이므로 AB$\perp$FG

마지막으로 꼬인 위치에 있는 두 직선 l, m의 최단 거리 d를 보자. 먼저 직선 l을 m과 교차할 때까지 평행 이동하고 l'라고 한다. 이 두 직선 l'와 m에 의해 평면 α가 생기고 $l \,/\!/\, \alpha$가 된다. 그리고 직선 l상의 점 B에서 평면 α로 수직선 BH를 내리면 이 BH가 최단 거리다.

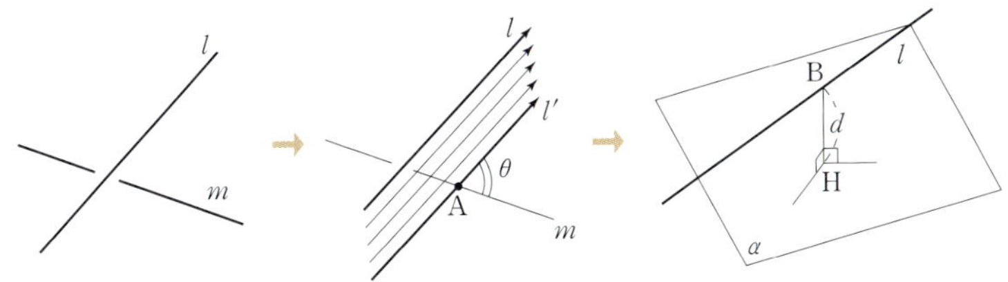

직선과 평면

공간에서 직선과 평면의 위치 관계는 크게 3가지로 나눌 수 있다.

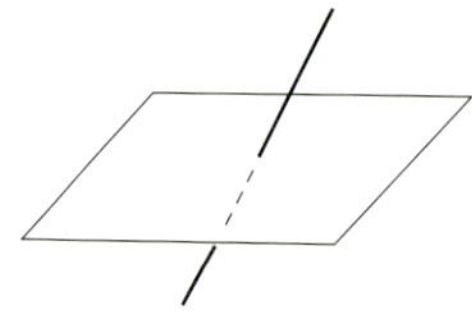

(1) 한 점에서 교차한다

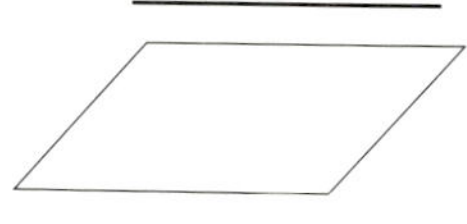

(2) 평행(교차하지 않는다)

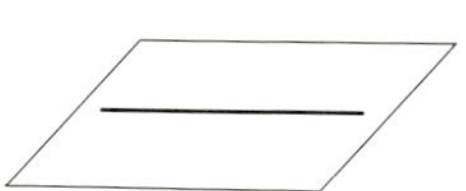

(3) 포함된다

오른쪽 그림의 직육면체에서 밑면 EFGH를 평면 α라고 하고 세 가지 경우를 예로 들면

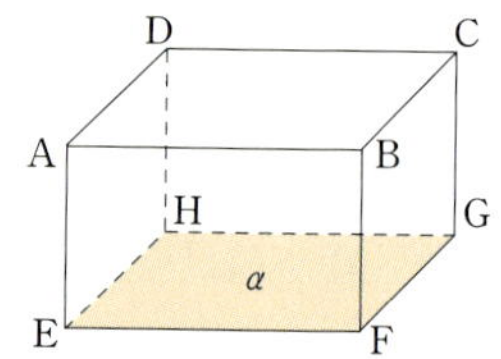

(1) 직선 AE와 평면 α

(2) 직선 AB와 평면 α

(3) 직선 EF와 평면 α의 경우가 된다.

● **직선과 평면의 수직**

직선을 평면과 똑바로 교차하는 방법을 알아보자.

두꺼운 종이를 그림처럼 반으로 접어서 병풍처럼 책상 위에 세우면 직선 PQ는 책상의 평면 α위에 똑바로 선다.

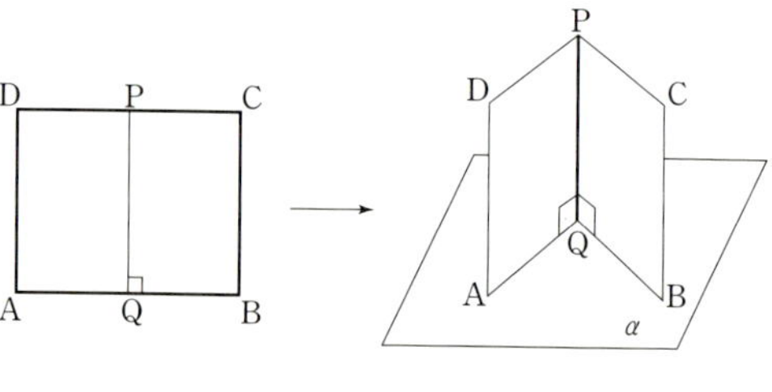

이때 '교차한다', '똑바로 선다'는 것은 '수직으로 교차한다', '수직으로 선다'는 것을 돌려서 표현한 것이다. 이렇게 표현하는 이유는 직선과 평

면이 수직이라는 것이 어떤 상태인지 아직 정의를 내리지 않았기 때문이다. 이런 문제는 다음과 같은 관계를 알면 단번에 해결된다.

(1) 옆 그림에서 직선 PQ는 평면 α의 직선 QA, QB와 수직일 뿐 아니라 α의 모든 직선과 수직이라는 것을 증명할 수 있다.

(2) 일반적으로 직선 l이 평면 α의 모든 직선과 수직일 때 직선 l과 평면 α는 수직이다. (이것이 정의)

(3) (1), (2)를 종합하면 직선 l이 평면 α상의 평행이 아닌 두 직선과 수직이면 l과 α는 수직이라고 해도 좋다.

● (1)의 증명 방침

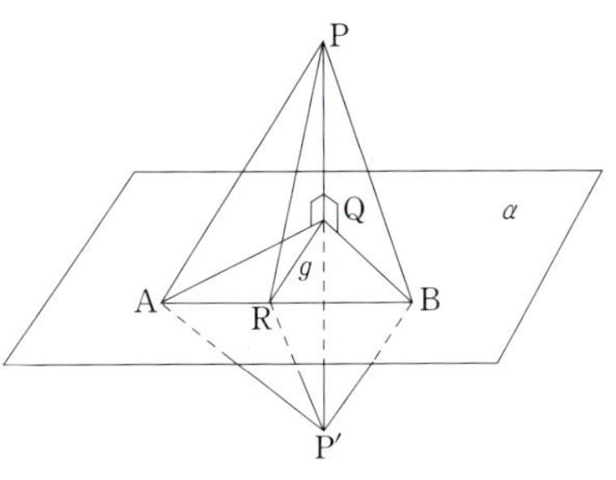

α 위의 임의의 직선을 g라고 하자 (PQ와 꼬인 위치라면 평행 이동해서 Q를 지나는 위치로 옮긴다). g와 AB의 교점을 R로 하고 PQ의 연장선상에 PQ=QP′인 점 P′를 잡는다.

PR=P′R를 증명할 수 있으면 △PRQ≡△P′RQ(세변 합동)가 되어 ∠PQR=90°라고 할 수 있으므로 증명이 끝난다. 그때까지 삼각형의 합동을 계속 반복하면 되는데 다음과 같은 순서로 한다.

△APQ≡△AP′Q, △BPQ≡△BP′Q → △PAB≡△P′AB(결과로서 ∠PAR=P′AR를 나타낼 수 있으므로) → △PAR≡△P′AR.

굳이 이렇게 복잡하게 설명한 것은 앞에서 보았듯이 PQ⊥QA, PQ⊥QB로 두 직선과 수직인 것만으로 충분하다는 것을 강조하기 위해서다. 그렇기 때문에 집을 짓는 목수도 안심하고 기둥을 수직으로 세울 수 있는 것이다.

● 평면과 평면의 위치 관계

공간에서 2개의 평면 α, β의 위치 관계는 다음 둘 중 하나다.

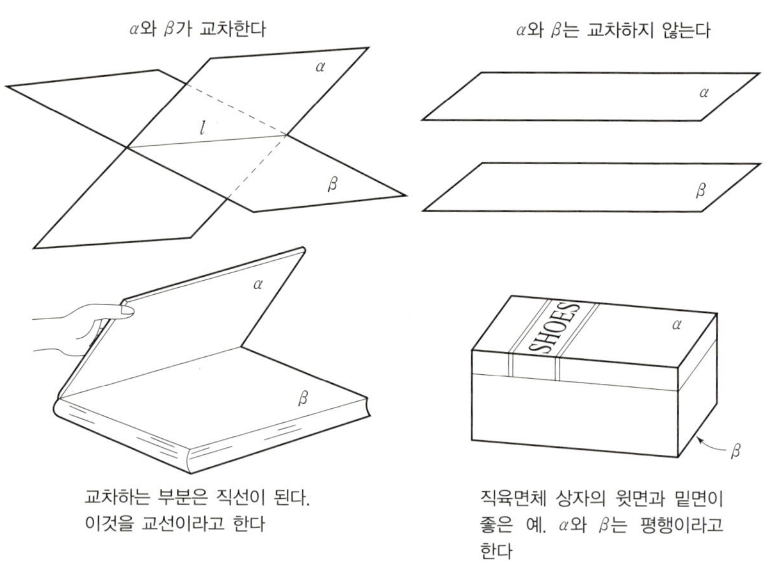

교차하는 부분은 직선이 된다.
이것을 교선이라고 한다

직육면체 상자의 윗면과 밑면이
좋은 예. α와 β는 평행이라고
한다

● 평면과 평면의 각

슬로프를 α, 수평면을 β라
고 할 때 직선으로 활강하는
경우를 생각하자. 교선 l과 수
직인 α상의 AP, β상의 BP를
이용하여 $\angle$APB를 두 평면
α와 β가 이루는 각으로 본다.

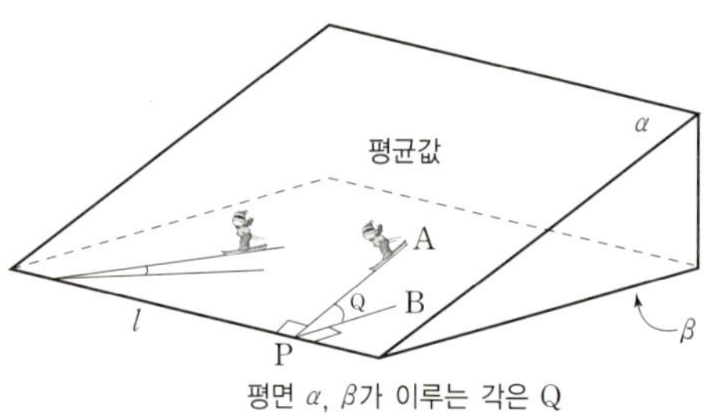

평면 α, β가 이루는 각은 Q

사활강은 각이 정해지지 않아서 조금 어렵다.

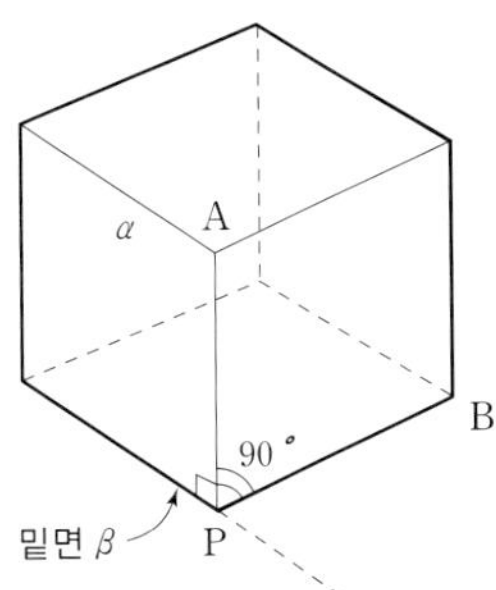

예를 들어, 같은 크기의 정사각형 6개로 정육면체를 만들면 한쪽 측면 α와 밑면 β가 이루는 각은 90°로 직각이다. 이 그림에서도 앞에 나온 슬로프 그림의 A, P, B라고 생각하면 된다.

같은 크기의 정삼각형 4장으로 정사면체를 만들 때, 이 입체의 그림에서 평면 α와 밑면 β가 이루는 각을 그림처럼 60°라고 넘겨 짚으면 안 된다. P의 위치에 문제가 있기 때문이다.

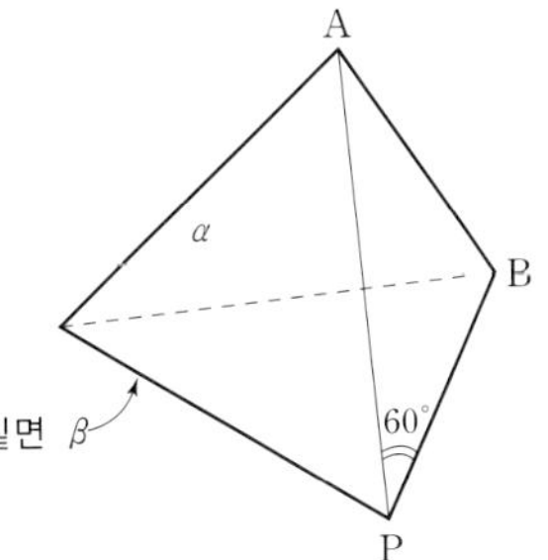

이 때는 P를 아래 그림의 위치에 잡고 θ를 구해야 한다.

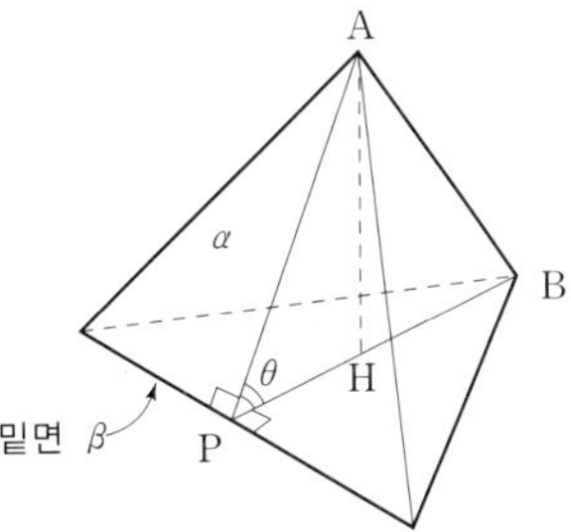

〈주〉 정사면체의 대칭성에 의해 H는 밑면 삼각형의 중심이므로 $\cos\theta=\dfrac{1}{3}$이 성립한다. 이를 만족시키는 각 θ를 함수 전자계산기를 사용해서 구하면 $\theta=70.52\cdots°$이다. 즉 평면 α와 β가 이루는 각은 약 70.5°이다.

삼수선의 정리

삼수선의 정리는 공간 기하학의 가장 기본적인 정리 중 하나다. 수직에 관련된 각종 성질이 이 정리에서 나왔다.

삼수선의 정리는 '점 P에서 직선에 수직선을 그을 수 있다'는 전제하에, 평면상에 있지 않은 한 점 P에서 평면에 수직선을 그리는 방법을 나타내는 것이라고 생각하면 된다.

① 평면 α 밖에 한 점 P를 잡는다.

② α에 직선 l을 긋고 P에서 l로 수직선을 내려, 그 발을 A라 한다.

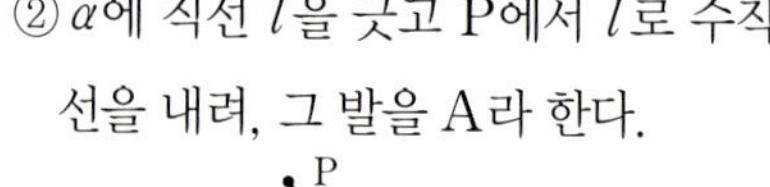

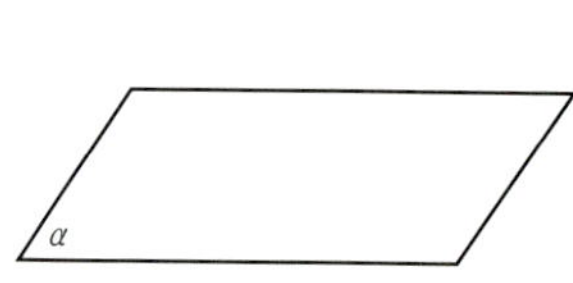

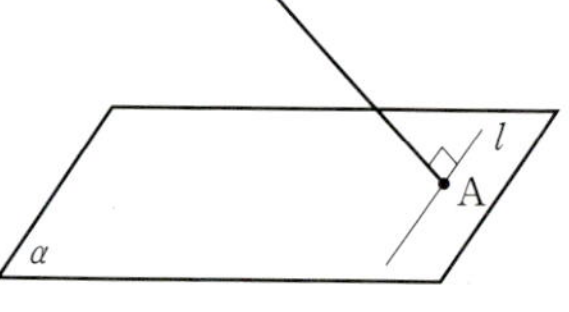

③ 평면 α 위에, 점 A를 지나고 l에 수직인 직선 m을 긋는다.

④ 점 P에서 직선 m 위에 수직선을 내리고 그 발을 B라고 한다.

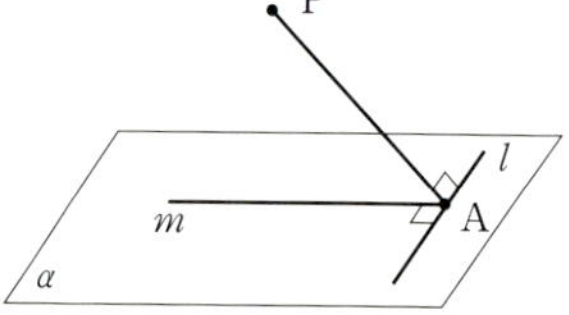

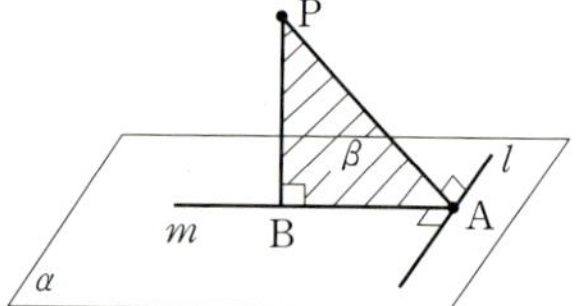

이렇게 하면 PB와 평면 α가 수직을 이룬다는 것이 삼수선의 정리다.

다시 말해 $PA \perp l$, $l \perp m$, $m \perp PB$이면 $PB \perp \alpha$이다.

$\triangle PAB$를 포함하는 평면을 β라고 하면 $l \perp PA$, $l \perp m$이므로 $l \perp \beta$. 따라서 $PB \perp l$. 그리고 $PB \perp m$이므로 $PB \perp \alpha$가 된다.

삼수선의 정리를 변형한 다음과 같은 계($\mathrm{系}$)도 성립한다.

'PB$\perp\alpha$, $l\perp$BA이면 PA$\perp l$', 'PB$\perp\alpha$, PA$\perp l$이면 $l\perp$BA'

점 P에서 평면 α로 내린 수직선의 발 P′를 점 P의 평면 α에 대한 정사영이라고 한다. 마찬가지로 도형 F의 각 점의 정사영이 만드는 평면 α 위의 도형 F′를 도형 F의 α에 대한 정사영이라고 한다.

● 삼수선의 정리를 이용해서 '직선의 평면에 대한 정사영은 직선'인 것을 관찰해보자.

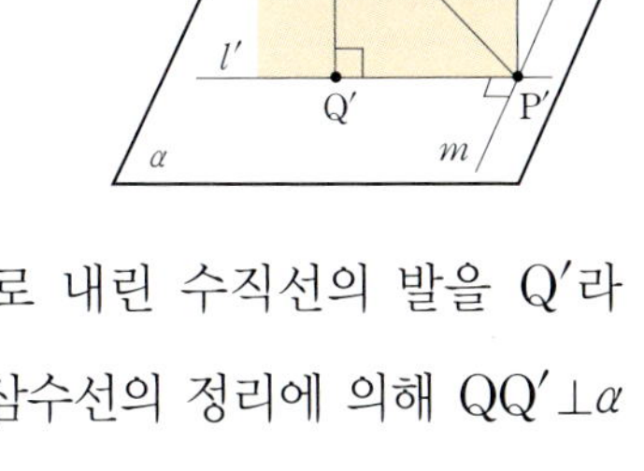

P의 α에 대한 정사영을 P′라고 하면

$$PP' \perp \alpha$$

두 직선 l과 PP′로 생기는 평면을 β라고 하고 β와 α의 교선을 l'라고 하자. 그리고 m을 P′를 지나고 $l'\perp m$인 직선이라고 하면

$$m \perp \beta$$

l상에 임의의 점 Q를 잡고 Q에서 l'로 내린 수직선의 발을 Q′라 하자. QQ′$\perp l'$, QP′$\perp m$, $l'\perp m$이므로 삼수선의 정리에 의해 QQ′$\perp\alpha$가 된다. 즉 Q′는 α에 대한 Q의 정사영. 따라서 l'는 l의 정사영이다.

● '정사면체 A–BCD에서 AC$\perp$BD'를 조사해보자.

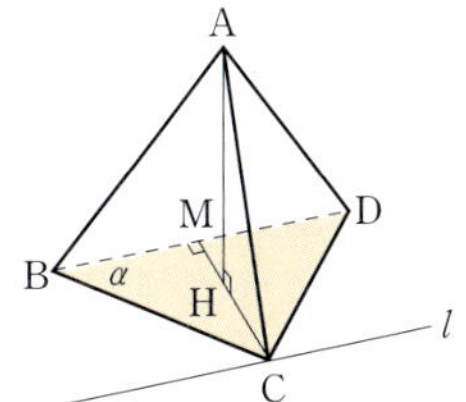

△BCD를 포함하는 평면을 α라고 하고 점 A에서 α에 내린 수선의 발을 H라고 하면

$$AH \perp \alpha$$

H는 △BCD의 수심이 되므로 C를 지나 BD$/\!/ l$이 되게 l을 그으면

$$CH \perp l$$

위의 삼수선의 정리의 계에 의해 AC$\perp l$. 따라서

$$AC \perp BD$$

07 각기둥, 원기둥

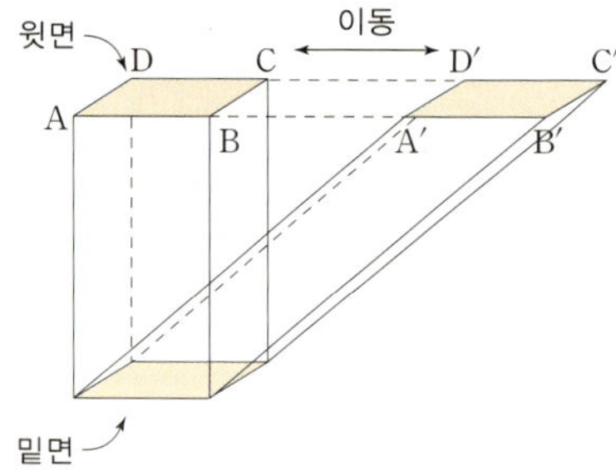

직육면체의 윗면 ABCD를 평면 위에서 변 AB 방향으로 이동하여 기울어진 기둥 모양으로 만든다.

이때 두 입체의 부피는 같다. 어째서일까?

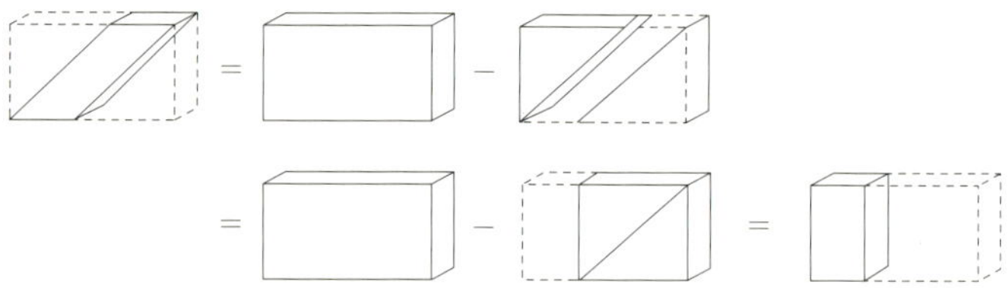

위의 그림처럼 생각해도 되고 아래 그림처럼 밀어내는 방식을 써서 '밀려난 부피＝새롭게 생긴 빈 공간의 부피'라고 생각해도 재미있다.

내부 공간을 꽉 채운다   밀어낸다

기둥은 직육면체뿐 아니라 삼각기둥이나 오각기둥이라도 상관없다.

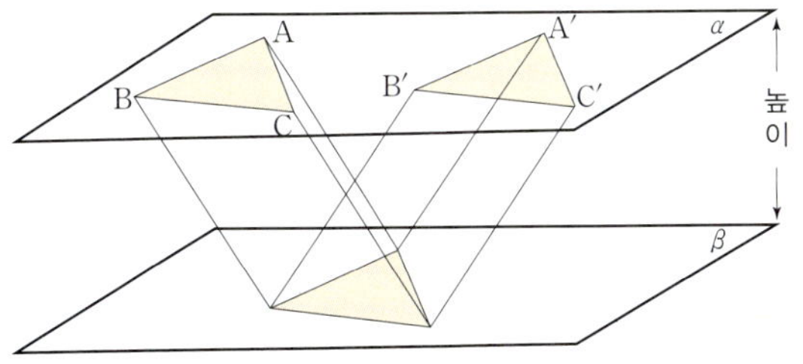

이처럼 각기둥의 부피는 평면상에서 윗면의 이동에 영향을 받지 않으며, 윗면을 포함하는 평면 α, β의 거리(각기둥의 높이)를 이용해서

　부피＝밑넓이×높이

로 구할 수 있다.

　밑넓이가 $S(\mathrm{cm}^2)$일 때 높이가 1, 2, 3, … (cm)로 늘어나면 부피도 $S\times1$, $S\times2$, $S\times3$, … (cm^3)으로 넓어진다.

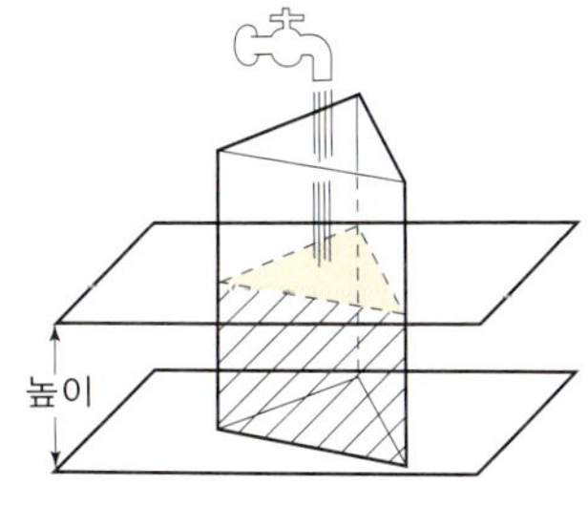

　원기둥의 부피도 마찬가지다. 밑면의 원의 반지름이 r일 때 면적은 πr^2이므로 높이가 h이면 부피는 $\pi r^2\times h$로 구한다. 옆의 그림처럼 윗면을 움직여서 기울어진 원기둥으로 만들어도 부피는 같다.

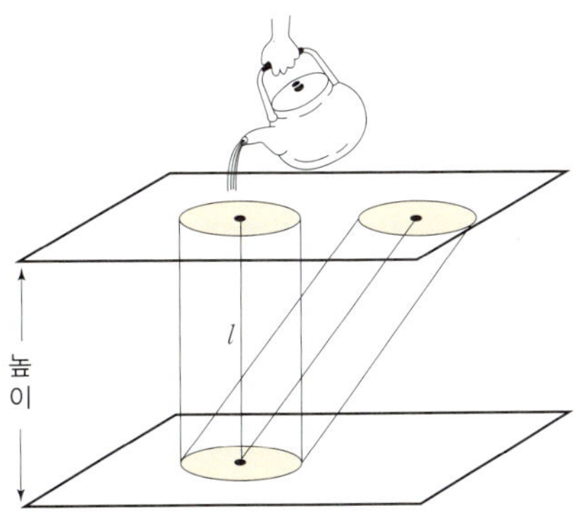

　윗면과 밑면의 원의 중심을 잇는 직선 l이 두 평면과 수직일 때를 직원기둥이라고 한다. 보통 '원기둥'이라고 하면 '직원기둥'을 가리키는 경우가 많다.

각뿔, 원뿔, 즉 뿔체의 부피 V는 밑넓이를 S, 높이를 h로 해서

$$V = \frac{1}{3}Sh$$

로 구한다. 적분을 이용하지 않고 이 공식으로 답을 이끌어내보자.

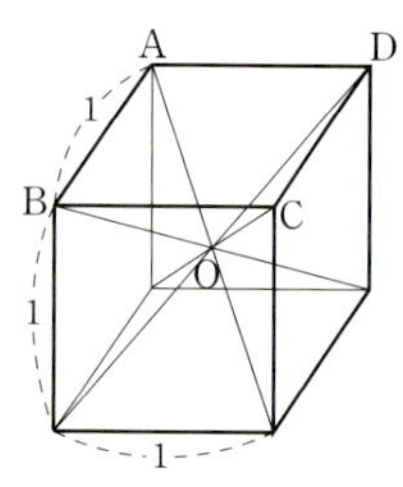

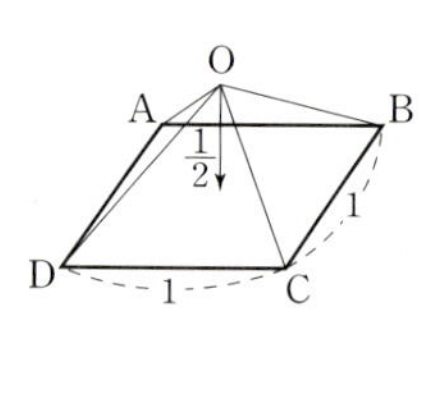

한 변이 1인 정육면체를 그림처럼 잘라내면 밑면이 1×1이고 높이가 $\frac{1}{2}$인 뿔체가 6개 생긴다. 정육면체의 부피는 1이므로 사각뿔 A의 부피는 $\frac{1}{6}$이다.

미세한 원자가 여러 개 모여서 모든 물질이 이루어지듯 모든 입체는 미세한 정육면체(⬨)가 여러 개 모여서 이루어졌다고 생각하자.

옆의 그림처럼 사각뿔 A를 상하로 $2h$배 늘리면 A를 구성하고 있는 모든 미세한 정육면체도 $2h$배가 된다. 그리고 사각뿔 B의 부피도 $2h$배가 되므로 부피는

$$\frac{1}{6} \times 2h = \frac{1}{3}h$$

계속해서 전후좌우로 각각 r배하면 사각뿔 B를 구성하고 있는 모든 미세한 정육면체는 r^2배가 되어 사각뿔 C의 부피도 r^2배가 된다. C의 부피를 V라고 하면

$$V = \frac{1}{3}r^2 h$$

밑면의 정사각형 면적 r^2을 S라고 하면

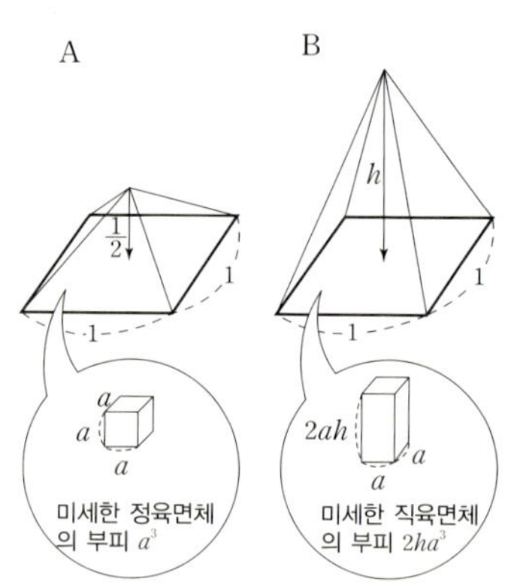

$$V = \frac{1}{3}Sh$$

이번에는 사각뿔 C를 가로로 이동시킨 사각뿔 D의 부피를 생각하자.

이때 C를 구성하는 모든 미세한 정육면체는 밑넓이와 높이가 같은 직육면체가 되기 때문에 부피는 같아진다. 따라서 사각뿔 D의 부피는 C의 부피와 같다. 즉 모양이 바뀌어도 부피는 변하지 않는다.

이제 밑넓이 S, 높이 h인 원뿔 E의 부피 V를 구해보자. 밑면의 도형은 미세한 정사각형(□)이 여러 개 모여 있는 것으로 생각할 수 있다.

이들 정사각형의 면적을 s_1, s_2, s_3…라고 하면 $S = s_1 + s_2 + s_3 + \cdots$이다.

한 개의 정사각형과 뿔체 E의 꼭짓점으로 생기는 뿔체의 부피는 $\frac{1}{3}s_i h$이므로

$$V = \frac{1}{3}s_1 h + \frac{1}{3}s_2 h + \frac{1}{3}s_3 h + \cdots$$

$$= \frac{1}{3}(s_1 + s_2 + s_3 + \cdots)h$$

$$= \frac{1}{3}Sh$$

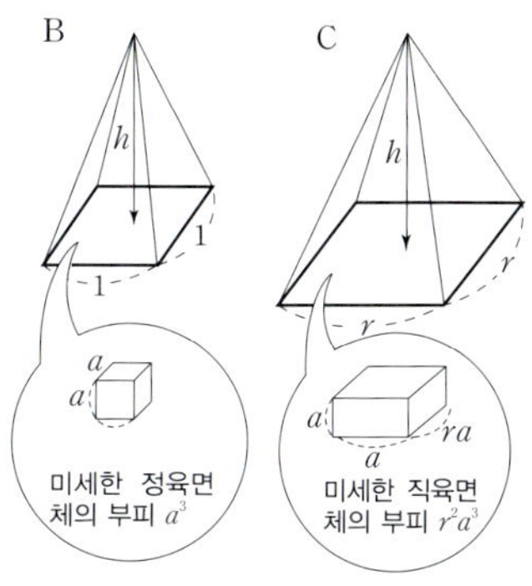

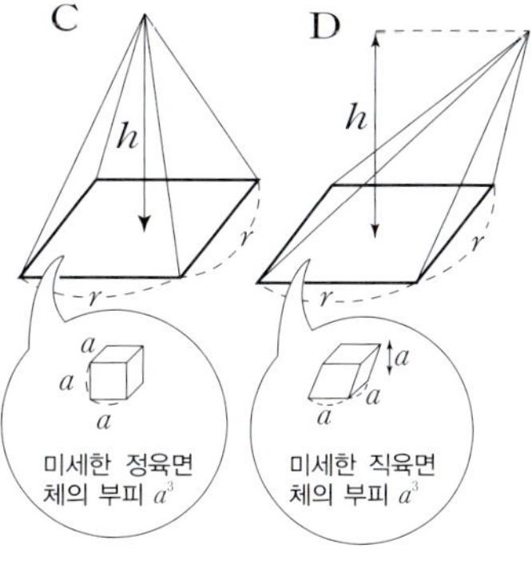

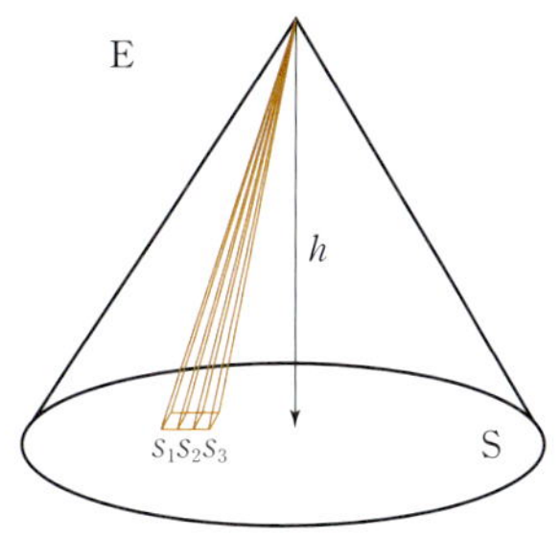

카발리에리의 원리

종이 더미를 살짝 밀었더니 위의 모양처럼 입체의 모양이 변했다.

선생님 : 이 입체의 부피는 왼쪽 직육면체의 부피와 같다.

학생 : 어째서죠?

선생님 : 종이 한 장 한 장의 면적은 변함이 없으니까.

학생 : 그 한 장 한 장의 위치를 조금 옮긴 것뿐이군요.

선생님 : 그래. 갈릴레이의 제자이자 이탈리아의 수학자였던 카발리에리 (1598~1647)가 발견한 원리는 이것을 좀 더 일반화한 것이지.

● **카발리에리의 원리**

두 입체를 평행한 평면으로 자른 단면을 비교한다. 두 면적이 항상 같다면 두 입체의 부피는 같다.

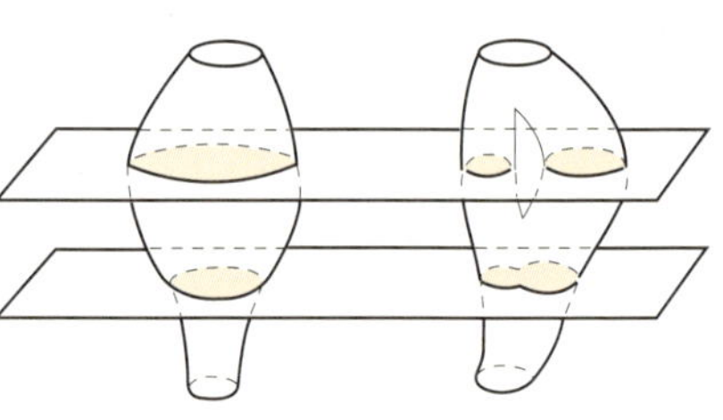

선생님 : 종이 더미는 바닥과 평

행하게 자른 절단면이 당연히 직사각형이야. 절단면의 면적만 같으면 모양은 달라져도 상관없지.

학생 : 그럴 것 같아요. 종이 한 장 한 장이 쌓여서 부피가 되니까요.

선생님 : 카발리에리가 죽기 5년 전에는 뉴턴이, 1년 전에는 라이프니츠가 태어났어. 훗날 두 사람이 구축한 미분적분학에서는 부피를 구할 때 절단면의 면적으로 적분하는 방법을 썼지. 그래서 지금은 부피의 정의로 볼 때 카발리에리의 원리가 옳다는 게 확실해졌어. 게다가 미분적분을 모르더라도 이 원리는 경험적 또는 직관적으로 인정할 수 있고, 한번 인정하고 나면 꽤 요긴하게 사용되지.

학생 : 예를 들면요?

선생님 : 가장 잘 알려진 건 구의 부피를 구할 때란다.

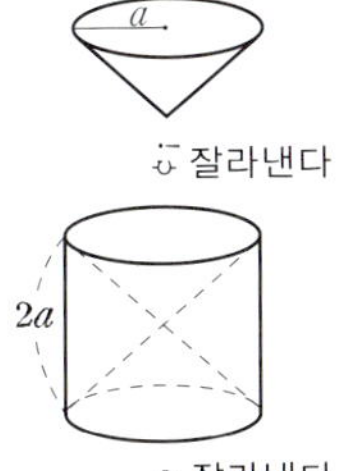

먼저 반지름이 a인 원을 밑면으로 하는 높이 $2a$의 원기둥을 생각한다. 이 원기둥의 아래 위에서 반지름 a를 밑면으로 하고 높이가 a인 원뿔을 잘라낸다. 그러면 빈 공간이 생긴 원기둥의 부피는 다음과 같다.

$$\underset{\text{(원기둥)}}{\pi a^2 \times 2a} - \underset{\text{(2×원뿔)}}{2 \times \pi a^2 \times a \times \frac{1}{3}} = \frac{4}{3}\pi a^3$$

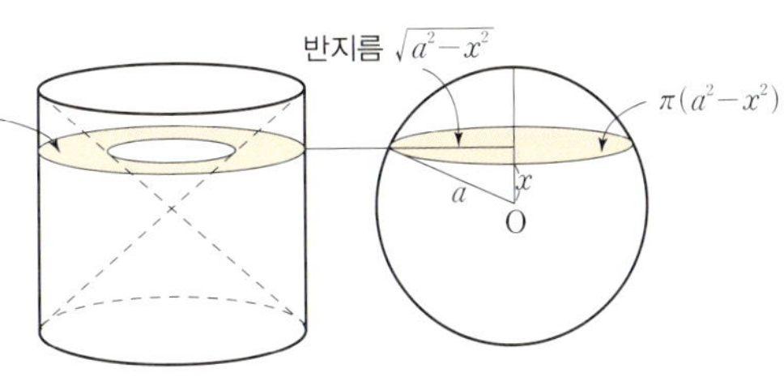

이번에는 구와 나란히 놓고 수평 상태의 평면으로 자른 절단면의 면적을 비교하자. 구의 중심 O에서 x만큼 떨어진 거리에서 자르면 각각의 면적은 $\pi a^2 - \pi x^2$과 $\pi(a^2-x^2)$으로 서로 같다! 따라서 구의 부피는 미리 구해둔 빈 공간이 생긴 원기둥의 부피 $\frac{4}{3}\pi a^3$과 같다.

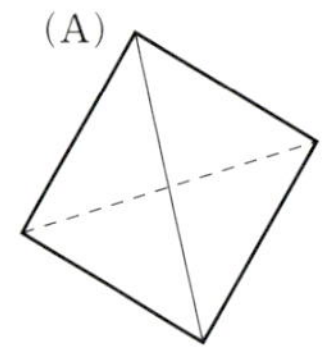
(A)

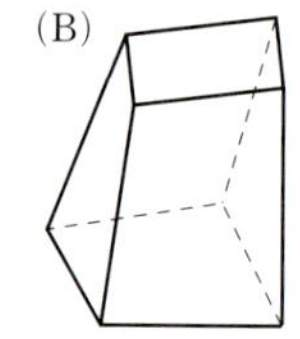
(B)

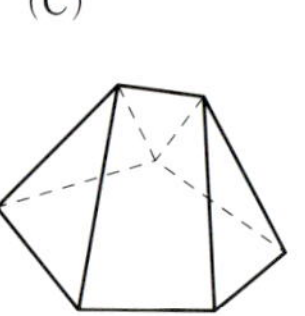
(C)

다각형으로 둘러싸인 입체를 다면체라고 한다.

(A)는 삼각형 4개, (B)는 사각형 6개, (C)는 오각형 1개, 4각형 1개, 삼각형 5개로 이루어져 있다.

오일러는 다면체의 꼭짓점(vertex), 변(edge), 면(face)의 개수를 각각 v, e, f라고 할 때 반드시

$$v - e + f = 2$$

가 성립하는 것을 발견했다(이보다 100년쯤 앞서 이미 데카르트가 알아냈다는 설도 있다).

위의 예에서 v, e, f를 세어보면 오른쪽 표처럼 오일러 공식을 충족시킨다.

이 식이 성립하는 이유를 설명하기 위

	꼭짓점(v)	변(e)	면(f)
A	4	6	4
B	8	12	6
C	7	12	7

해 각 다면체를 밑면 가까이에서 투시하여 그린 그림을 이용하자.

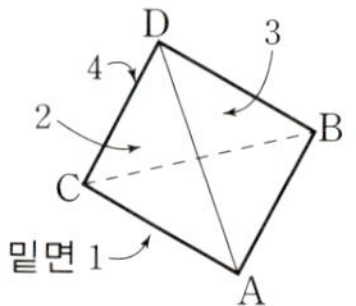

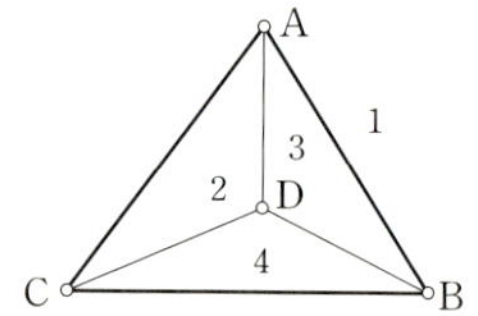

숫자는 면의 번호인데 밑면은 바깥쪽에 대응해둔다. (B), (C)도 밑면 가까이에서 투시해보자.

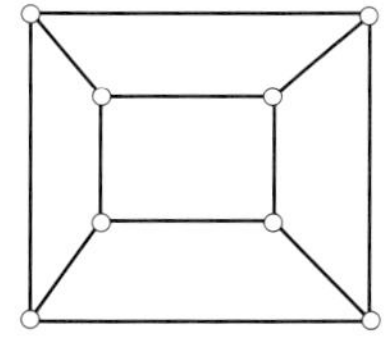 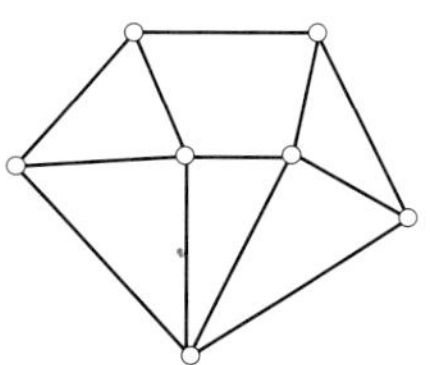

이제 평면상에 있는 다각형 1개를 고정하고 그 내부에 점을 찍어 꼭짓점을 선으로 연결하면 면이 몇 개가 되는가 하는 문제로 되돌아간다.

(가) n각형을 가정하고

$$v=n,\ e=n,\ f=2(\text{안과 밖})$$

그러므로

$$v-e+f=2$$

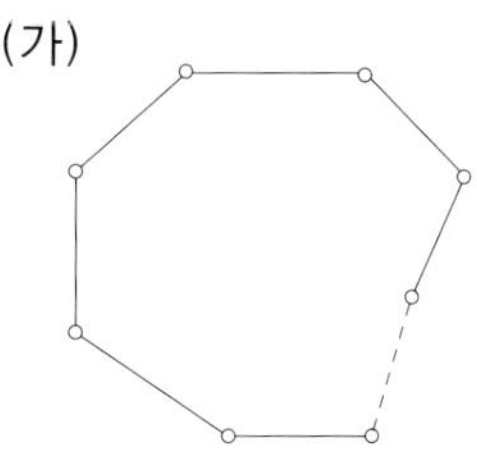

(나) 내부에 새로운 점을 찍어 변을 만들 때는, v와 e는 같은 수만큼 많아지고 f는 많아지지 않아 $v-e$ 부분의 늘어난 분량과 f의 늘어난 분량은 모두 0이므로

$$v-e+f=2$$

는 그대로다.

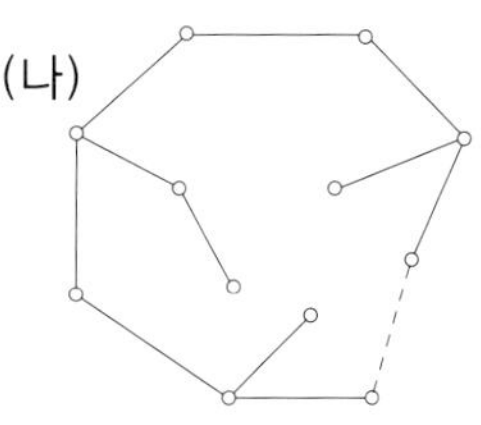

(다) 기존의 점을 연결해서 변을 만들 때는 v는 변하지 않고 e가 1개씩 많아지므로 $v-e$는 1개씩 줄어드는데, 그때마다 면 f가 1개씩 늘어난다. 그러므로 차감하면

$$v-e+f=2$$

가 성립한 채로 진행된다!

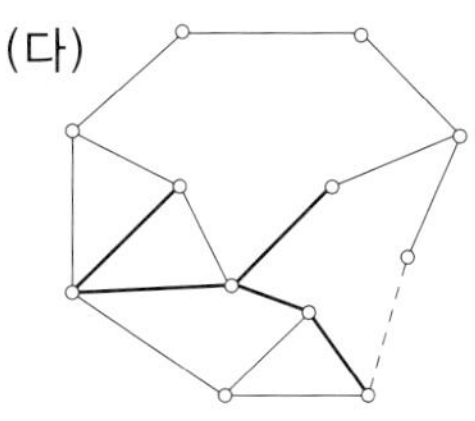

11 정다면체

다음 조건을 만족하는 다면체를 정다면체라 한다.

(1) 면이 모두 합동인 정다각형.

(2) 꼭짓점에 모이는 변의 수가 같다.

고대 그리스의 철학자 플라톤은 정다면체가 5종류라는 것을 알아냈다. 그래서 정다면체를 플라톤의 입체라고도 한다.

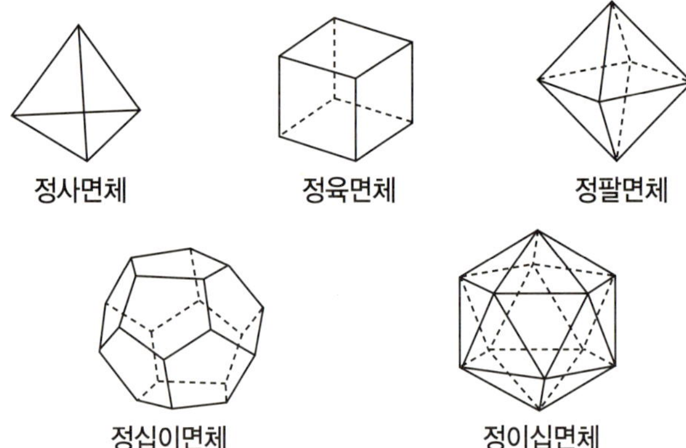

정사면체　　　　정육면체　　　　정팔면체

정십이면체　　　　정이십면체

정다면체는 정말 5종류밖에 없을까? 이것을 생각하려면

• 다면체의 꼭짓점에서 만나는 다각형의 내각의 합은 360° 미만

• 다면체의 꼭짓점에 모이는 변의 수는 3개 이상

이라는 사실을 이용한다.

(가) 꼭짓점에서 3개의 정삼각형이 만날
　　경우 — 정사면체

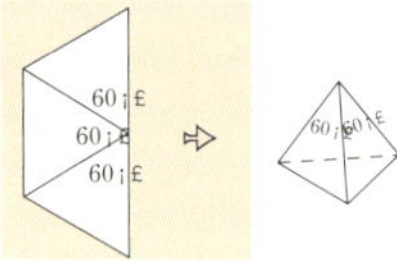

(나) 꼭짓점에서 4개의 정삼각형이 만날
　　경우 — 정팔면체

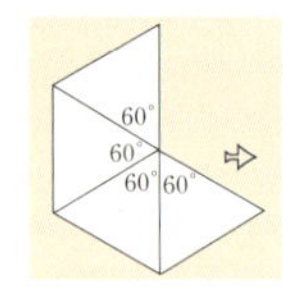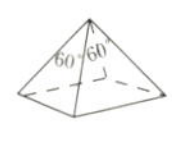

(다) 꼭짓점에서 5개의 정삼각형이 만날
　　경우 — 정이십면체

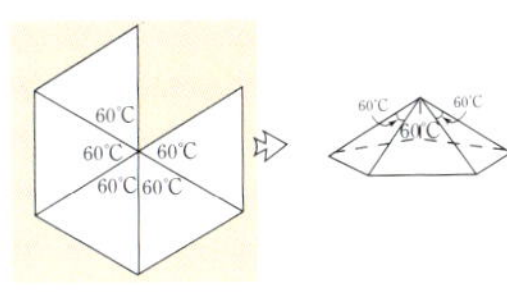

(라) 꼭짓점에서 3개의 정사각형이 만날
　　경우 — 정육면체

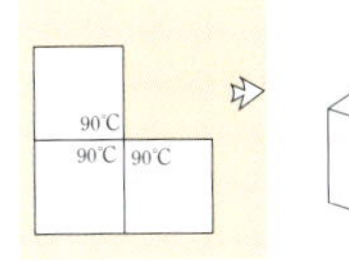

(마) 꼭짓점에서 3개의 정오각형이 만날
　　경우 — 정십이면체

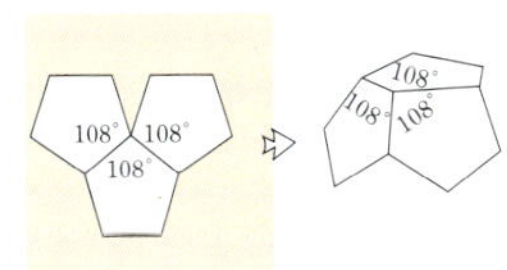

꼭짓점에서 6개 이상의 정삼각형
이 만날 경우, 4개 이상의 정사각형이
만날 경우, 4개 이상의 정오각형이 만
날 경우, 3개 이상의 정육각형이 만날
경우는 정다면체를 만들 수 없다.

　정다면체의 각 면의 중심을 이어서 생기는 입체도 그림처럼 역시 정다
면체가 된다.

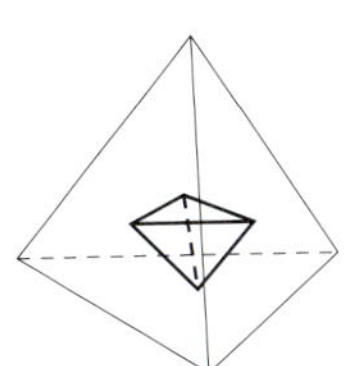

정사면체 ↔ 정사면체

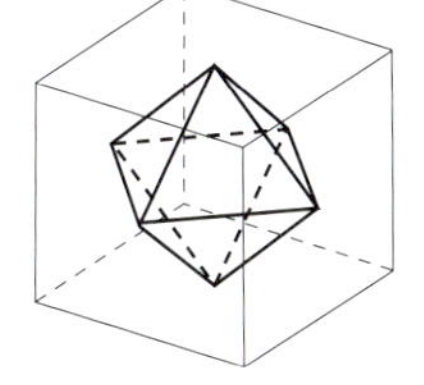

정육면체 ↔ 정팔면체

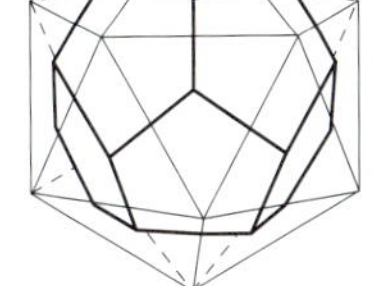

정십이면체 ↔ 정이십면체

　따라서 정육면체와 정팔면체, 정십이면체와 정이십면체는 쌍대정다면
체라고 한다. 그리고 정사면체는 자기쌍대
정다면체라고 한다.

　정다면체의 꼭짓점, 변, 면의 수를 각각
v, e, f 라고 하면 옆의 표처럼 된다. 이때
v와 f를 바꾼 입체가 쌍대다면체다.

다면체	v	e	f
정사면체	4	6	4
정육면체	8	12	6
정팔면체	6	12	8
정십이면체	20	30	12
정이십면체	12	30	20

12 준정다면체

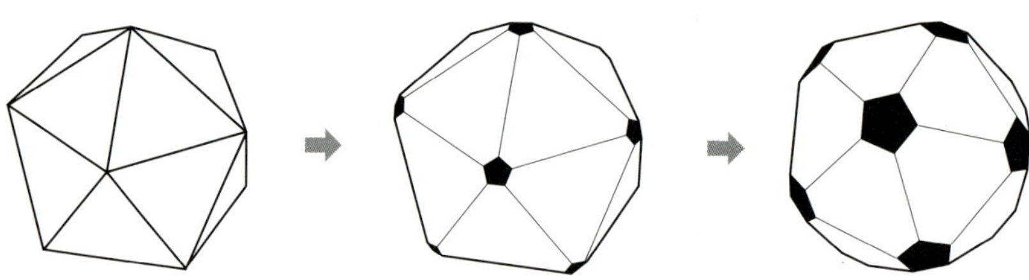

정이십면체의 꼭짓점을 점점 깎아 내려가면 그림처럼 축구공 모양이 된다.

정다면체는 각 면이 모두 같은 정다각형이지만 이 경우는 정오각형과 정육각형으로 이루어져 있다. 이처럼

① 2가지 이상의 정다각형으로 이루어져 있다.

② 각 꼭짓점의 다각뿔은 모두 합동이다.

이 조건을 만족시키는 凸다면체를 준정다면체라고 한다. 축구공의 경우 각 꼭짓점은 정오각형 1개와 정육각형 2개가 모인 뿔 모양이다. 이것을 (5, 6, 6)으로 나타내기로 하고 옆 페이지에 준정다면체들을 소개한다. 모두 13개다. (증명은 앞에서와 마찬가지로 각각 나누어서 한다.) 모두 한 변의 길이가 같은 정다각형을 붙여서 만든 것이니까 직접 도전해보는 것도 좋다.

이 13개의 준정다면체는 아르키메데스가 발견하여 아르키메데스 다면체라고도 한다.

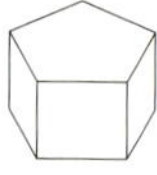

위의 ①과 ②를 만족시키는 것으로 옆 페이지 아래쪽 그림처럼 윗면과 밑면이 똑같은 정다각형이 되는 것도 있지만 준정다면체에는 포함되지 않는다.

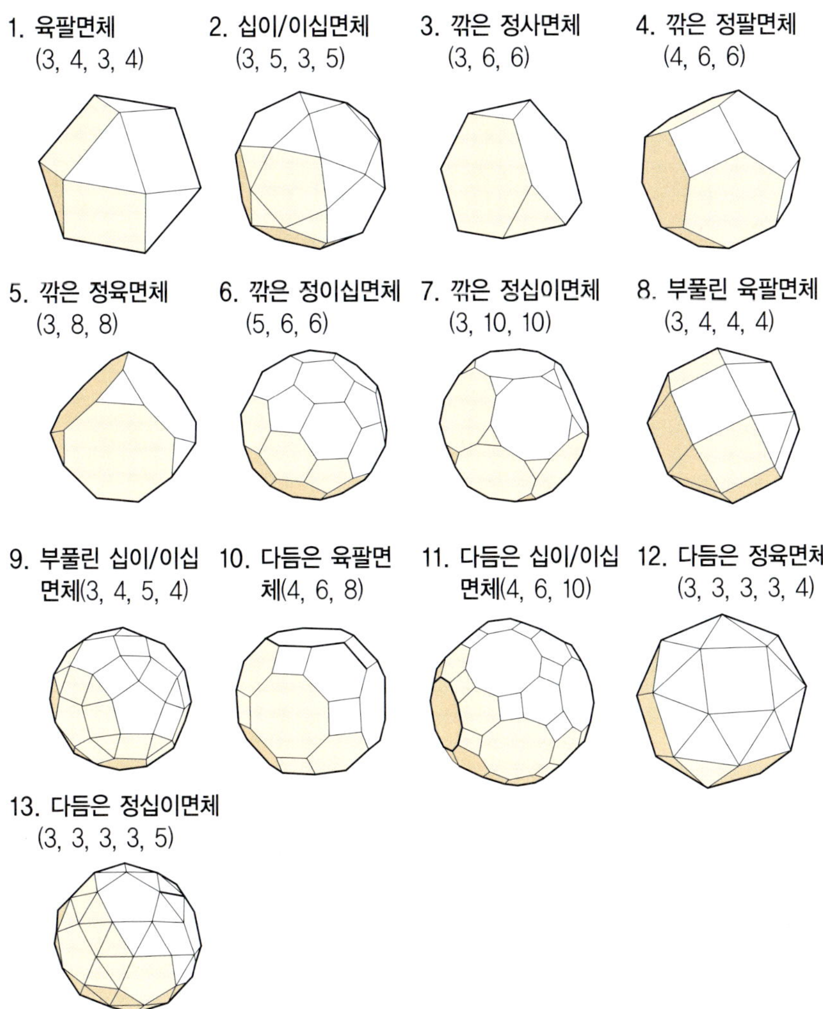

〈주1〉 각 준정다면체의 이름은 통일되어 있지 않아 비교적 많은 사람이 사용하는 이름으로 했다.

〈주2〉 8번의 위쪽 덮개 부분을 45° 회전한 것까지 넣으면 총 14개다. 그리고 12번과 13번을 거울에 비쳐서 약간 다르게 변형된 것까지 넣으면 총 16개다.

13

원은 평면상에서

　　'하나의 정점에서 일정한 거리에 있는 점들의 모임'이다.

이 정의를 그대로 평면에서 공간으로 무대만 넓힌 것이 구다.

구는 공간에서

　　'하나의 정점에서 일정한 거리에 있는 점들의 모임'이다.

둥근 부채를 빙글빙글 돌린다고 생각해도 좋다. 원의 중심이 구의 중심, 원의 반지름이 그대로 구의 반지름이다.

구와 평면이 교차할 때 만나는 부분은 원이 된다. 평면상에서 교차하는 원과 직선을 그려서 회전해보면 이해하기 쉽다.

구와 구가 만나는 부분도 원이다. 비눗방울에서 가끔 이런 모양을

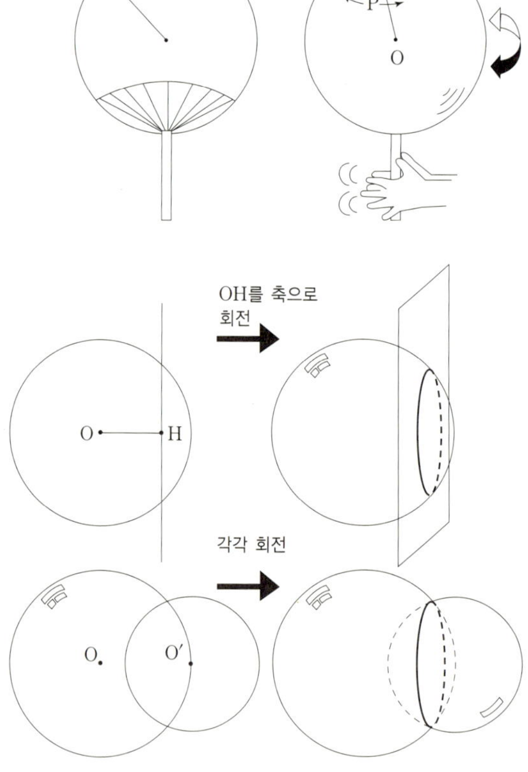

볼 수 있다.

구가 3개가 되면 좀 어려워진다. 옆의 그림처럼 3개의 원을 각각 중심을 그대로 유지한 채 빙글빙글 회전시켜 구로 만든다. 이때 교점은 어떻게 될까?

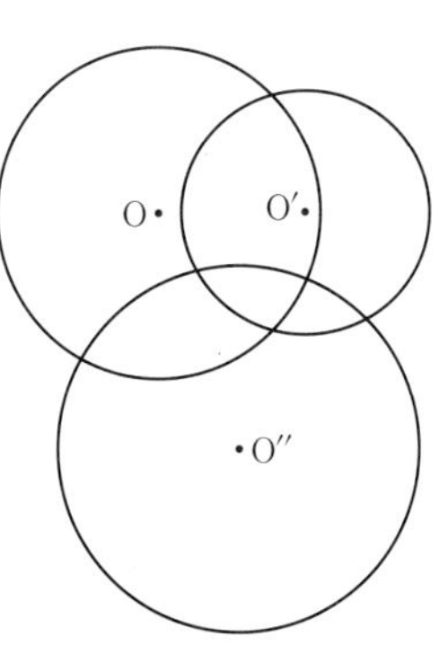

구 O와 O′의 경우 옆 페이지 오른쪽 아래 그림처럼 원이 된다. 그 원과 새로운 구 O″의 교점을 구하면 되니까 결국 2개의 점이 된다(아래 그림처럼 구 O″가 뺨에 둥근 고리를 단 것 같은 위치 관계가 된다).

지진이 발생하면 지진계는 P파, S파라는 시간차가 있는 두 종류의 파를 관측해서 진원까지의 거리를 계산한다. 그래서 관측 지점이 한 곳이면 진원은 구면 위의 어느 지점이 두 곳이면 진원은 2개의 구가 교차하는 원주 위의 어느 지점이 그리고 세 곳이면 두 지점을 찾을 수 있다.

이때 관측 지점이 지구 표면 전체라면 두 지점 중 하나는 지하, 나머지 하나는 공중이 되지만 '진원은 지하'이므로 결국 한 지점을 찾을 수 있는 것이다.

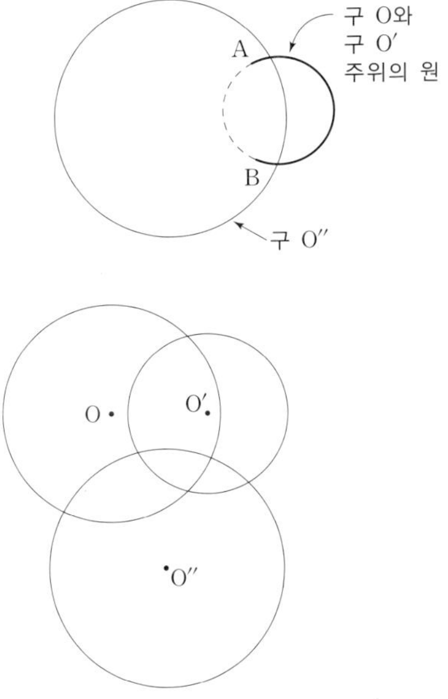

O, O′, O″를 지구상의 관측 지점으로 했을 때 진원은 그림의 세 직선의 교점 바로 밑이다

우리는 거의 구면인 지구 위에 살고 있지만 평소 생활하는 좁은 범위에서는 구면이라는 것을 거의 의식하지 못한다. 그러나 행동 반경을 넓히려면 구면 위에 있다는 것을 고려해야 한다.

평면상의 두 점간의 최단거리는 직선인데, 구면 위에서는 어떨까?

구를 평면으로 자르면 절단면은 모두 원이다. 이때 구의 중심을 지나게 자르면 가장 큰 원이 생기는데, 이 원을 대원이라고 한다.

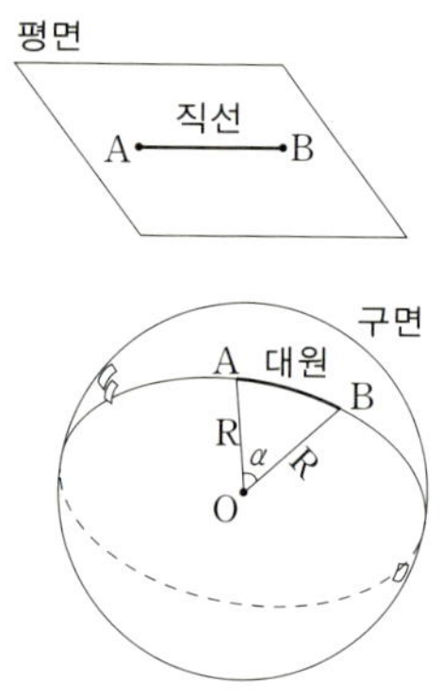

구면에서 두 점 간의 거리는 이 대원의 표면을 따라서 잰 거리다.

구면에서 두 점 간의 거리 $\widehat{AB}$는 반지름 R와 중심각 α를 알면

$$\widehat{AB}=2\pi R \times \frac{\alpha}{360°}=\frac{\pi R \alpha}{180°}$$

로 계산할 수 있다. 지구의 반지름은 6370km이므로, 가령 도쿄와 뉴욕의 거리는 그 중심각이 97.6°이므로

$$\frac{3.14 \times 6370 \times 97.6°}{180°} ≒ 10875\text{km}$$

이다. 그리고 도쿄와 카이로는 중심각이 85.9°이므로 거리는 다음과 같다.

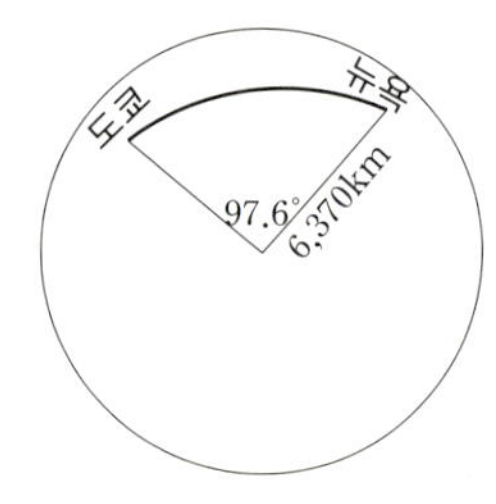

$$\frac{3.14 \times 6370 \times 85.9°}{180°} ≒ 9545\text{km}$$

즉, 카이로가 뉴욕보다 훨씬 가깝다.

구면상에서 삼각형의 면적을 구하는 식을 만들어보
자. 먼저 반지름이 R인 구면상에서 각 α로 교차하는
2개의 대원에 둘러싸인 부분의 면적(이각형이라고 부
르자)을 구한다.

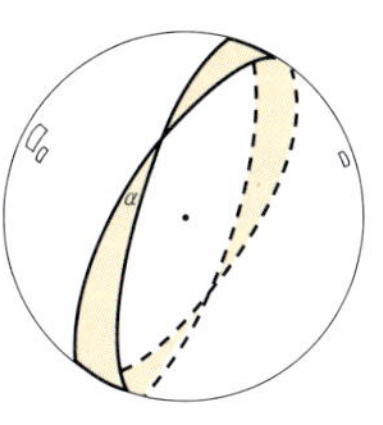

구의 표면적은 $4\pi R^2$이므로

$$\frac{2\alpha}{360^\circ}\cdot 4\pi R^2 = \frac{\pi R^2 \alpha}{45^\circ}$$

그림처럼 $\triangle ABC$의 세 각을 α, β, γ
라고 하면 구의 반대쪽에도 각이 α, β, γ
와 합동인 삼각형 $\triangle A'B'C'$가 생긴다.
이들의 면적을 S라고 하자.

여기서 각 α로 교차하는 이각형과 β
로 교차하는 이각형과 γ로 교차하는 이
각형을 포갠다.

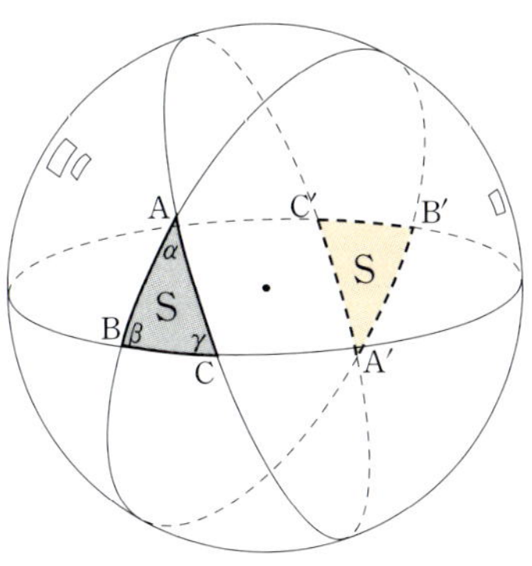

그러면 구면 전체를 뒤덮으면서 삼각형 부분이 각각 세 번 중복된다. 따라서

$$\frac{\pi R^2 \alpha}{45^\circ} + \frac{\pi R^2 \beta}{45^\circ} + \frac{\pi R^2 \gamma}{45^\circ} - 4S = 4\pi R^2$$

그러므로

$$S = \frac{\pi R^2}{180^\circ}(\alpha + \beta + \gamma - 180^\circ)$$

즉, 구면상의 삼각형의 면적은 각의 크기를 알면 구할 수 있다. 그리고 식
을 변형하면

$$\alpha + \beta + \gamma = 180^\circ + \frac{180^\circ S}{\pi R^2}$$

이 된다. 이로써 구면 위에서 삼각형의 내각의 합은 180°보다 크며, 면적
이 크면 클수록 내각의 합도 커지는 것을 알 수 있다.

구면기하

앞에서 '도쿄와 카이로의 중심각은 85.9°'라고 했는데 이 각을 구하려면 어떻게 해야 할까?

세 변이 대원의 일부인 구면상의 삼각형 ABC(구면삼각형이라고 한다)를 생각한다.

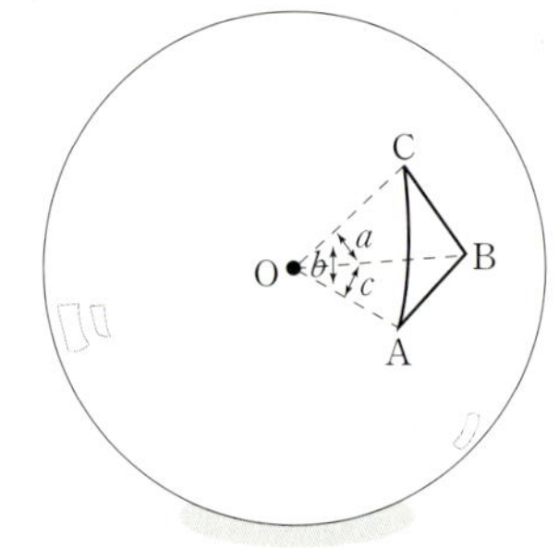

변 AB, BC, CA를 바라보는 중심각을 각각 c, a, b라고 했을 때 삼각비(sin이나 cos)를 이용해서

$$\cos a = \cos b \cos c + \sin b \sin c \cos A$$

의 공식이 성립한다(구면삼각형의 코사인 정리라고 한다).

사인, 코사인에 익숙하지 않으면 이해하기 어려울 수도 있지만 이 공식이 성립하는 과정을 그림으로 살펴보자.

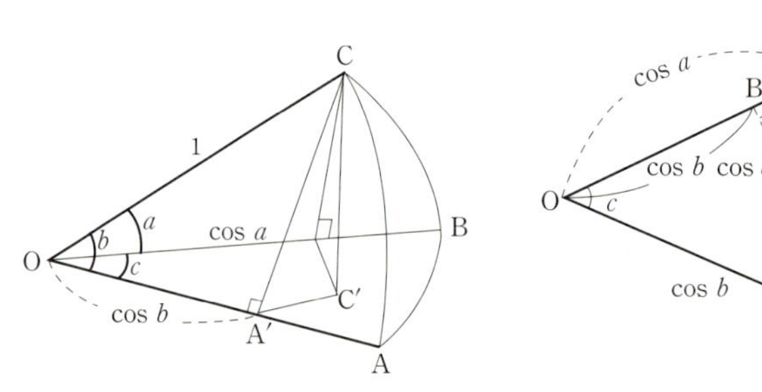
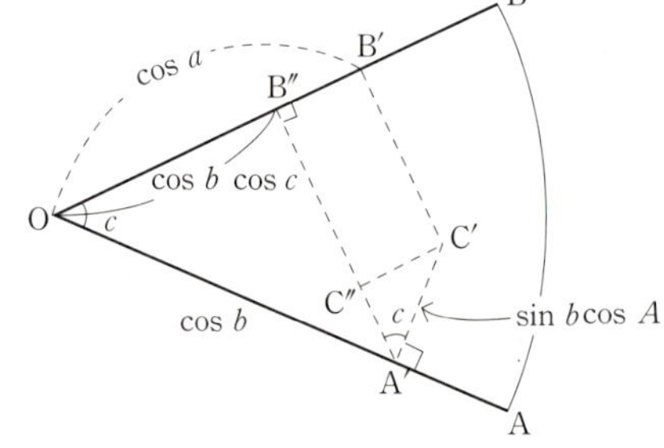

잠깐 덧붙이면

구면삼각형 ABC의 각은 A, B, C로 나타내는 경우가 많다. 위 공식의 $\cos A$도 그렇다. 각 A는 A에서 $\overset{\frown}{AC}$와 $\overset{\frown}{AB}$의 접선이 이루는 각이며

평면 COA와 평면 AOB가 이루는 각이기도 하다. 따라서 왼쪽 그림에서 A′C=sin b, A′C′=A′C cos A=sin b cos A이다. 그리고 아래 그림은 바로 위에서 내려다본 평면 AOB상의 그림이며 B′B″=C′C″=sin b cos A sin c다. OB′=OB″+B″B′에서 공식을 이끌어낼 수 있다.

이제 도쿄와 카이로의 중심각을 구해보자.

$$\begin{cases} 도쿄 : 위도\ 35.7°,\ 경도\ 139.8° \\ 카이로 : 위도\ 30.1°,\ 경도\ 31.4° \end{cases}$$

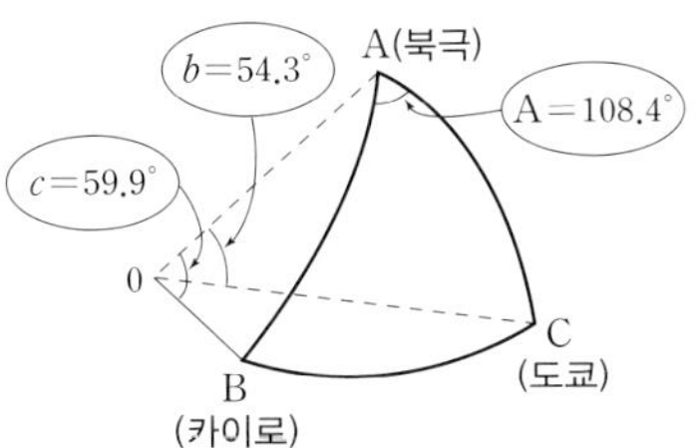

북극을 이용해서 옆의 그림과 같은 구면삼각형 ABC를 생각한다. 그러면 위도, 경도의 값에서 $b=90°-35.7°=54.3°$, $c=90°-30.1°=59.9°$, A$=139.8°-31.4°=108.4°$

이므로 공식에 대입하면

$$\cos a = \cos 54.3° \cos 59.9° + \sin 54.3° \sin 59.9° \cos 108.4°$$

그 다음은 삼각비 표에 따르면 된다. 함수 전자계산기를 사용하면 훨씬 정확한 값을 구할 수 있다.

$$\cos a = 0.58354 \times 0.50151 + 0.81208 \times 0.86515 \times (-0.31565)$$
$$= 0.07088$$

그리고 표 또는 함수 전자계산기의 $\cos^{-1}$을 이용해서 다음처럼 구할 수 있다.

$$a = 85.9°$$

이외에도 $\dfrac{\sin a}{\sin A} = \dfrac{\sin b}{\sin B} = \dfrac{\sin c}{\sin C}$ 의 공식(구면삼각형의 사인 정리)도 증명할 수 있다. 이러한 구면기하학은 실제로는 지구 위에서의 응용보다 천구를 연구하는 천문학에서 더 많이 사용된다.

부피의 비

정육면체의 각 변을 2배, 3배하면 부피는 어떻게 변할까?

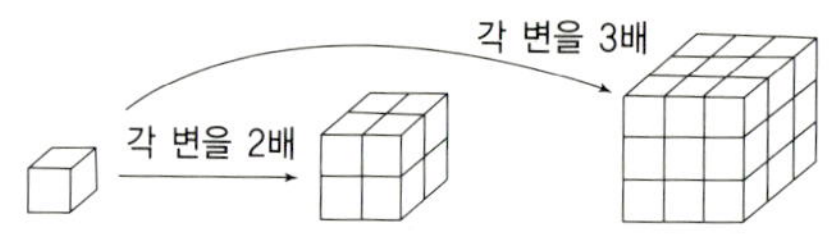

위의 그림처럼 부피는 8배, 27배가 된다. 마찬가지로 어떤 입체든 모양은 바꾸지 않고 길이만 2배, 3배로 확대하면 부피는 8배, 27배가 된다.

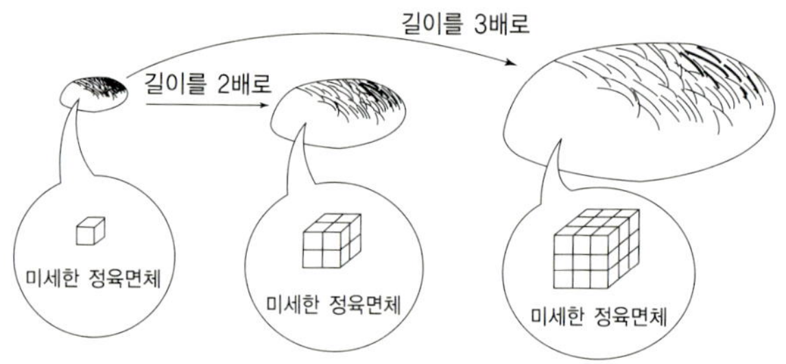

이것은 입체를 구성하고 있는 미세한 정육면체의 부피 변화를 살펴보면 알 수 있다. 일반적으로

닮음비가 k배인 입체의 부피는 k^3배

이것은 '부피의 비는 닮음비의 3승이 된다'고도 할 수 있는데 이 '3승'의 감각은 우리가 일상 생활에서 생각하는 감각을 넘어서는 경향이 있다.

몇 개월 만에 아기를 안아보면 종종 몸무게가 많이 달라져서 놀란다. 키가 50cm이던 아기가 63cm으로 성장했다면

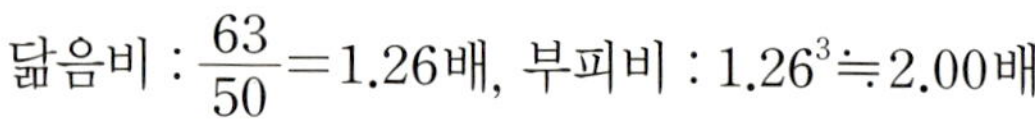

닮음비 : $\dfrac{63}{50} = 1.26$배, 부피비 : $1.26^3 ≒ 2.00$배

놀랍게도 체중은 약 2배나 늘어난 것이다.

키가 160cm인 어른과 80cm인 아이가 같이 목욕을 마치고 나왔다고 하자. 조금 무리가 있지만 어른과 아이가 닮은꼴이라 가정하고 표면적의 비와 부피의 비를 구해보자(면적비는 닮음비의 제곱이다).

	키(L)	표면적(S)	부피(V)
어른	2	4	8
어린이	1	1	1

몸의 열량은 부피 V에 비례하고 몸에서 발산하는 열량은 표면적 S에 비례하므로 몸이 식는 정도는 $\dfrac{S}{V}$로 나타낼 수 있다.

(어른 몸이 식는 정도)$=\dfrac{4}{8}=\dfrac{1}{2}$, (아이 몸이 식는 정도)$=\dfrac{1}{1}=1$

이처럼 아이가 어른보다 2배나 빨리 몸이 식는다. 감기에 걸리지 않으려면 목욕 후 아이들에게 옷을 빨리 입히는 게 좋다.

《걸리버 여행기》에서 걸리버는 보통 사람보다 12배나 큰 거인들이 산다는 대인국에 간다. 만약 그게 사실이라면 거인의 체격은 어느 정도일까?

거인의 키는 12배.

몸무게는 부피에 비례한다고 생각하면 거인의 몸무게는 $12^3=1728$배다. 그런데 몸무게를 지탱하는 뼈의 단면적은 몸무게에 비례하고, 뼈의 단면적은 그 굵기의 제곱에 비례하니까 뼈의 굵기는 몸무게의 제곱근에 비례한다.

따라서 거인의 뼈 굵기는 걸리버의 뼈 굵기의 $\sqrt{1728}≒41.57$배다.

이것으로 거인의 몸집을 추정하면 $\dfrac{41.57}{12}=3.5$. 즉 거인의 키에 대한 뼈의 비율은 걸리버와 비교해서 3.5배 굵어야 한다.

프란체스코 보나벤투라 카발리에리(1598~1647)는 이탈리아 예수회의 수도사이자 수학자였다. 처음에는 종교 교육을 받았으나 갈릴레이의 제자 카스텔리를 통해 수학을 알게 된 뒤 밀라노와 파르마의 수도원에서 일하며 연구를 계속했다. 1626년에 갈릴레이의 도움으로 볼로냐 대학의 교수가 된 그는 생을 마칠 때까지 후학을 양성하는 데 힘썼다.

카발리에리는 17세기의 미적분학 형성에 공헌했는데 그의 면적 계산법은 아르키메데스의 엄밀한 '협공법'과 달리 '무한히 얇게 자르며 비교하는' 직관적인 원리에 바탕을 두었다.

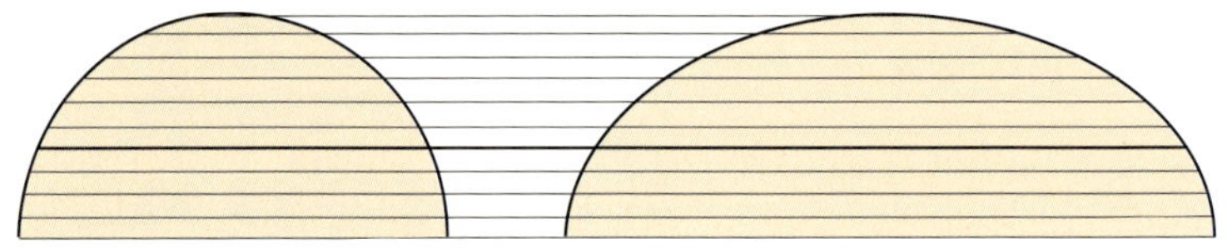

도형 2개를 무수한 평행선으로 잘랐을 때 모든 직선의 절단면 길이가 같으면 전체 면적도 같다. 길이의 비가 항상 C면 면적의 비도 C다. 이것이 일반적인 카발리에리의 원리다. 공간 도형에 대해서는 '단면마다 면적이 같으면 전체 부피도 같다. 면적의 비가 늘 C면 부피의 비도 C다'라고 할 수 있다.

카발리에리의 원리는 타원의 면적과 회전체의 부피를 쉽게 구할 수 있는 편리한 방법이다. 당시에 엄밀한 증명은 이루어지지 않았으나 근대의 '구분구적법'과 비슷한 것이다. 17세기에 뉴턴이나 라이프니츠의 미분적분학이 꽃을 피우기 전에 많은 결실을 맺은 이론으로 의미가 깊다.

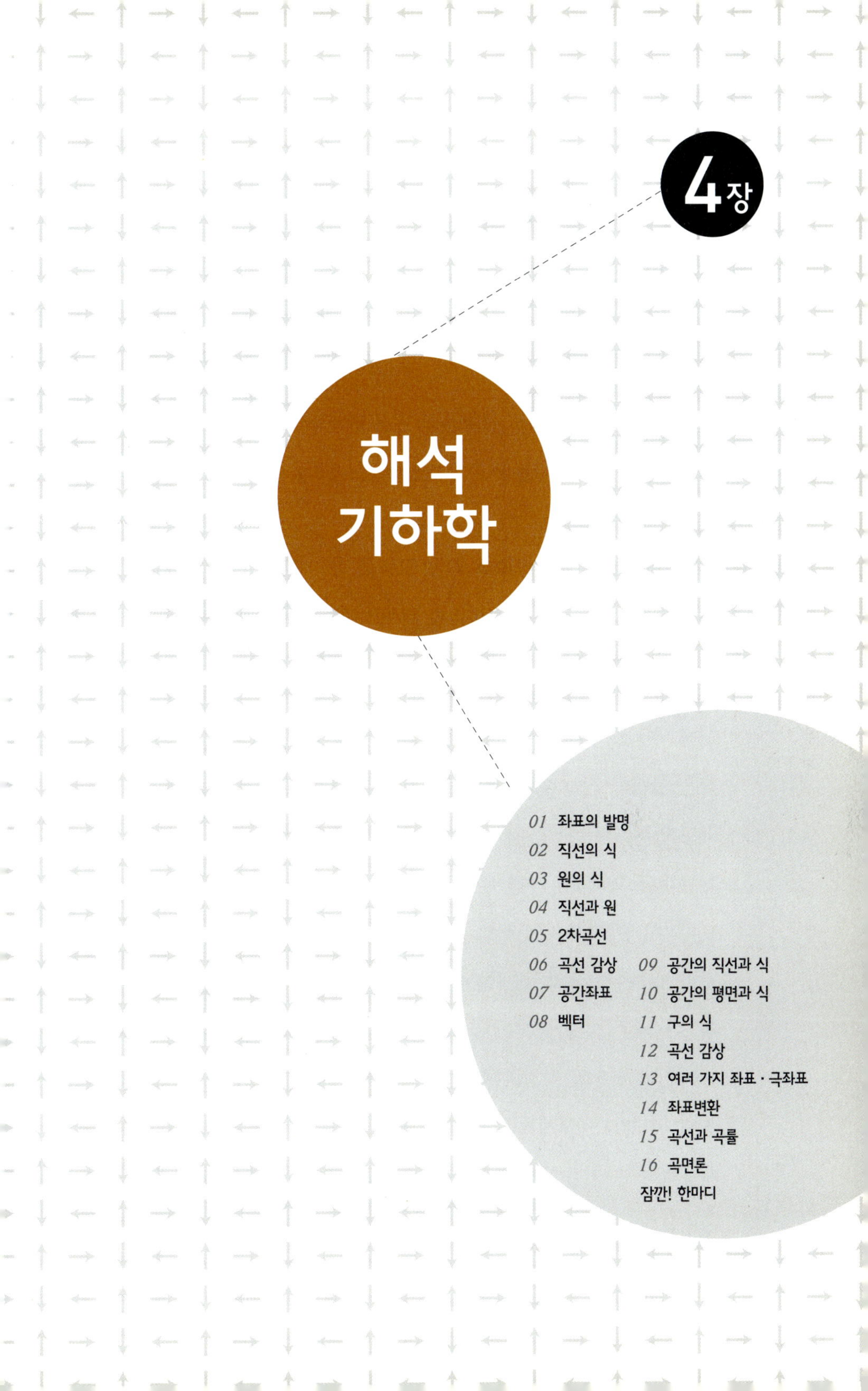

4장

해석
기하학

그리스 기하학의 약점 중 하나는 '양(量)이 빠져 있는 것'
이다. 예를 들어 면적의 공식에서

$$\text{삼각형의 면적} = \frac{1}{2} \times \text{밑변} \times \text{높이} \ (\text{※})$$

의 공식이 없이 단지

① 삼각형의 면적은 삼각형과 밑변과 높이가 각각 같은 평행사변형
  면적의 절반이다.

② 평행사변형의 면적은 밑변에 비례하고 높이에도 비례한다.

라고만 기술되어 있다.

왜 그럴까? 정수와 분수만 알려져 있고 '실수'의 개념이 없었기 때문
이다. '양이 빠져 있다'라기보다는 '수의 체계가 불완전'해서 이론적인
것에 비중을 두던 그리스인들은, 수의 관계를 나타내는 (※)와 같은 공
식을 강하게 거부했다. 눈앞에 있는 '높이'도 숫자로는 나타내지 못할
수도 있는 것이다!

그러나 '면적이 밑변에 비례한다'는 것은 밑변이 $\sqrt{2}$배가 되면 면적
도 $\sqrt{2}$배가 된다'는 뜻이다. 이것을 실수를 빼고 정수배만으로 정의한
것이 38페이지에서 소개한 에우독소스의 비례론이다. 그 때문에 '수가
빠진 비례론'이 만들어진 것이다.

다행히 실수의 십진 위치적 기수법에 익숙하고 무한소수를 생각할 수
있게 된 현대인에게는 지극히 자연스러운 개념이다. 실수를 자유롭게
사용하다 보면 길이와 면적을 수와 수의 관계로 알기 쉽고 사용하기 쉬

운 식으로 나타낼 수 있다. 그리고 점의 위치를 데카르트처럼 '수(좌표)'로 나타낼 수도 있다. 그 결과

물체의 운동을 수와 수의 관계로 표현할 수 있게 되었고

뉴턴 역학으로 이어졌으니 수의 위력은 정말 대단하다.

기하학 중에서도 좌표를 도입한 데카르트 이후의 '해석기하학'은 수를 적극적으로 활용하는 기하학이다. 4차원 이상을 통일적 · 대수적으로 다룰 수 있는 '선형대수학'도 여기서 생겨났다. 미분적분학을 활용해서 곡선과 곡면의 성질을 조사하는 '미분기하학'은 훨씬 내용이 풍부한 분야이다. 이 장에서는 미분기하학을 깊이 있게 들어가지는 않고 해석기하학의 기초에서 '수의 위력'을 살펴본다.

유클리드의 《원론》으로 대표되는 고전기하는 17세기에 데카르트가 좌표를 발명하면서 크게 변했다. 이 아이디어의 핵심은 평면과 공간에서 점의 위치를 수로 나타내려는 것이다.

직선상에서 점의 위치는 기준점인 원점 O에서 이동한 거리를 나타낸다.

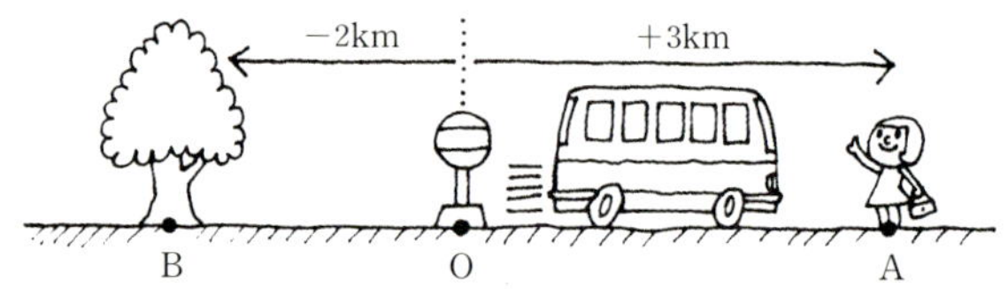

이동 방향은 좌우(전후) 2가지이므로 한쪽을 플러스, 반대쪽을 마이너스로 한다.

이렇게 직선상의 모든 점에 하나씩 수를 할당한 것을 수직선이라고 하며 점에 할당된 수를 좌표라고 한다.

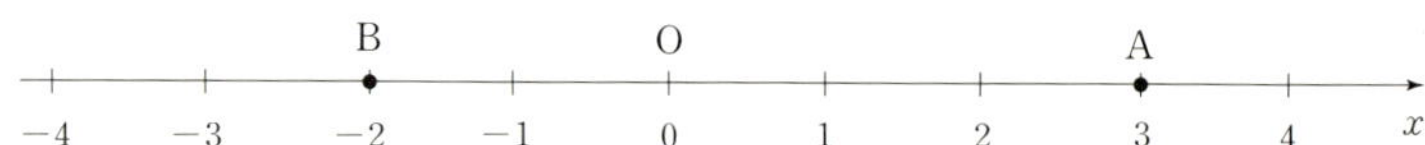

예를 들어 점 A의 좌표가 3이라는 것을 $A(3)$으로 표기한다. $A(3)$와 $B(-2)$와의 거리는

$$AB = 3 - (-2) = 5.$$

계속해서 평면상의 점의 위치를 수로 나타내려면 어떻게 해야 할지 알아보자. 우선 원점 O에서 동쪽으로 이동한 거리

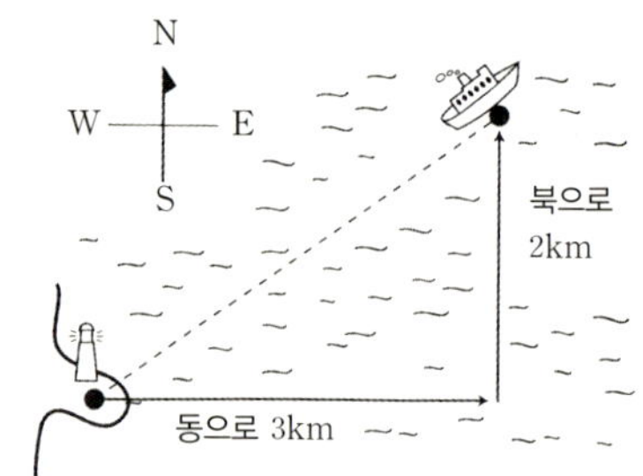

와 북쪽으로 이동한 거리를 수로 나타내는 것을 생각할 수 있다.

이렇게 해서 평면상의 모든 점에 숫자 2개로 이루어진 수의 짝[배의 위치는 $(3, 2)$]을 지정할 수 있다.

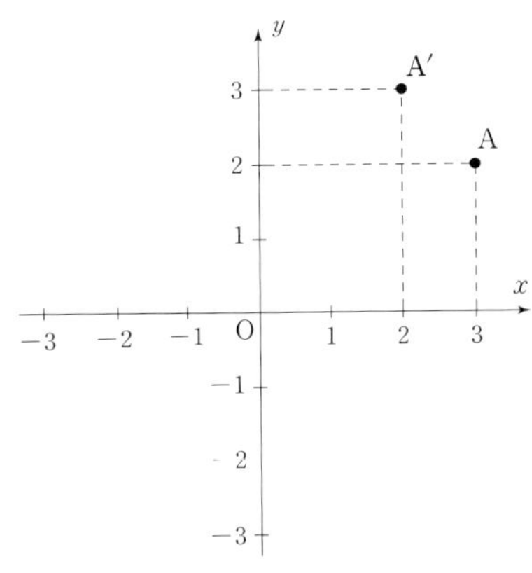

이런 수의 짝을 평면상의 점의 좌표라고 한다. '동서 방향'과 '남북 방향'을 정하려면 그림처럼 원점 O에서 직교하는 수직선 2개를 선택하고 가로 방향의 수직선을 x축, 세로 방향의 수직선을 y축이라고 부른다.

좌표에 대해 기술할 때는 먼저 x축 방향의 이동 거리(x좌표)를 적은 다음에 y축 방향의 이동 거리(y좌표)를 적기로 약속한다. 이 약속이 지켜지지 않으면 그림의 점 A와 A'의 위치가 뒤섞인다. 점 A의 좌표는 $(3, 2)$, 점 A'의 좌표는 $(2, 3)$이며 $A(3, 2)$, $A'(2, 3)$로 나타낸다.

이 좌표가 발명됨으로써 점을 숫자로 나타내고 도형을 식으로 나타낼 수 있게 되었다. 그리고 도형의 성질을 조사할 때 수와 식을 써서 계산하게 되었다.

이렇게 좌표를 사용하는 새로운 기하학을 해석기하학이라고 하며 근대 이후 수학의 여러 분야에서 응용되고 있다.

일설에 따르면 좌표는 여행지의 숙소에서 잠이 덜 깬 데카르트가 격자 모양의 창가에서 날고 있는 파리를 보고 착안한 것이라고 한다. 늦잠을 즐기고 침대에 누워 사색하는 것을 좋아했던 데카르트에게 어울리는 에피소드이다.

직선의 식

1차식 $y=x+1$은 그림과 같은 직선상의 모든 점(x, y)에 적용되는 관계식이다. 그래서 이 식을 '직선을 나타내는 방정식' 또는 '직선의 식'이라고 한다.

직선은 지나는 점과 방향을 지정하면 결정된다. 그런데 직선의 방향은

$$\frac{(y \text{의 증가분})}{(x \text{의 증가분})}$$ 즉, 기울기(경사)로 나타낼 수 있다.

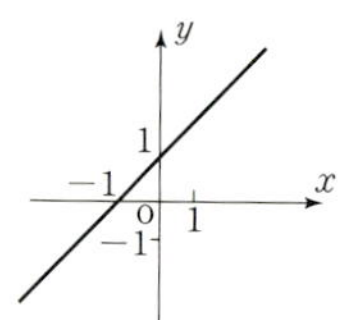

(기울기 $\frac{3}{2}$)   (기울기 $\frac{2}{3}$)

예를 들어 점 $A(3, 1)$을 지나고 기울기가 $\frac{2}{3}$인 직선 l의 식은 다음과 같이 구한다.

직선 l상의 임의의 점 P의 좌표를 (x, y)라고 하면 AP의 기울기는 $\frac{2}{3}$이므로 $x \neq 3$이면

$$\frac{y-1}{x-3} = \frac{2}{3}$$

따라서 $y-1 = \frac{2}{3}(x-3)$

즉 $y = \frac{2}{3}x - 1$

이것은 $x=3$으로도 성립한다.

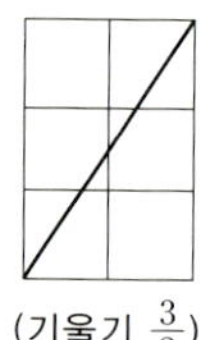

일반적으로 점 (x_1, y_1)를 지나고 경사가 m인 직선의 식은

$$y - y_1 = m(x - x_1)$$

이 식을 정리하면

$$y = mx + n$$

즉, $y = (x$의 1차식$)$ ······ ①

의 형태다. 역으로 이런 형태의 식을 만족하면 곧 직선이다.

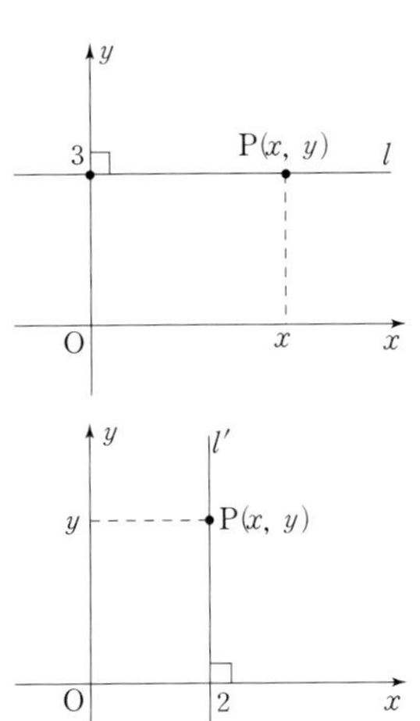

그렇다면 x축이나 y축에 평행한 직선은 어떻게 나타낼까? 점 $B(0, 3)$를 지나고 x축에 평행한 직선 l상의 임의의 점 P의 좌표를 (x, y)라고 하면 x에 관계없이 항상

$y = 3$이므로 직선의 식은 $y = 3$

그리고 점 $C(2, 0)$를 지나고 y축에 평행한 직선 l'상의 임의의 점 P의 좌표를 (x, y)라고 하면 y에 관계없이 항상 $x = 2$이므로

직선의 식은 $x = 2$이다.

그러므로 x축에 평행한 직선과 y축에 평행한 직선은 각각

$y = (상수)$ ······ ② $x = (상수)$ ······ ③

의 형태다.

직선이 놓여 있는 위치에 따라 ①, ②, ③으로 다르게 표현하는 것은 석연치 않다. 그래서 ①, ②, ③을 통합하여 직선의 식을

$ax + by + c = 0$ ······ ④

로 쓰면 좋다. ④의 식에서

$a \neq 0,\ b \neq 0$일 때가 $y = -\dfrac{a}{b}x - \dfrac{c}{b}$

$a = 0,\ b \neq 0$일 때가 $y = -\dfrac{c}{b}$

$a \neq 0,\ b = 0$일 때가 $x = -\dfrac{c}{a}$

즉 좌표 평면상의 직선은 $(x, y$의 1차식$) = 0$의 식으로 나타낸다.

주변에서 흔히 볼 수 있는 곡선인 원을 나타내는 식을 구해보자. 예를 들어 중심이 원점 $(0, 0)$이고 반지름이 5인 원의 경우

원주상의 점 P의 좌표를 (x, y)라고 하면

$$\mathrm{OP} = 5(\text{일정})$$

그림의 직각삼각형 OHP에 피타고라스의 정리를 이용해서

$$\mathrm{OH}^2 + \mathrm{HP}^2 = \mathrm{OP}^2 \text{ 즉}$$

$$x^2 + y^2 = 25 \ \cdots\cdots ①$$

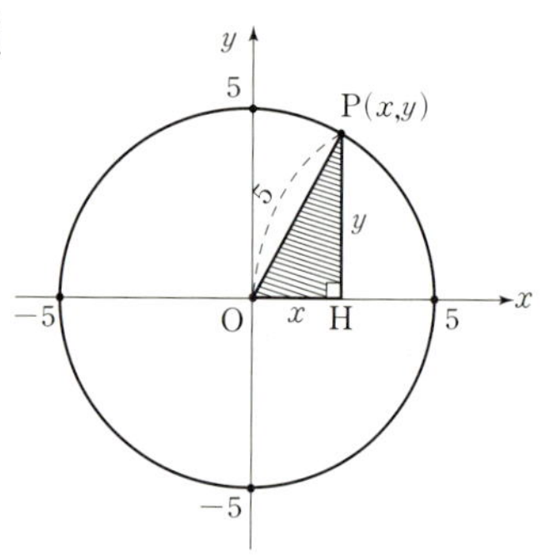

이것이 원의 식(원상의 좌표를 만족하는 방정식)이다. 역으로 ①의 방정식을 만족시키는 점 (x, y)은 모두 이 원주상에 있다.

그런데 ①의 식이 원을 나타낸다고 해도 잘 이해되지 않는 사람이 있을 것이다. 그럴 때는 ①을 y에 대해서 푼

$$y = \sqrt{25 - x^2} \ \cdots ② \qquad y = \sqrt{25 - x^2} \ \cdots ②'$$

을 살펴보면 좋다. ②의 x와 y의 대응표는 다음과 같다.

x	-5	-4	-3	-2	-1	0
y	0	3	4	4.6	4.9	5

x	0	1	2	3	4	5
y	5	4.9	4.6	4	3	0

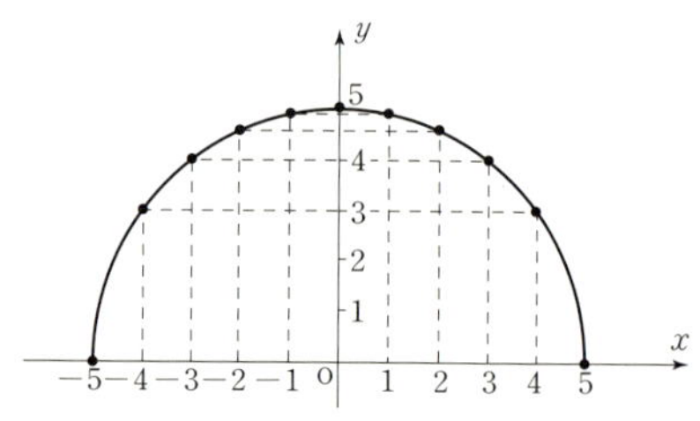

②는 원의 윗부분을, ②'는 원의 아랫부분을 나타내며 ②와 ②'을 합하

면 원 전체를 나타낸다는 것을 알 수 있다.

일반적으로 중심이 점 $C(a, b)$, 반지름이 r인 원의 식은 원주상의 점 P의 좌표를 (x, y)로 하고 그림의 직각삼각형 CHP에 피타고라스의 정리를 이용해서

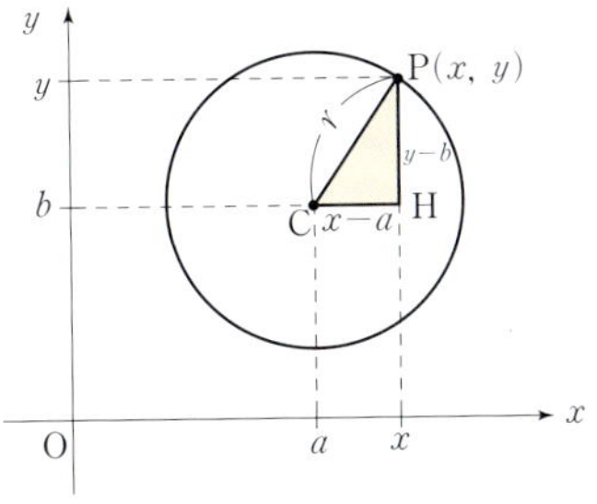

$$(x-a)^2+(y-b)^2=r^2 \quad \cdots ③$$

이 된다. ③의 식을 전개해서 정리하면

$$x^2+y^2+\mathrm{A}x+\mathrm{B}y+\mathrm{C}=0 \quad \cdots ④$$

으로 변형되어 원을 다른 식으로 표현할 수 있다.

④의 식에서 계수 A, B, C를 정하면 원의 모양은 확실해진다. 이것을 응용해보자. 3점 $P(1, -1)$, $Q(3, 3)$, $R(4, 2)$를 지나는 원의 방정식을 구하여 보자. 방정식 ④를 이용하면, 3점 P, Q, R를 지나므로

$$1^2+(-1)^2+\mathrm{A}\cdot 1+\mathrm{B}\cdot(-1)+\mathrm{C}=0 \text{ 즉, } \mathrm{A}-\mathrm{B}+\mathrm{C}=-2 \quad \cdots (\mathrm{i})$$

$$3^2+3^2+\mathrm{A}\cdot 3+\mathrm{B}\cdot 3+\mathrm{C}=0 \qquad \text{즉, } 3\mathrm{A}+3\mathrm{B}+\mathrm{C}=-18 \cdots (\mathrm{ii})$$

$$4^2+2^2+\mathrm{A}\cdot 4+\mathrm{B}\cdot 2+\mathrm{C}=0 \qquad \text{즉, } 4\mathrm{A}+2\mathrm{B}+\mathrm{C}=-20 \cdots (\mathrm{iii})$$

(ⅰ), (ⅱ), (ⅲ)을 연립해서 풀면 $\mathrm{A}=-4$, $\mathrm{B}=-2$, $\mathrm{C}=0$

따라서 원의 방정식은

$$x^2+y^2-4x-2y=0$$

$$(x^2-4x+4)+(y^2-2y+1)=0+4+1$$

$$(x-2)^2+(y-1)^2=5$$

따라서 중심 $(2, 1)$, 반지름 $\sqrt{5}$인 원임을 알 수 있다. ③의 a, b, r를 미지수로 하면 2차방정식이 되지만 ④의 A, B, C를 활용하면 연립 1차방정식이다.

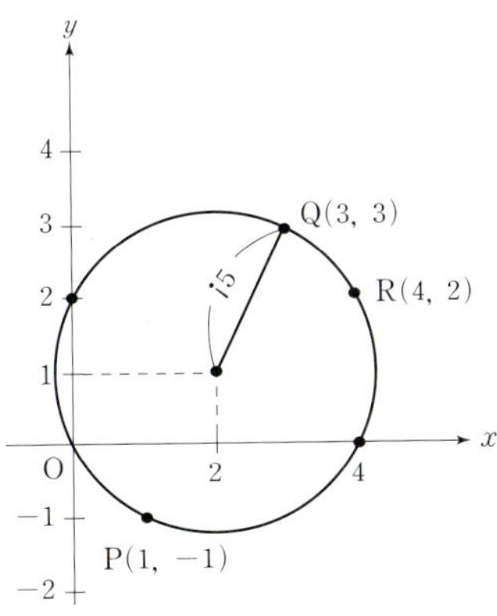

04   직선과 원

같은 평면상의 직선과 원의 위치 관계는 오른쪽 그림처럼 3가지로 나뉜다.

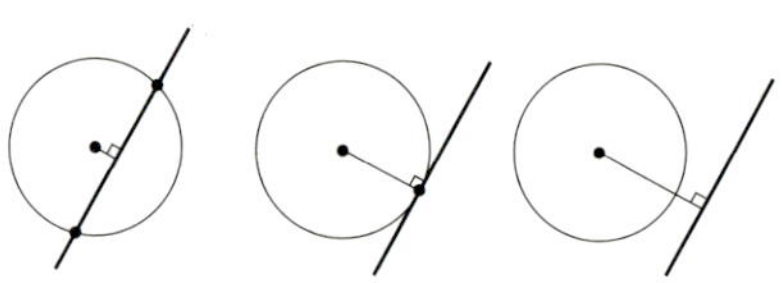

먼저 직선과 원의 교점을 구하는 방법을 생각해보자.

직선 $x+y=1$과 원 $x^2+y^2=5$의 교점 A의 좌표를 $(p,\ q)$라고 하면, 점 $(p,\ q)$는 직선과 원의 식을 동시에 만족시키므로

연립방정식

$$\begin{cases} p+q=1 & \cdots ① \\ p^2+q^2=5 & \cdots ② \end{cases}$$

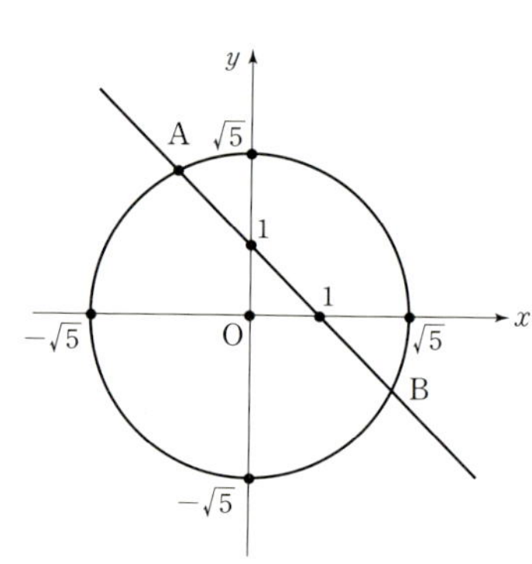

를 얻을 수 있다. ①에 의해

$$q=-p+1$$

을 ②에 대입해서 정리하면

$$p^2-p-2=0$$

이것을 풀어서 $p=-1,\ 2$

$p=-1$일 때 $q=2$, $p=2$일 때 $q=-1$

그러므로 교점은 $A(-1,\ 2)$, $B(2,\ -1)$이다. 즉 교점을 구하는 것은 연립방정식을 푸는 것으로 귀착된다. 위의 해법에서 변수 $x,\ y$와 미지수 $p,\ q$ 등 여러 개의 문자를 사용하는 것이 싫다면 다음과 같은 편법이 있다.

$$\begin{cases} \text{직선 } x+y=1 \\ \text{원 } x^2+y=5 \end{cases} \text{의 교점} \iff \text{연립방정식} \begin{cases} x+y=1 \\ x^2+y^2=5 \end{cases} \text{의 해}$$

꽤 편리한 방법이지만 사용하는 문자가 무엇을 뜻하는지 확실하게 알지 못하면 혼란스러우므로 주의해야 한다.

이번에는 원의 접선의 식을 구해보자. 원 $x^2+y^2=r^2$ 상의 점 $P(x_1,\ y_1)$를 접점으로 하는 직선 l의 식을 구하자. 그림처럼 OP와 l은 직교하므로

$$\triangle OHP \backsim \triangle AOB$$

가 되어

$$AO : OB = OH : HP = x_1 : y_1$$

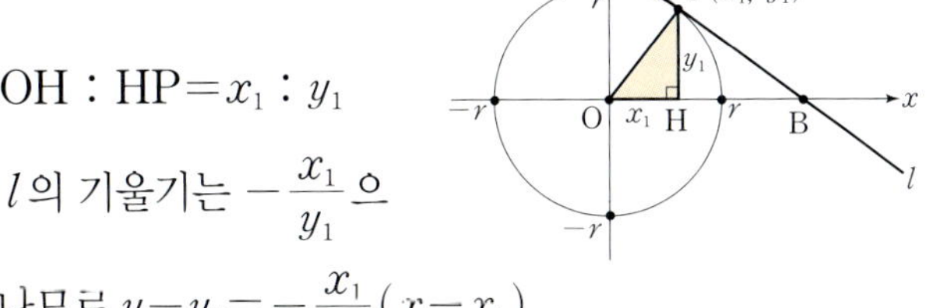

이렇게 해서 직선 l의 기울기는 $-\dfrac{x_1}{y_1}$ 으로 점 $(x_1,\ y_1)$을 지나므로 $y-y_1=-\dfrac{x_1}{y_1}(x-x_1)$.

이것을 정리해서 $x_1x+y_1y=x_1^2+y_1^2$

$OP^2=x_1^2+y_1^2=r^2$ 이므로 접선 l의 방정식은 $x_1x+y_1y=r^2$ $\quad\cdots$ ③

이 식에 의해 우리는 아주 간단하게 접선을 구할 수 있다. 예를 들어

$$\text{원}\ x^2+y^2=25,\ \text{접점}\ (3,\ 4) \Rightarrow \text{접선}\ 3x+4y=25$$

이것을 응용해서 직선과 원점 O의 거리를 구해보자.

직선 $x+2y=4$와 원점 O의 거리는 이 직선에 접하는 원점을 중심으로 하는 원의 반지름 r와 같다. 그래서 이 직선을 ③과 같은 형태로 만든다.

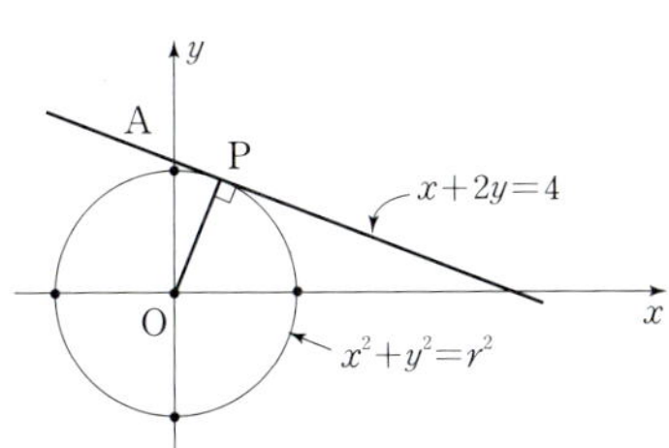

즉 양변을 k배해서 $kx+2ky=4k$로 한다.

$x_1=k,\ y_1=2k,\ r^2=4k$ 이므로 $k^2+(2k)^2=4k$인 k를 구하면 $k=\dfrac{4}{5}$ 이다. 접선의 식은 다음과 같다.

$$\frac{4}{5}x+\frac{8}{5}y=\frac{16}{5}$$

따라서 이 직선은 접점 $\left(\dfrac{4}{5},\ \dfrac{8}{5}\right)$에서 반지름 $\dfrac{4}{\sqrt{5}}$ 인 원과 접하므로 직선과 원점의 거리는 $\dfrac{4}{\sqrt{5}}$ 이다.

2차곡선

도형의 식이 2차식일 때 그 도형을 2차곡선이라고 한다. 원을 비롯해서 타원, 쌍곡선, 포물선 등이 2차곡선이다.

두 정점 $F_1(c, 0)$, $F_2(-c, 0)$에서 거리의 합이 $2a$(일정)인 점 $P(x, y)$의 자취는 타원이다. 타원의 식을 구해보자.

$$PF_1 + PF_2 = 2a \ (a > c)$$

그러므로

$$\sqrt{(x-c)^2 + y^2} + \sqrt{(x+c)^2 + y^2} = 2a$$

이항하면서 제곱하여 근호를 없애면

$$(a^2 - c^2)x^2 + a^2 y^2 = a(a^2 - c^2)$$

$$\frac{x^2}{a^2} + \frac{y^2}{a^2 - c^2} = 1$$

$a > c$이므로 $a^2 - c^2 = b^2$으로 놓으면

$$\frac{x^2}{a^2} + \frac{y^2}{b^2} = 1$$

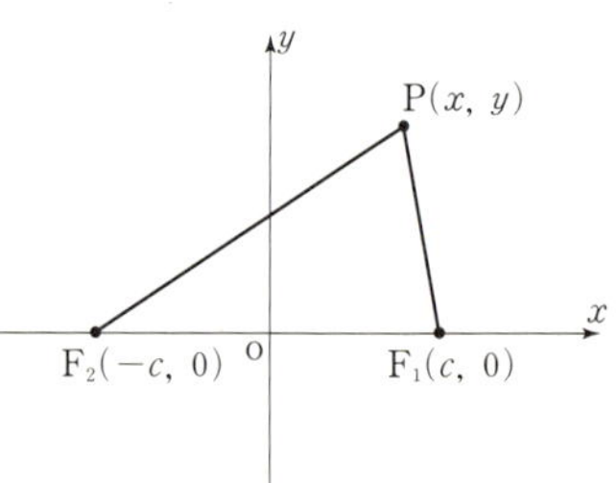

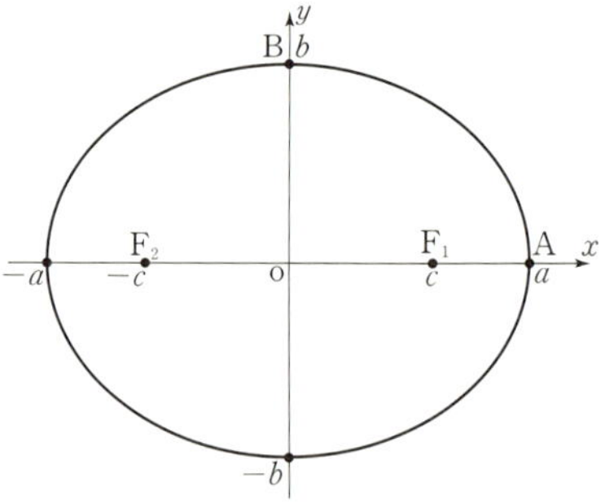

O를 타원의 중심, OA를 장축 반지름, OB를 단축 반지름이라고 하고 F_1, F_2를 초점이라고 한다.

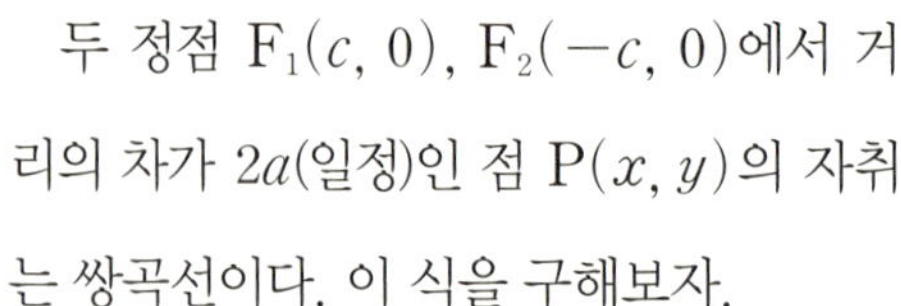

두 정점 $F_1(c, 0)$, $F_2(-c, 0)$에서 거리의 차가 $2a$(일정)인 점 $P(x, y)$의 자취는 쌍곡선이다. 이 식을 구해보자.

$$PF_1 - PF_2 = \pm 2a \ (a < c)$$

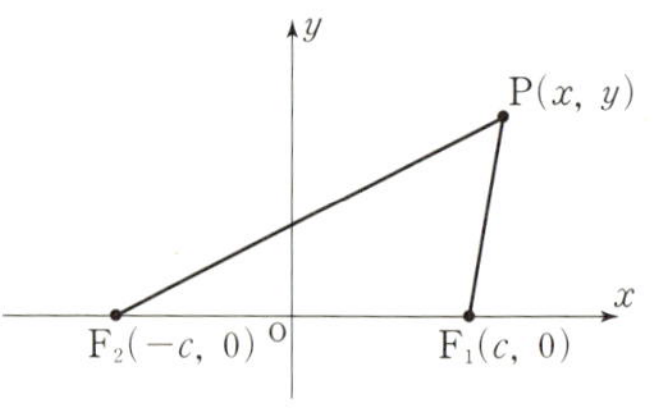

그러므로 $\sqrt{(x-c)^2+y^2}+\sqrt{(x+c)^2+y^2}=\pm2a$

타원의 경우와 마찬가지로 변형하면

$$\frac{x^2}{a^2}-\frac{y^2}{c^2-a^2}=1$$

$a<c$이므로 $c^2-a^2=b^2$으로 놓으면

$$\frac{x^2}{a^2}-\frac{y^2}{b^2}=1$$

O를 쌍곡선의 중심, 두 직선 $y=\dfrac{b}{a}x$

와 $y=-\dfrac{b}{a}x$를 점근선이라 하고 F_1, F_2

를 초점이라고 한다.

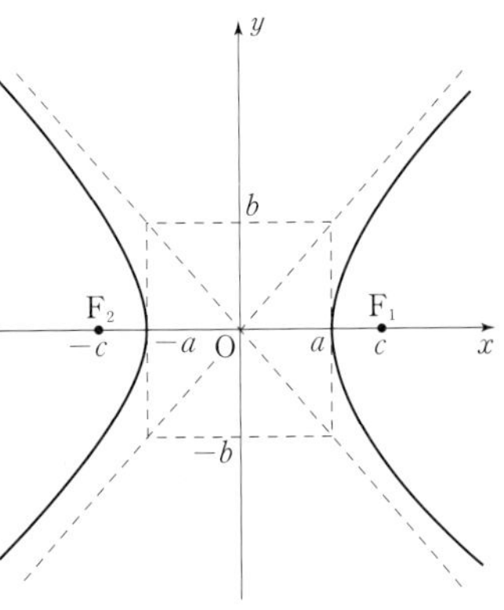

정점 $\mathrm{F}(p,\ 0)$와 정직선 $x=-p$에서

같은 거리에 있는 점 $\mathrm{P}(x,\ y)$의 자취는 포물선이 된다.

$$\mathrm{PF}=\mathrm{PH}\text{이므로}$$

$$\sqrt{(x-p)^2+y^2}=x+p$$

정리하면 다음과 같은 식이 나온다.

$$y^2=4px$$

이때 O를 꼭짓점, 정직선 l을 준선, F를

초점이라고 한다.

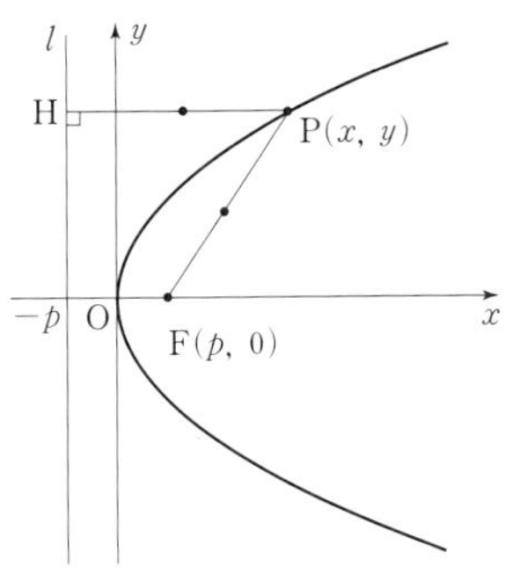

단면이 2차곡선인 거울에서 빛과 소리는 아래 그림처럼 초점에 모인다.

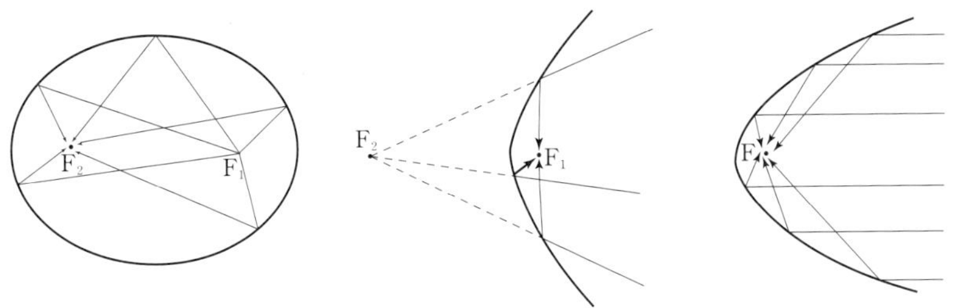

특히 '평행광선을 초점으로 모으는' 포물선의 성질은 파라볼라 안테나

에 이용되고 있다.

곡선 감상

06

2차곡선으로 타원, 쌍곡선, 포물선을 소개했는데 3차 이상 곡선은 분류하기 어려울 만큼 많다. 그중 일부를 감상하자.

● 3차곡선

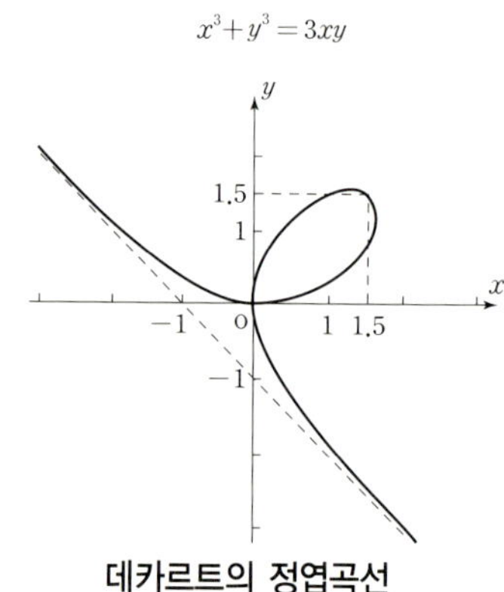

$x^3 + y^3 = 3xy$

데카르트의 정엽곡선

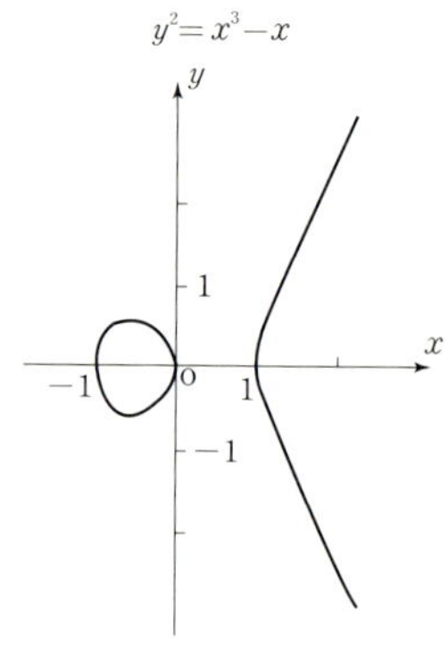

$y^2 = x^3 - x$

타원곡선

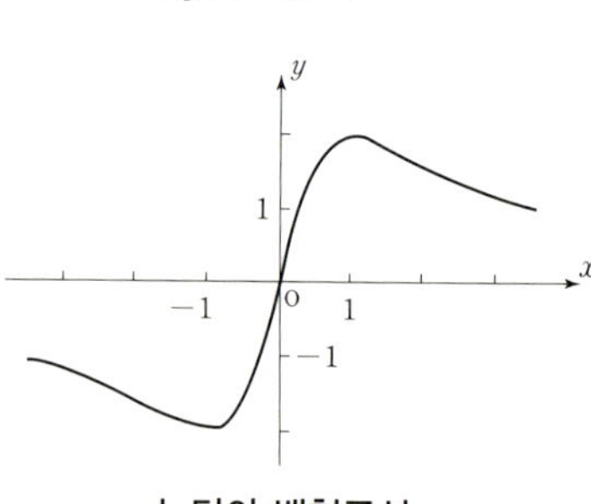

$x^2 y + y - 4x = 0$

뉴턴의 뱀형곡선

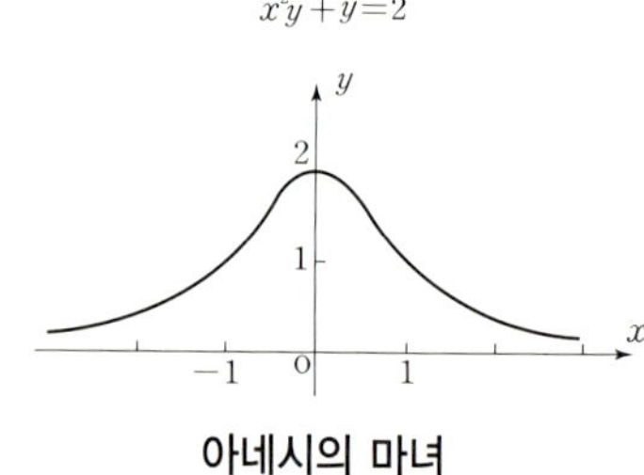

$x^2 y + y = 2$

아네시의 마녀

● 4차곡선

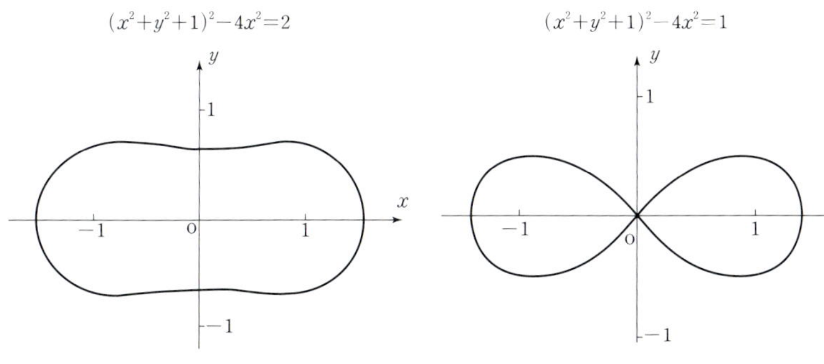

$$(x^2+y^2+1)^2-4x^2=2$$

카시니의 계란형곡선

$$(x^2+y^2+1)^2-4x^2=1$$

렘니스케이트 · 연주형

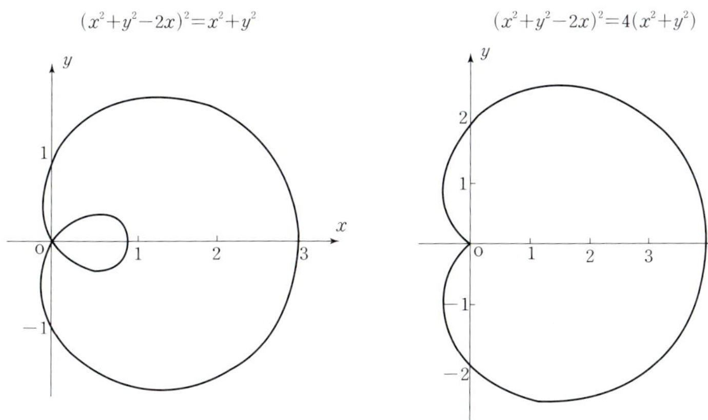

$$(x^2+y^2-2x)^2=x^2+y^2$$

파스칼의 리마콘 · 달팽이선

$$(x^2+y^2-2x)^2=4(x^2+y^2)$$

카디오이드 · 심장형

방 천장에 매달려 있는 전등의 위치를 정하려면, 먼저 전등 바로 아래 바닥에 위치를 표시하고 거기서 얼마나 높이 있는지 나타낸다.

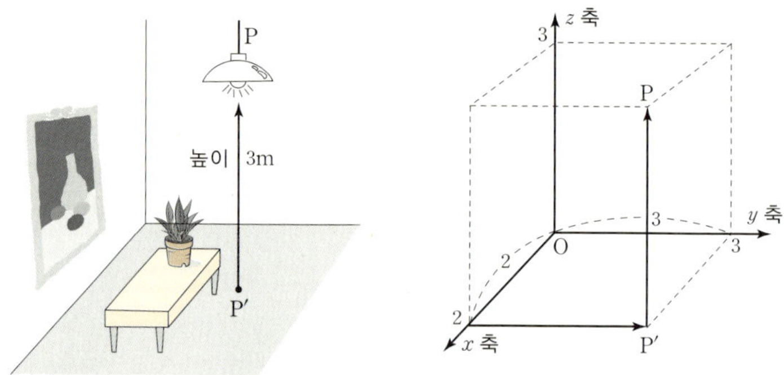

공간에 있는 점의 위치를 정할 때도 마찬가지다. x축과 y축으로 생기는 평면(xy평면이라고 한다)상의 점 P′를 정하고 거기서 상하 방향 즉 z축 방향으로 이동한 거리를 정한다. 위 그림에서 P의 좌표는

$$P(2, 2, 3)$$

으로, 평면의 점의 좌표에 z축 좌표를 추가한 형태로 나타낸다. 그리고 P′는 z축 방향으로 이동한 거리가 0(높이 0)이라고 할 수 있으므로

$$P′(2, 3, 0)$$

으로 표시한다. 이렇게 해서 공간상의 모든 점은 (x, y, z)의 좌표로 나타낼 수 있다. 원점은 O(0, 0, 0)이다.

x축과 y축으로 생기는 평면(xy 평면)상의 점은 x, y의 값에 관계없이 z좌표가 항상 0이므로

$$z=0$$

으로 나타낼 수 있다.

마찬가지로 y축과 z축으로 생기는 평면(yz 평면)은

$$x=0$$

z축과 x축으로 생기는 평면(zx 평면)은

$$y=0$$

으로 나타낸다.

x축은 xy 평면과 zx 평면의 교선
이므로 그 위의 점 A는

$$A(x, 0, 0)$$

으로 나타낸다. 마찬가지 방법으로
y축상의 점 B, z축상의 점 C는

$$B(0, y, 0), C(0, 0, z)$$

로 나타낸다.

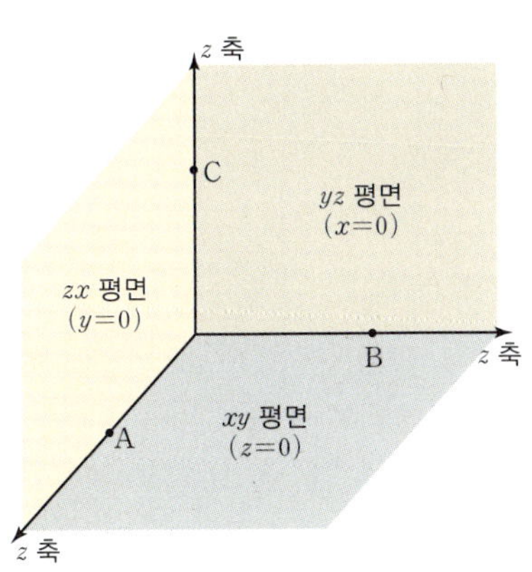

공간좌표는 시점을 어디에 두는가에 따라 그림이 달라진다. 원점을 야
구의 홈베이스, x축을 1루선, y축을 3루선이라고 치면 위의 그림은 오른
쪽 외야 스탠드에서 본 그림이 된다.

이외에 백네트 뒤쪽에서 본 그림, 1루 쪽, 3루 쪽에서 본 그림 등도 사용
된다.

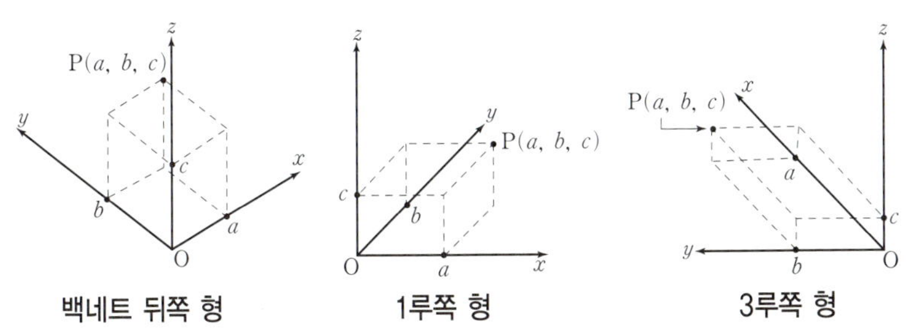

벡터

　평면과 공간의 점이나 점의 이동(변위) 등을 생각할 때 아주 편리한 도구로 벡터가 있다.

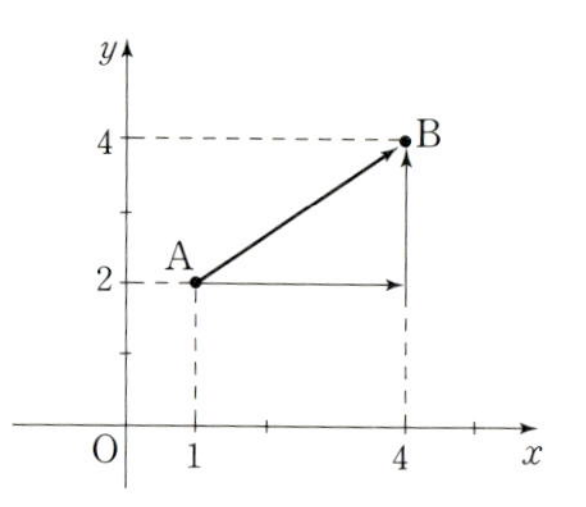 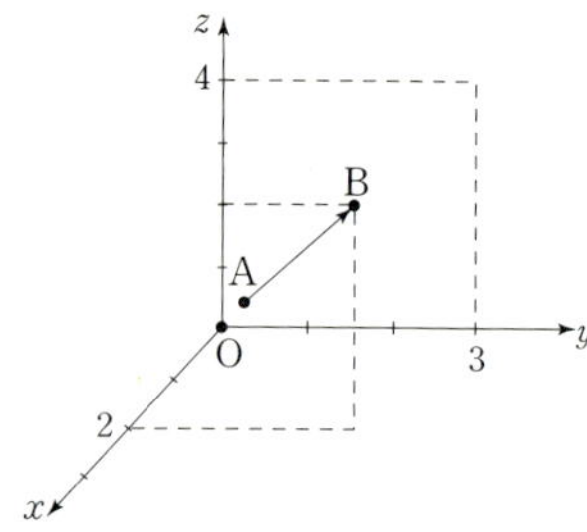

　평면상의 점 $A(1, 2)$에서 $B(4, 4)$까지의 변위량은 x축으로 $+3$, y축으로 $+2$다. 이것을 한꺼번에

$$\overrightarrow{AB} = (3, 2)$$

로 나타낸다. 그리고 공간의 점 $A(1, 1, 1)$에서 $B(2, 3, 4)$까지의 변위량은 x축으로 $+1$, y축으로 $+2$, z축으로 $+3$이다. 이것을 한꺼번에

$$\overrightarrow{AB} = (1, 2, 3)$$

으로 나타낸다. 이처럼 점의 변위를 수의 짝으로 나타낸 것을 벡터라고 한다.

　벡터는 보통 수와 마찬가지로 합·차·배의 계산이 가능하다. 예를 들면

$$\overrightarrow{AB} = (3, 2),\ \overrightarrow{BC} = (2, -1)$$

일 때 점 A에서 B를 경유해 점 C로 위치를 바꾸는 것을 다음과 같이 벡터의 합으로 나타낸다.

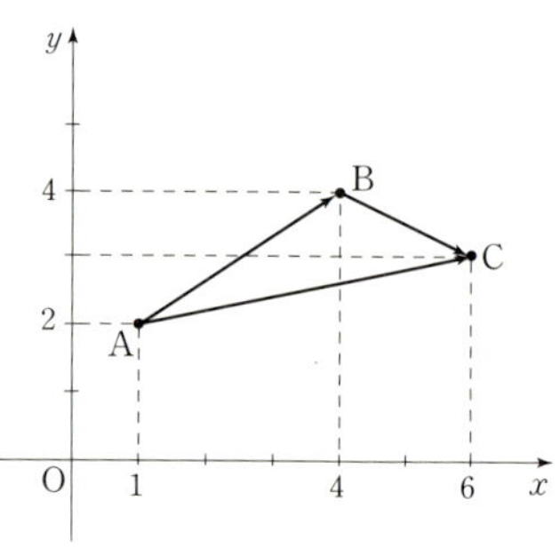

$$\overrightarrow{AB}+\overrightarrow{BC}=\overrightarrow{AC}, \quad (3,2)+(2,-1)=(5,1)$$

그리고 AB 방향으로 2배 위치를 바꾸는 것은 다음과 같이 벡터의 배로 나타낸다.

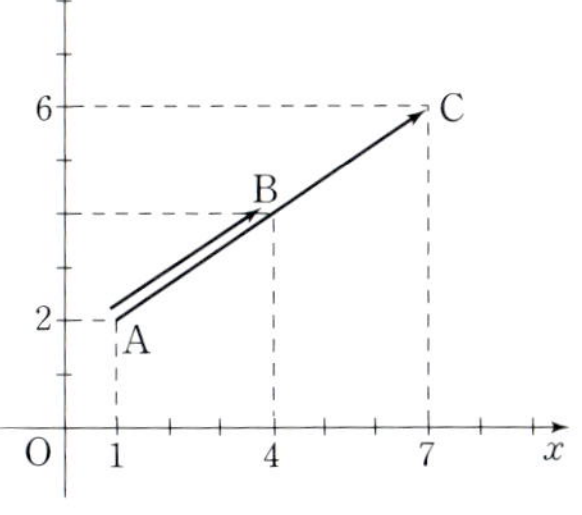

$$2\overrightarrow{AB}=\overrightarrow{AC}, \quad 2(3,2)=(6,4)$$

일반적으로 벡터의 합, 차, 배의 계산법은

$$(x_1, y_1)+(x_2, y_2)=(x_1+x_2, y_1+y_2)$$

$$(x_1, y_1)-(x_2, y_2)=(x_1-x_2, y_1-y_2)$$

$$k(x_1, y_1)=(kx_1, ky_2)$$

이다. 이제 두 벡터의 평행, 수직 조건을 알아보자.

● 평행 조건

$\overrightarrow{AB}=(x_1, y_1)$, $\overrightarrow{CD}(x_2, y_2)$일 때

$\overrightarrow{AB}/\!/\overrightarrow{CD}$이면 $\overrightarrow{CD}=k\overrightarrow{AB}$

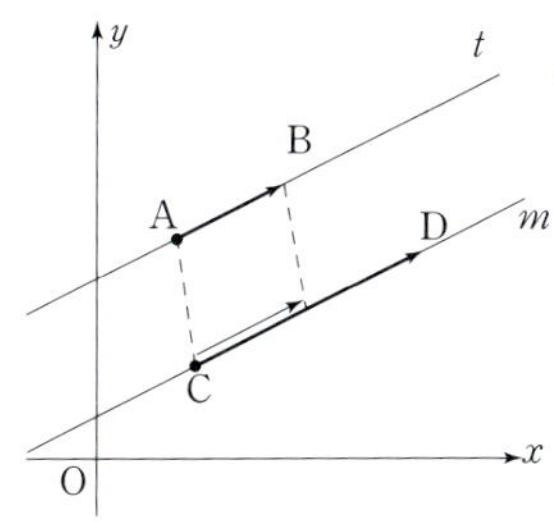

따라서 $(x_2, y_2)=k(x_1, y_1)$

$$x_2=kx_1, \quad y_2=ky_1$$

그러므로 $x_1y_2-x_2y_1=0$

● 수직 조건

$\overrightarrow{AB}=(x_1, y_1)$, $\overrightarrow{AC}=(x_2, y_2)$일 때 $AB\perp CD$라면

$\triangle ABD$와 $\triangle ACE$는 닮은꼴이어야 한다.

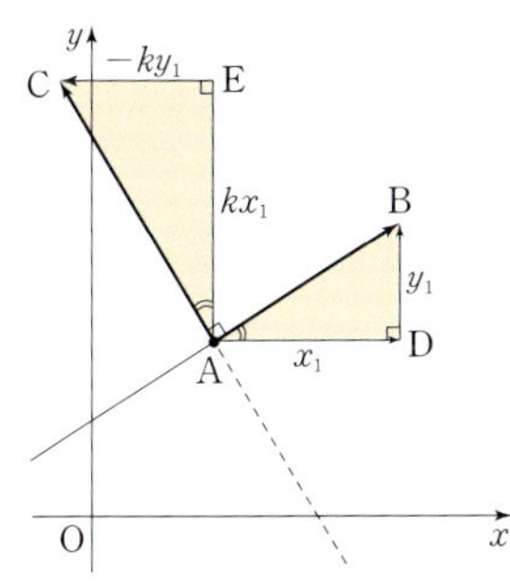

따라서 $x_2=-ky_1, \quad y_2=kx_1$

그러므로 $x_1x_2+y_1y_2=0$

공간에서 두 벡터 $\overrightarrow{AB}=(x_1, y_1, z_1)$,

$\overrightarrow{AC}=(x_2, y_2, z_2)$일 때 $\overrightarrow{AB}\perp\overrightarrow{AC}$의 조건

은 $x_1x_2+y_1y_2+z_1z_2=0$이다.

09 공간의 직선과 식

평면상의 두 점 $A(x_1,\ y_1)$, $B(x_2,\ y_2)$의 거리는, 옆 그림 $\triangle ABC$에서 피타고라스의 정리를 사용해 $\overline{AB}^2 = \overline{AC}^2 + \overline{BC}^2$이므로

$$\overline{AB} = \sqrt{\overline{AC}^2 + \overline{BC}^2}$$
$$= \sqrt{(x_2-x_1)^2 + (y_2-y_1)^2}$$

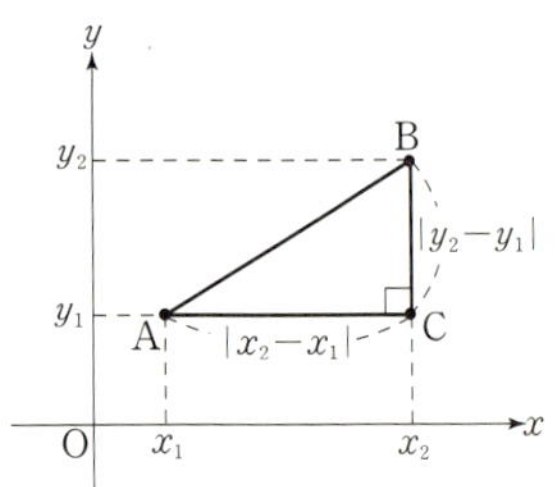

공간의 두 점 $A(x_1,\ y_1,\ z_1)$, $B(x_2,\ y_2,\ z_2)$의 거리도 피타고라스의 정리를 2번 사용해서 $\overline{AB}^2 = \overline{AD}^2 + \overline{BD}^2$, $\overline{AD}^2 = \overline{AC}^2 + \overline{CD}^2$이므로 $\overline{AB}^2 = \overline{AC}^2 + \overline{CD}^2 + \overline{BD}^2$이 되어

$$\overline{AB} = \sqrt{\overline{AC}^2 + \overline{CD}^2 + \overline{BD}^2}$$
$$= \sqrt{(x_2-x_1)^2 + (y_2-y_1)^2 + (z_2-z_1)^2}$$

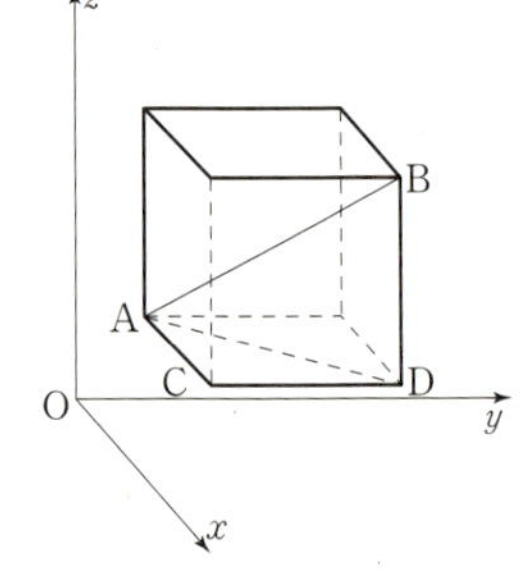

이 두 공식을 비교하면 3차원(공간)과 2차원(평면)의 관계를 알 수 있다. 3차원 공식에서 z좌표 관계를 지우면 2차원 공식이 된다. 이것은 두 점 A, B를 잇는 선분 AB를 $m:n$으로 나누는 점 P를 구하는 공식에서도 마찬가지다.

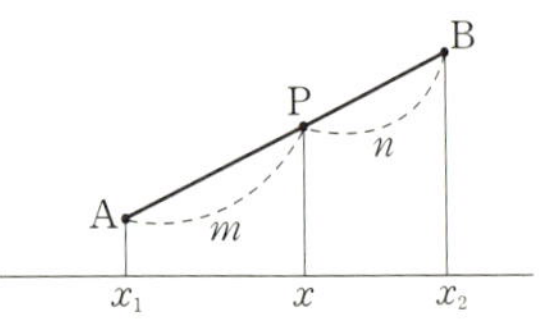

평면상에 $A(x_1,\ y_1)$, $B(x_2,\ y_2)$가 있을 때는

$$P\left(\frac{nx_1 + mx_2}{m+n},\ \frac{ny_1 + my_2}{m+n}\right)$$

이고, 공간에서 $A(x_1,\ y_1,\ z_1)$, $B(x_2,\ y_2,\ z_2)$일 때

$$P\left(\frac{nx_1+mx_2}{m+n},\ \frac{ny_1+my_2}{m+n},\ \frac{nz_1+mz_2}{m+n}\right)$$

로 z좌표 관계가 많아지는 것이 다르다.

1차원(직선상)의 경우는 $A(x_1)$, $B(x_2)$일 때

$$AB=\sqrt{(x_2-x_1)^2}=|x^2-x_1|,\ \ P\left(\frac{nx_1+mx_2}{m+n}\right)$$

이므로 역시 2차원일 때의 y좌표 관계를 지운다.

이번에는 직선 방정식을 구해보자.

공간의 두 정점 $A(x_1,\ y_1,\ z_1)$, $B(x_2,\ y_2,\ z_2)$를 지나는 직선을 l이라 하자. 옆 그림에서 $AP=tAB$라하면

$$\begin{cases} AD=tAC \\[4pt] AF=tAE \\[4pt] AH=tAG \end{cases}$$

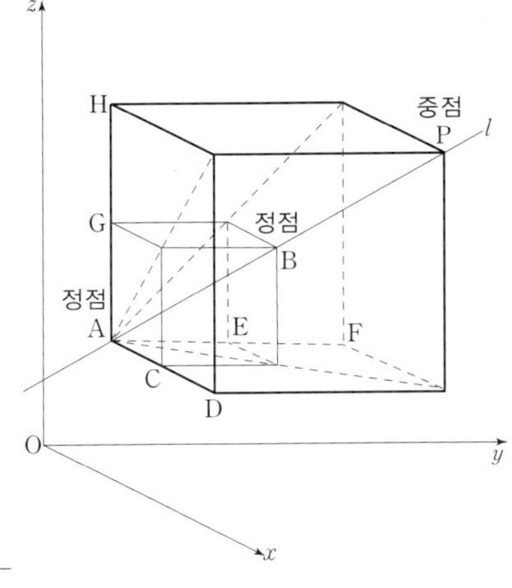

이므로 $P(x,\ y,\ z)$라고 하면

$$\begin{cases} x-x_1=t(x_2-x_1) \\[4pt] y-y_1=t(y_2-y_1) \\[4pt] z-z_1=t(z_2-z_1) \end{cases}$$

또는 $\dfrac{x-x_1}{x_2-x_1}=\dfrac{y-y_1}{y_2-y_1}=\dfrac{z-z_1}{z_2-z_1}$

의 관계식이 생긴다. 이것이 직선 l의 방정식이다.

예를 들어 $A(2,\ 1,\ 3)$, $B(4,\ 7,\ 2)$일 때 방정식은

$$\frac{x-2}{2}=\frac{y-1}{6}=\frac{z-3}{-1}$$

평면상의 직선일 때는 z좌표 관계를 지운다. 예를 들어 $A(2,\ 1)$, $B(4,\ 7)$을 지나는 직선 방정식은 $\dfrac{x-2}{2}=\dfrac{y-1}{6}$이다.

x, y, z에 대한 1차식

$$2x+3y+4z=12 \qquad \cdots \ ①$$

는 좌표 공간 속에서 무엇을 나타내는지 생각해보자. xy 평면, zx 평면, yz 평면에 의한 절편은 각각

$$z=0 \text{이므로 } 2x+3y=12 \qquad \cdots \ ②$$
$$y=0 \text{이므로 } 2x+4z=12 \qquad \cdots \ ③$$
$$x=0 \text{이므로 } 3y+4z=12 \qquad \cdots \ ④$$

이다. ①은 옆 그림처럼 서로 교차하는 세 직선 ②, ③, ④를 포함하는 도형이 된다. 그리고

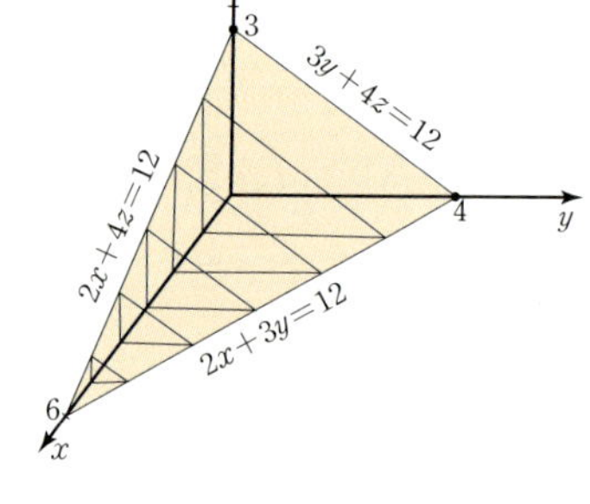

$$x=1 \text{이면 } 3y+4z=10 \qquad \cdots \ ⑤$$
$$x=2 \text{이면 } 3y+4z=8 \qquad \cdots \ ⑥$$
$$x=3 \text{이면 } 3y+4z=6 \qquad \cdots \ ⑦$$

$$\cdots\cdots$$

따라서 ①은 ④, ⑤, ⑥, ⑦ 등 평행한 직선을 포함하는 도형이므로 결국 ①은 평면을 나타 낸다.

그렇다면 z항이 빠진

$$2x+3y=12$$

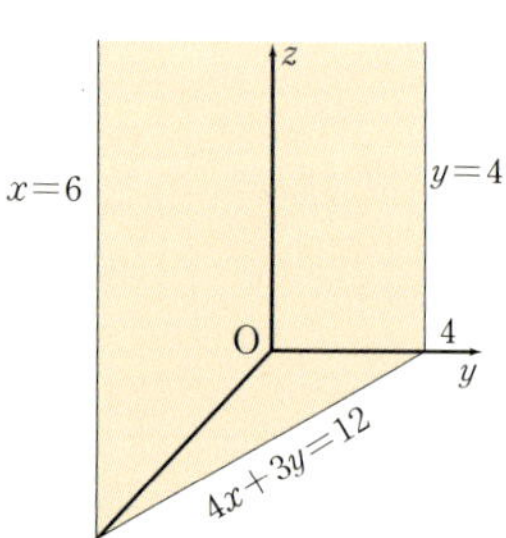

는 무엇을 나타낼까. xy 평면, yz 평면, zx 평면에 의한 절편은 각각

$z=0$이므로 $2x+3y=12$, $y=0$이면 $x=6$

$x=0$이면 $y=4$

가 되므로 세 직선을 포함하는 그림과 같은 평
면을 나타낸다. 그렇다면 y, z항이 빠진

$$x=6$$

은 무엇을 나타낼까? xy 평면, zx 평면에 의한 절편은 각각

$z=0$일 때 $x=6$, $y=0$일 때 $x=6$

이 되어 두 직선을 포함하는 그림과 같은 평면을 나타낸다.

그러므로 x, y, z에 대한 1차식 $ax+by+cz=d$[단 $(a, b, c)\neq(0, 0, 0)$]
은 평면을 나타낸다.

계속해서 세 점 $\mathrm{A}(6, 2, 1)$, $\mathrm{B}(4, 4, 1)$, $\mathrm{C}(1, 3, 3)$을 지나는 평면식
을 구해보자.

구하고자 하는 평면의 식을

$$ax+by+cz=d \quad \cdots(\mathrm{i})$$

라고 하자. 세 점

$$(6, 2, 1), (4, 4, 1), (1, 3, 3)$$

을 지나므로

$$6a+2b+c=d \quad \cdots(\mathrm{ii})$$
$$4a+4b+c=d \quad \cdots(\mathrm{iii})$$
$$a+3b+3c=d \quad \cdots(\mathrm{iv})$$

(ii), (iii), (iv)를 풀면

$$a=\frac{d}{10},\ b=\frac{d}{10},\ c=\frac{2}{10}d$$

이다. $d=10$으로 놓고 (i)에 적용하면 $x+y+2z=10$이다.

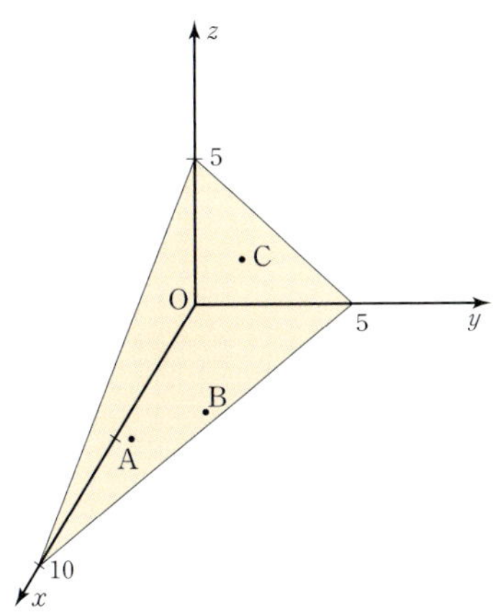

구의 식

세상에서 가장 아름답게 균형 잡힌 입체는 구일 것이다. 구의 식을 구해 보자.

중심 C의 좌표가 (a, b, c)이고 반지름이 r인 구의 식은 다음과 같이 구할 수 있다.

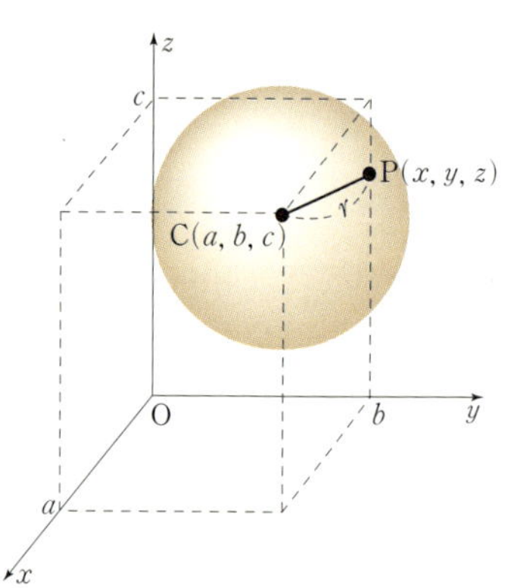

구면상의 점 $P(x, y, z)$를 보면

$$CP = r (\text{일정})$$

이므로

$$\sqrt{(x-a)^2 + (y-b)^2 + (z-c)^2} = r$$

양변을 제곱한

$$(x-a)^2 + (y-b)^2 + (z-c)^2 = r^2 \text{이 구의 식이다.}$$

중심 C의 좌표가 $(4, 5, 2)$이고 반지름이 3인 구가 xy 평면에 의해 잘릴 때 생기는 원을 구해보자.

구의 식은 $(x-4)^2 + (y-5)^2 + (z-2)^2 = 9$

이고 xy 평면은 $z = 0$이므로 이것을 식에 적용하면

$$(x-4)^2 + (y-5)^2 = 5$$

따라서 교선은 중심이 $(4, 5, 0)$, 반지름이 $\sqrt{5}$인 원이 된다.

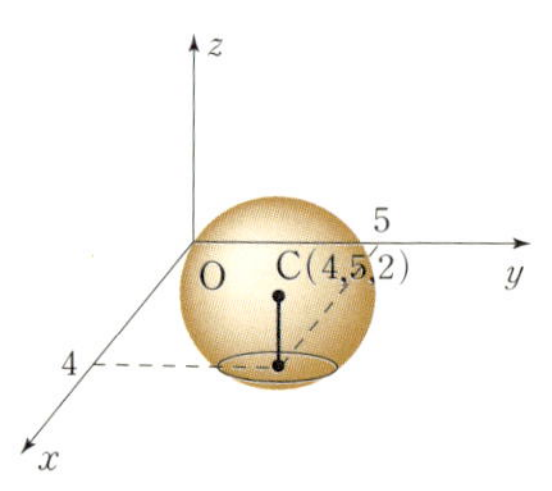

계속해서 구 $x^2 + y^2 + z^2 = r^2$상의 점 $A(x, y, z)$를 접점으로 하는 접평면의 식

을 구해보자.

접평면상의 점을 $P(x, y, z)$라고 하면 접평면은 선분 OA와 직교하므로 직각삼각형 OAP에 피타고라스 정리를 적용해서

$$OP^2 = OA^2 + AP^2$$

$$x^2 + y^2 + z^2 = x_1^2 + y_1^2 + z_1^2$$
$$+ (x - x_1)^2 + (y - y_1)^2 + (z - z_1)^2$$

정리하면 $x_1 x + y_1 y + z_1 z = x_1^2 + y_1^2 + z_1^2$

점 $A(x_1, y_1, z_1)$는 구면 위의 점이므로 $x_1^2 + y_1^2 + z_1^2 = r^2$

따라서 접평면의 식은 다음과 같다.

$$x_1 x + y_1 y + z_1 z = r^2$$

접평면에 관련된 문제를 하나 풀어보자. 그림과 같은 구면에서

$$x^2 + y^2 + z^2 = 29$$

위의 점 $A(2, 3, 4)$에 있는 작은 개미는 구면 점 $B(0, 0, 7)$에 있는 거미가 보일까?

거미가 보이는 범위는 점 A의 접평면

$$2x + 3y + 4z = 29$$

보다 위쪽이다. 점 $B(0, 0, 7)$를 적용하면

$$2 \cdot 0 + 3 \cdot 0 + 4 \cdot 7 = 28 < 29$$

이므로 개미에게 점 B에 있는 거미는 보이지 않는다.

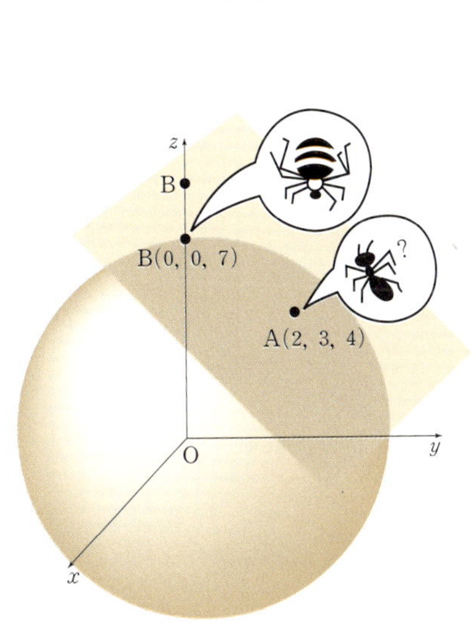

12 곡선 감상

여러 가지 모양의 2차곡선을 감상하자.

타원면

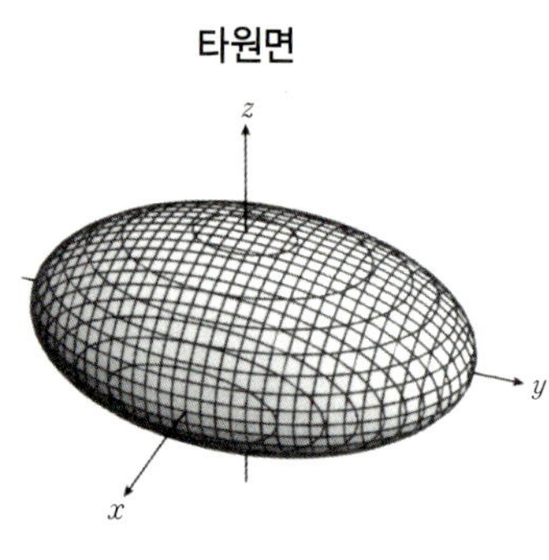

$$\frac{x^2}{a^2} + \frac{y^2}{b^2} + \frac{z^2}{c^2} = 1$$

일엽쌍곡면

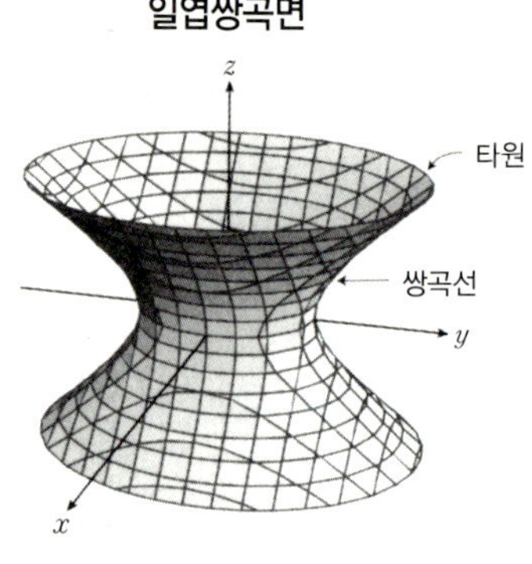

$$\frac{x^2}{a^2} + \frac{y^2}{b^2} - \frac{z^2}{c^2} = 1$$

이엽쌍곡면

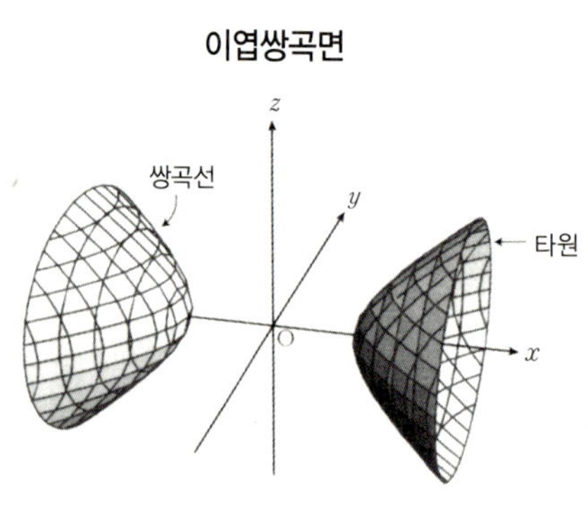

$$\frac{x^2}{a^2} - \frac{y^2}{b^2} - \frac{z^2}{c^2} = 1$$

타원포물면

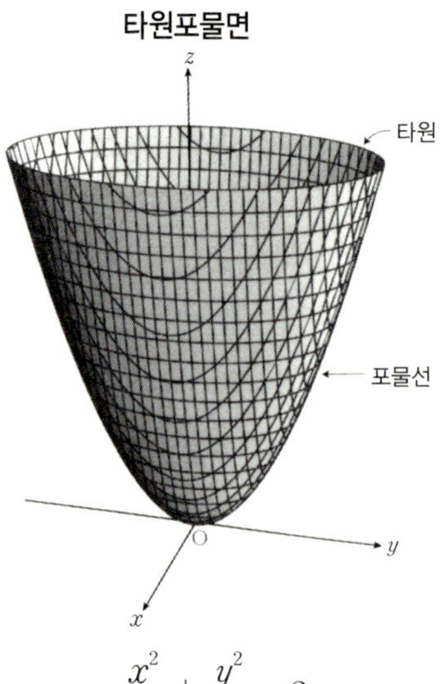

$$\frac{x^2}{a^2} + \frac{y^2}{b^2} = 2cz$$

쌍곡포물면

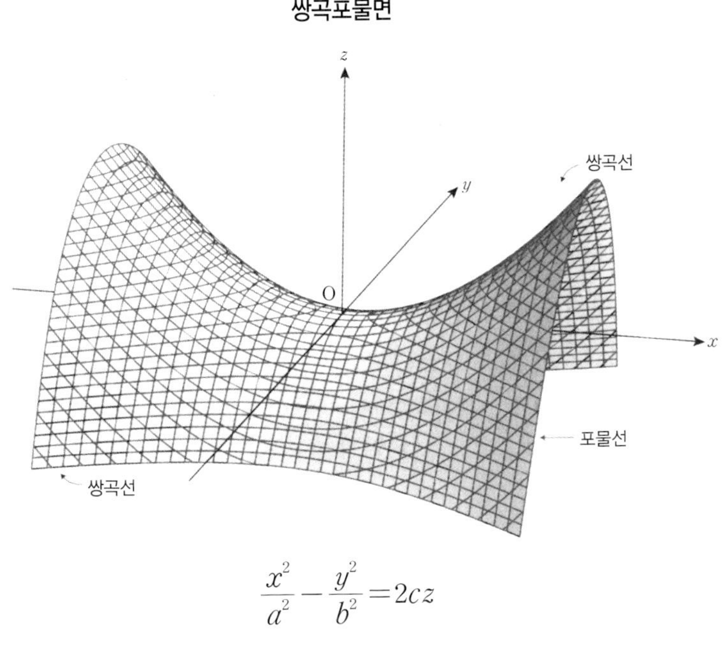

$$\frac{x^2}{a^2} - \frac{y^2}{b^2} = 2cz$$

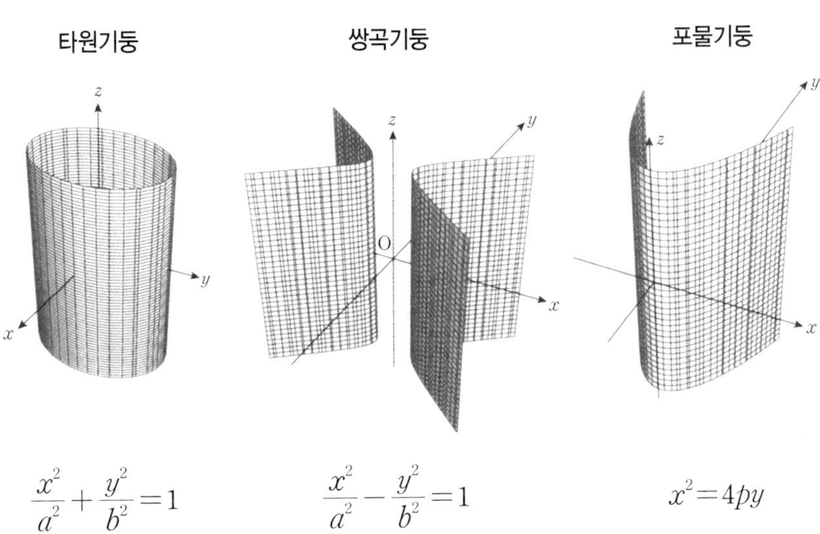

$$\frac{x^2}{a^2} + \frac{y^2}{b^2} = 1 \qquad \frac{x^2}{a^2} - \frac{y^2}{b^2} = 1 \qquad x^2 = 4py$$

13 여러 가지 좌표·극좌표

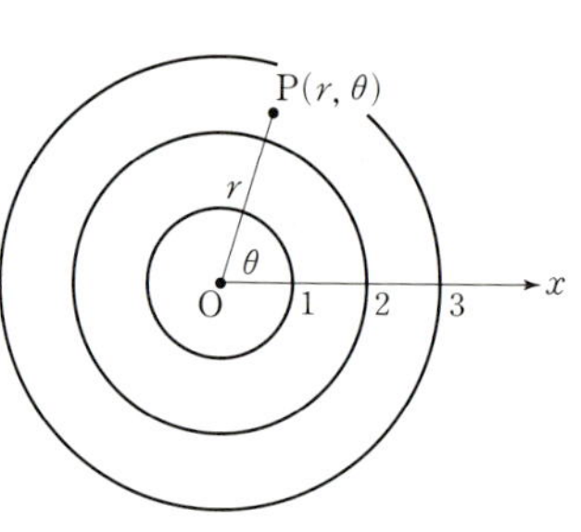

평면상의 점 P를 나타낼 때, 원점 O에서의 거리 r 및 시초선 OX에서의 회전각 θ를 사용해서 (r, θ)로 표시하는 방법이 있다. 북극이나 남극 부근의 경선, 위선의 모양과 비슷해서 O를 극이라고 하고, 이런 좌표를 극좌표라고 한다.

레이더의 화면처럼 동경 OP가 빙글빙글 돈다. 그때 θ의 각 값에 대해 OP$=r$이 $r=f(\theta)$의 식으로 정해진다고 하자. 즉 OP가 늘었다 줄었다 하면서 회전한다. 이런 곡선일 때는 극좌표로 나타내어야 편리하다.

대표적인 예가 나선이다. OP가 회전하면서 각 θ에 비례하여 r이 늘어난다면

$$r = a\theta \,(a\text{는 정수})$$

의 식이 생긴다. 모기향 모양의 곡선이다.

θ는 r과 비례하므로 그림처럼 1바퀴 돌 때마다 같은 길이만큼 멀어진다.

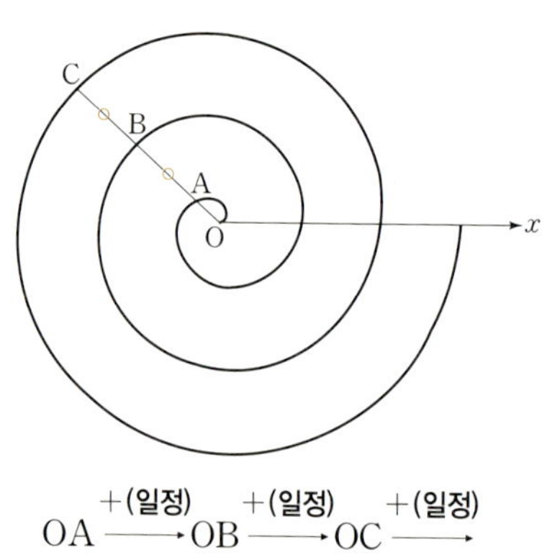

이 나선에 대해서는 고대 그리스의 아르키메데스가 다양하게 연구했기에 지금도 아르키메데스 나선이라고 부른다.

또 하나, 각 θ가 점점 커질 때 r이 θ의 지수함수

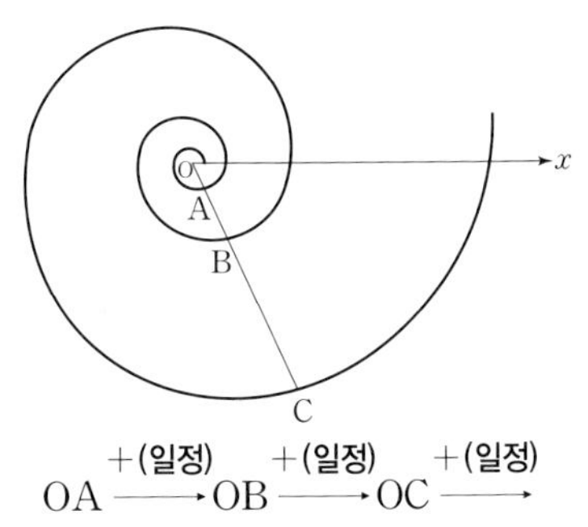

$$r = pa^{q\theta}$$

에 따라 커지는 나선이 유명한데 이를 대수나선이라고 한다. 아르키메데스의 나선은 1바퀴 돌 때마다 거리가 늘어나는데 일정한 값만큼 더해지지만(등차수열) 대수나선에서는 1바퀴 돌 때마다 일정한 배로(등비수열) 늘어난다. 대수나선의 곡선은 신기하게도 앵무조개의 단면과 일치한다.

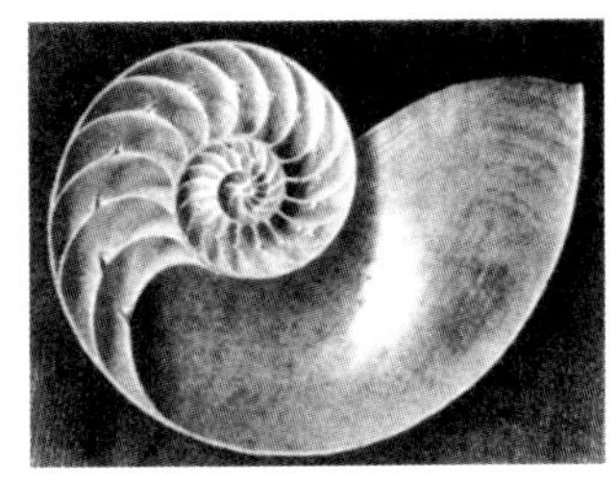
앵무조개의 단면

이외에 극좌표로 표시된 곡선의 예로 흔히 정엽형(正葉形 또는 데카르트의 엽선)이라는 나뭇잎 모양의 것을 2개 소개한다.

$$r = a \cos 3\theta$$

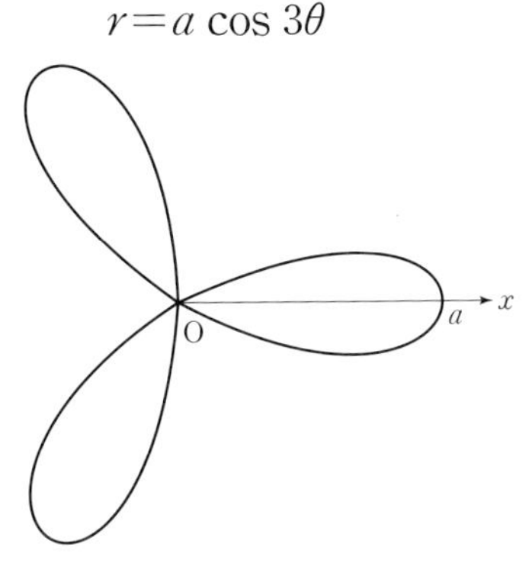

$$r = a \cos 2\theta$$

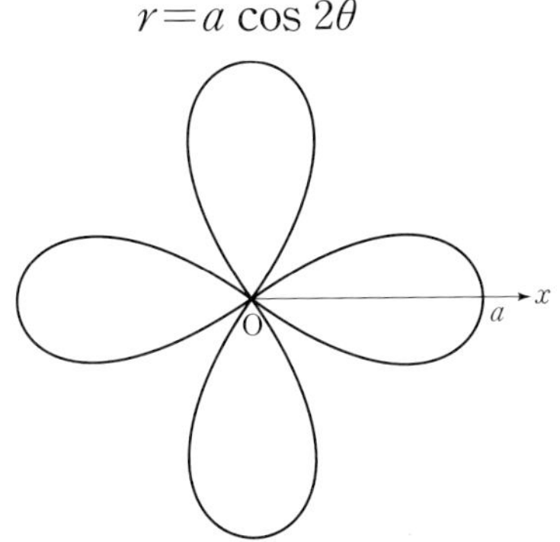

아울러 극좌표 (r, θ) 와 직교좌표 (x, y) 는

$$\begin{cases} x = r \cos \theta \\ y = r \sin \theta \end{cases} \quad \begin{cases} r = \sqrt{x^2 + y^2} \\ \tan \theta = \dfrac{y}{x} \end{cases}$$

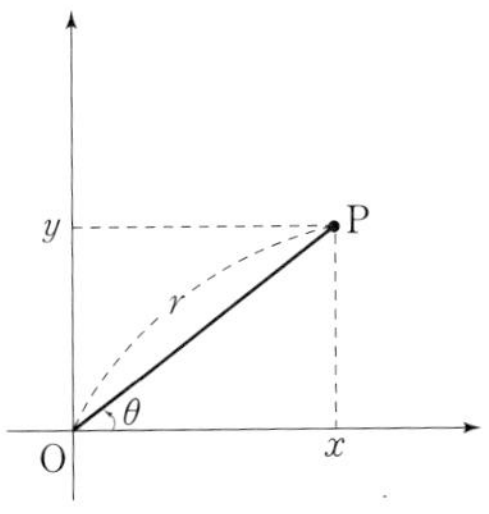

의 관계므로 서로 바꿔서 나타낼 수 있다.

14

좌표변환

도형을 평행 이동하거나 확대했을 때 그 식이 어떻게 변하는지 살펴보자.

포물선 $y=x^2$을 x축 방향으로 $+2$만큼 평행 이동했다고 하자. 그런데 포물선 쪽에서 좌표축을 바라보면, x축이 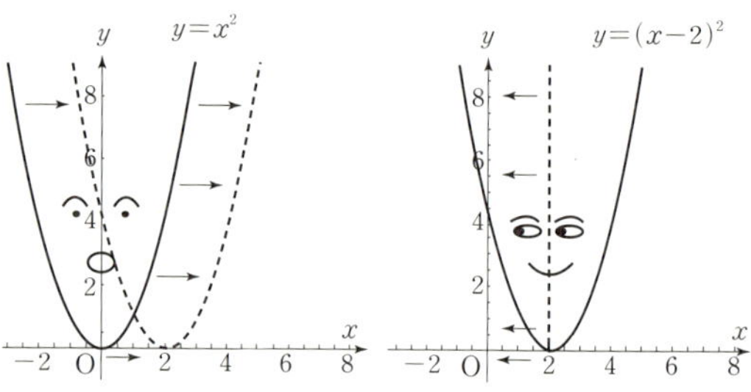 -2만큼 평행 이동한 것처럼 생각되므로 이 포물선의 식은 $y=(x-2)^2$으로 나타낸다.

계속해서 원 $x^2+y^2=1$을 2배로 확대했다고 하자. 이때도 원에서 좌표축을 보면 x축 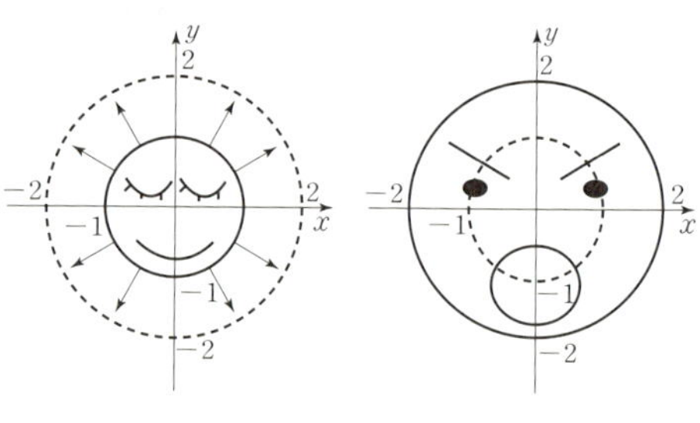 과 y축이 모두 $\dfrac{1}{2}$배로 축소된 것처럼 보인다.

잠든 사이 갑자기 몸이 커진 사람이 눈을 뜨고 자기 방의 물건이 모두 작아졌다고 느끼는 현상과 비슷하다. 이 원의 식은 다음과 같다.

$$\left(\frac{x}{2}\right)^2+\left(\frac{y}{2}\right)^2=1 \text{이므로 } x^2+y^2=4$$

이처럼 변환한 도형의 식을 구하려면 원래 도형의 식의 x, y 좌표에 반대의 변환을 했다고 생각하면 된다.

변환하기 전의 도형의 변수를 x, y, 변환한 후의 변수를 X, Y로 구별

하면 위의 변환은 이렇게 나타낼 수 있다.

$$\text{평행 이동}: x=\text{X}-2 \qquad \text{확대}: x=\frac{\text{X}}{2},\, y=\frac{\text{Y}}{2}$$

이것을 좌표변환식이라고 한다.

좌표변환의 개념을 알면 도형을 보는 새로운 시각이 생긴다.

포물선 $y=ax^2$은, a값에 따라 여러 가지 다른 형태로 변한다. 그러나 닮은꼴로 변환하는

$$x=\frac{\text{X}}{a},\, y=\frac{\text{Y}}{a}$$

로 변수변환하면

$$\frac{\text{Y}}{a}=a\left(\frac{\text{X}}{a}\right)^2,\ \text{즉}\ \text{Y}=\text{X}^2$$

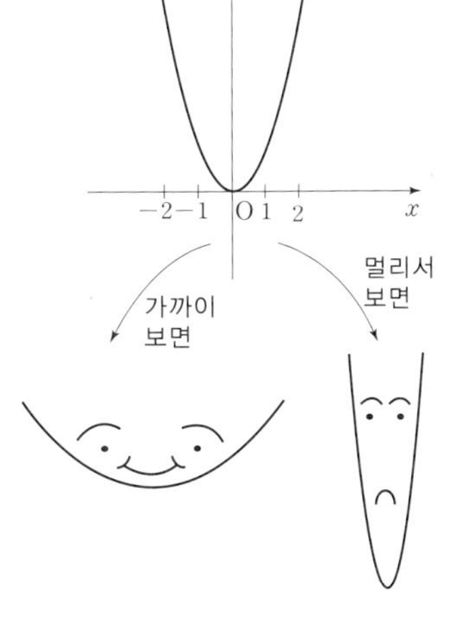

이것은 여러 가지 모양의 포물선은, 포물선 $y=x^2$을 가까이서 보거나 멀리서 보았을 때의 모습이라는 것을 의미한다.

타원 $\dfrac{x^2}{a^2}+\dfrac{y^2}{b^2}=1$도 a, b의 값에 따라 여러 가지 다른 모양이 된다. 그러나 아핀변환인

$$x=a\text{X},\, y=b\text{Y}$$

로 변수변환하면

$$\text{X}^2+\text{Y}^2=1$$

따라서 둥근 쟁반 모양의 원 하나면 다양한 타원형을 만들 수 있다.

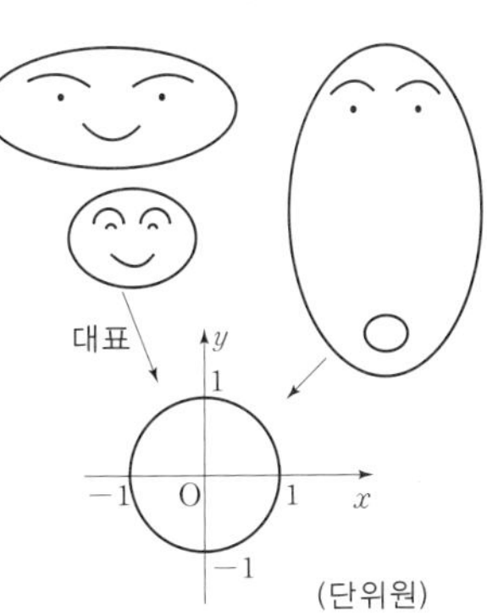

15

곡선과 곡률

평면상에 곡선이 있다고 하자.

커브의 크기, 즉 급커브인지 완만한 커브인지를 수량으로 나타내려면 어떻게 해야 할까?

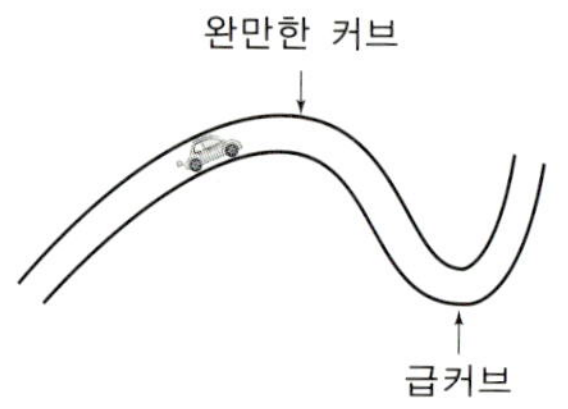

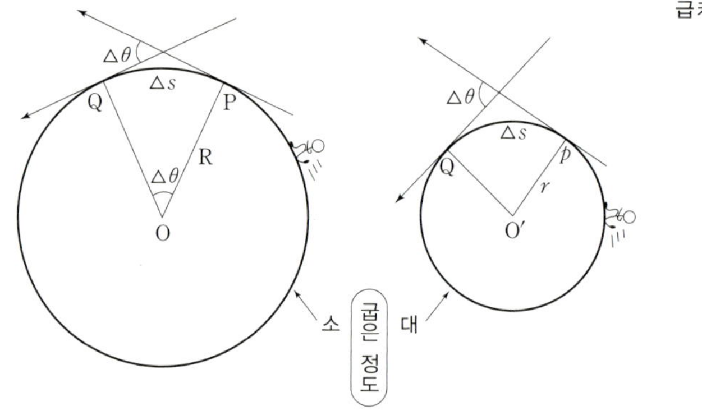

먼저 반지름이 다른 2개의 원 O, O′를 생각하자.

P에서 Q까지 길이 Δs만큼 전진했을 때 접선 방향이 얼마나 변했나($\Delta\theta$)를 조사하면 곡선의 굽은 정도를 알 수 있다. 곡선상에서 1만큼 전진했을 때의 방향각 변화를 구하기 위해 미분을 이용한 다음 식

$$k = \frac{d\theta}{ds} = \lim_{\Delta s \to 0} \frac{\Delta\theta}{\Delta s} \quad (\Delta s\text{를 0에 가깝게 했을 때 } \frac{\Delta\theta}{\Delta s}\text{가 근접해가는 수치})$$

를 곡률이라고 한다. 커브가 급할수록 곡률은 크다.

원의 경우 방향각의 변화 $\Delta\theta$와 $\angle POQ$가 같고, 원의 반지름을 R이라고 하면 호도법(라디안법)에 따른 각의 정의에 의해 $\Delta\theta = \frac{\Delta s}{R}$, 따라서

$$k = \lim_{\Delta s \to 0} \frac{\Delta\theta}{\Delta s} = \lim_{\Delta s \to 0} \frac{1}{R} = \frac{1}{R} \text{이다.}$$

즉 곡률은 반지름의 역수이기 때문에 원 O'가 반지름이 작으므로 곡률(휘어진 정도, 급은 정도)은 반대로 크다.

이번에는 평면상의 일반 곡선을 살펴보자.

이때 원과 달리 위치에 따라 굽은 정도가 변하는데, 어느 점 P의 곡률은 앞에 나온

$$곡률\ k = \lim_{\Delta s \to 0} \frac{\Delta \theta}{\Delta s} = \frac{d\theta}{ds}$$

를 그대로 사용하며 $\frac{1}{k}$ 을 점 P의 곡률반지름이라고 한다(P의 가장 좋은 상태의 접촉원을 만들었을 때 그 원의 반지름이라고 생각하면 된다).

실제로 곡률을 구하려면 미분 계산이 필요하며 특히 곡선이 $y = f(x)$로 주어진 때는

$$k = \frac{f''(x)}{\{1 + [f'(x)]^2\}^{\frac{3}{2}}}$$

인 것을 이끌어낼 수 있다.

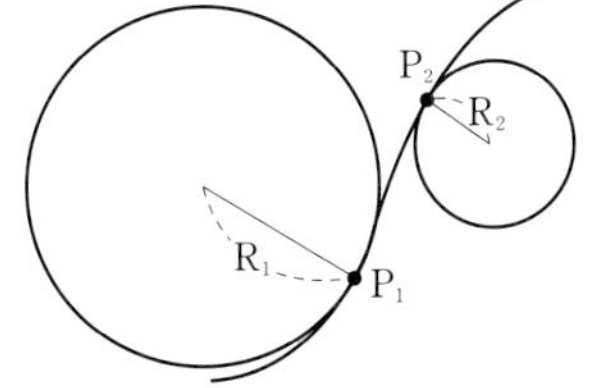

P_1의 곡률 $\dfrac{1}{R_1}$, P_2의 곡률 $\dfrac{1}{R_2}$

(부호까지 생각해서 $\dfrac{1}{R_2} < 0$으로 하기도 한다)

$(f'(x) = \tan \theta,\ \dfrac{d\theta}{ds} = \dfrac{d\theta}{dx} \cdot \dfrac{dx}{ds},\ \dfrac{dy}{dx} = \sqrt{1 + f'(x)^2}$ 등 미분법의 여러 공식을 사용한다)

그리고 공간의 곡선(예를 들어 '멋지게 허공을 가르는 홈런 공의 자취'처럼 평면상에는 없는 곡선)도 그 곡선에 접촉하는 평면에서 마찬가지로 곡률을 계산한다. 단, 접촉하는 평면이 $\Delta \alpha$만큼 기울 때 $\lim\limits_{\Delta s \to 0} \dfrac{\Delta \alpha}{\Delta s}$ 를 열률이라고 하며 곡선의 '굽은 정도'를 나타내는 양으로 사용한다. 예를 들어 용수철처럼 생긴 줄은 곡률도 열률도 일정하다.

16

곡면론

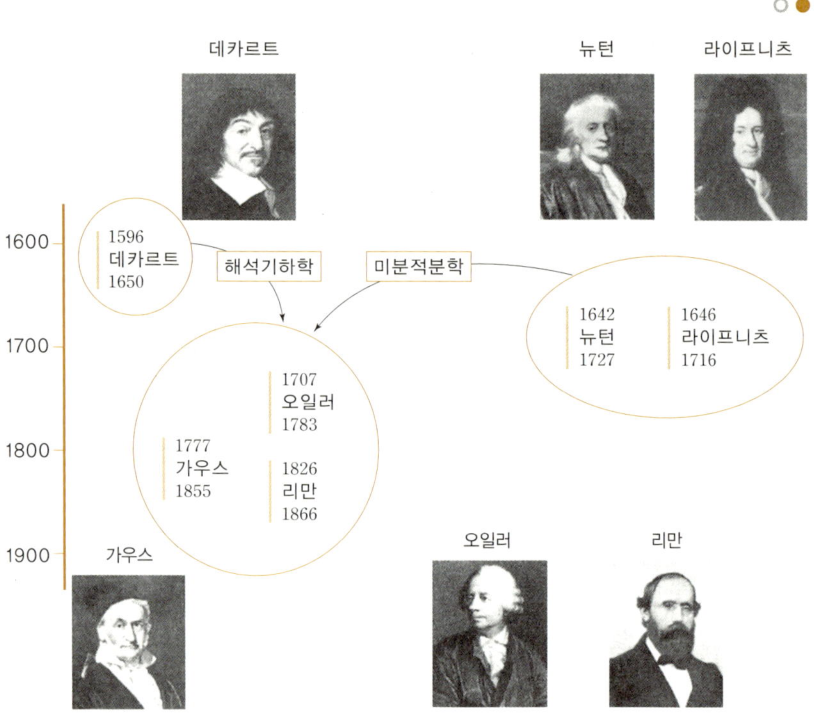

17세기 전반에 데카르트가 제기한 해석기하학은 기하학적 도형을 식으로 표현할 수 있게 했다. 그 후 17세기 후반에 뉴턴과 라이프니츠는 함수 변화를 해석하는 미분적분학을 구축했다. 이렇게 해서 2가지 재료가 갖춰지고 레일이 깔렸다. 18~19세기에 그 레일 위를 달린 것은 오일러, 가우스, 리만 등 수학 역사상 길이 빛날 천재들이었다.

원래 3차원인 유클리드 공간의 곡면은 어떤 식으로 나타낼 수 있을까? 바로 머릿속에 떠오르는 구면의 경우 $x^2+y^2+z^2=a^2$

으로 나타내거나 그림처럼 두 각을 매개변수로 사용해서

$$\begin{cases} x = \sin u \cos v \\ y = \sin u \sin v \\ z = \cos u \end{cases}$$

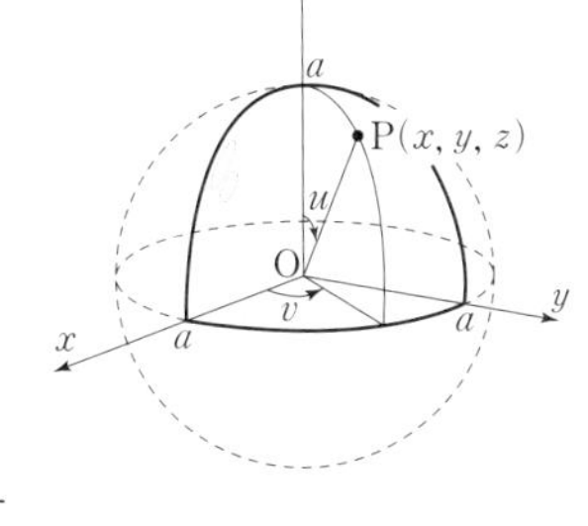

로 나타낼 수도 있다. 후자처럼 곡면을

$$x = x(u, v),\ y = y(u, v),\ z = z(u, v)$$

로 두 변수 u, v가 들어가는 3개의 함수로 나타

내는 방법을 '가우스의 파라미터 표시'라고 한다. 그리고 곡면상의 곡선

(아래 그림의 P″ Q″)을 생각하려면 또 하나의 파라미터(t)가 필요하며

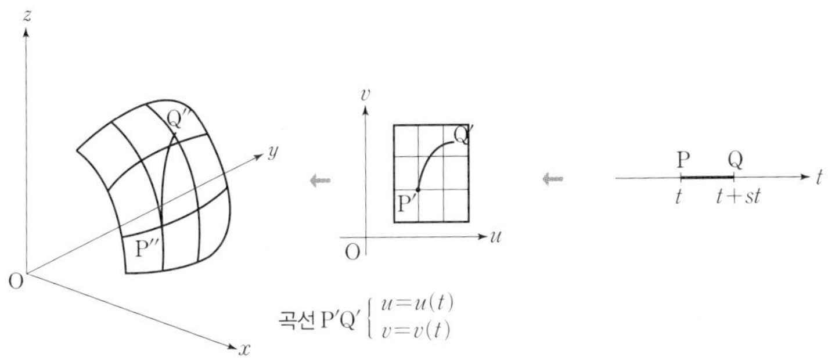

곡선 P′Q′ $\begin{cases} u = u(t) \\ v = v(t) \end{cases}$

$$x = x[u(t),\ v(t)],\ y = y[u(t),\ v(t)],\ z = z[u(t),\ v(t)]$$

의 형태로 나타낼 수 있다. 이 곡선 P″의 접선 벡터인 x, y, z 성분은 아래

왼쪽과 같다. 이는 2변수함수의 미분과 합성함수의 미분 그리고 다가함수

인데, 복잡하므로 자세한 설명은 생략한다. 그러나 이것이 이른바 미분기

$$\begin{cases} \dfrac{dx}{dt} = \dfrac{\partial x}{\partial u}\dfrac{du}{dt} + \dfrac{\partial x}{\partial v}\dfrac{dv}{dt} \\[2mm] \dfrac{dy}{dt} = \dfrac{\partial y}{\partial u}\dfrac{du}{dt} + \dfrac{\partial y}{\partial v}\dfrac{dv}{dt} \\[2mm] \dfrac{dz}{dt} = \dfrac{\partial z}{\partial u}\dfrac{du}{dt} + \dfrac{\partial z}{\partial v}\dfrac{dv}{dt} \end{cases}$$

하학의 곡면론을 전개해나가는 출발점이 되었다. 그 성과를 바탕으로 리만은 곡면을 n 차원 다양체로 끌어올려 이후 기하학 발전의 전환점을 구축했다. 훗날 아인슈타인은 일반 상대성 이론에서 이 '다양체 기하학' (리만기하학)을 활용했다.

리만(1826~1866)은 독일 시골 출신의 수학자다. 그는 성직자인 아버지의 뒤를 이으려고 괴팅겐 대학에 입학했으나 그곳에서 가우스에게 수학을 배운 것이 계기가 되어 베를린 대학에 유학한다. 그리고 야코비와 디리클레의 강의를 듣고 마침내 수학을 전공하게 된다.

그는 수학뿐만 아니라 물리학에도 많은 영향을 미쳤다. '만년의 가우스를 감탄시킬' 만큼 깊이 있는 연구를 했으나 안타깝게도 40세 생일 직전에 생을 마감했다. 짧은 생애였지만 그가 남긴 수많은 업적은 오늘날까지 꾸준히 높은 평가를 받고 있으며, 현대 수학에도 큰 영향을 미쳤다.

그의 업적 중 알기 쉬운 것으로 '리만형 비유클리드 공간'의 제시를 들 수 있다. 이것은 '평행선이 존재하지 않는' 세계로, 구면상의 대원(구면의 중심을 포함하는 평면으로 자른 절단면 — 구면에서 지름이 최대인 원)을 '직선'으로 본 기하학이라고 생각하면 된다. 단, 이 경우 '두 점을 지나는 직선은 단 1개뿐'이라는 성질도 성립하지 않는다. 지구 위에서 생각하면 '북극과 남극을 지나는 직선은 무수' 하기 때문이다. 이 이론을 보완하려면 '북극과 남극(처럼 정반대 쪽에 위치하는 두 점)은 동일점으로 본다'는 사영기하학의 개념이 필요하다.

이외에 소수의 개수에 관련된 '리만 가설'이 유명한데 이는 지금도 해결되지 않은 상태다. 로맨티스트인 힐베르트는 "만약 내가 1000년 후에 눈을 뜨게 된다면 맨 먼저 리만 가설이 풀렸는지 물을 것이다"라는 말을 남겼다.

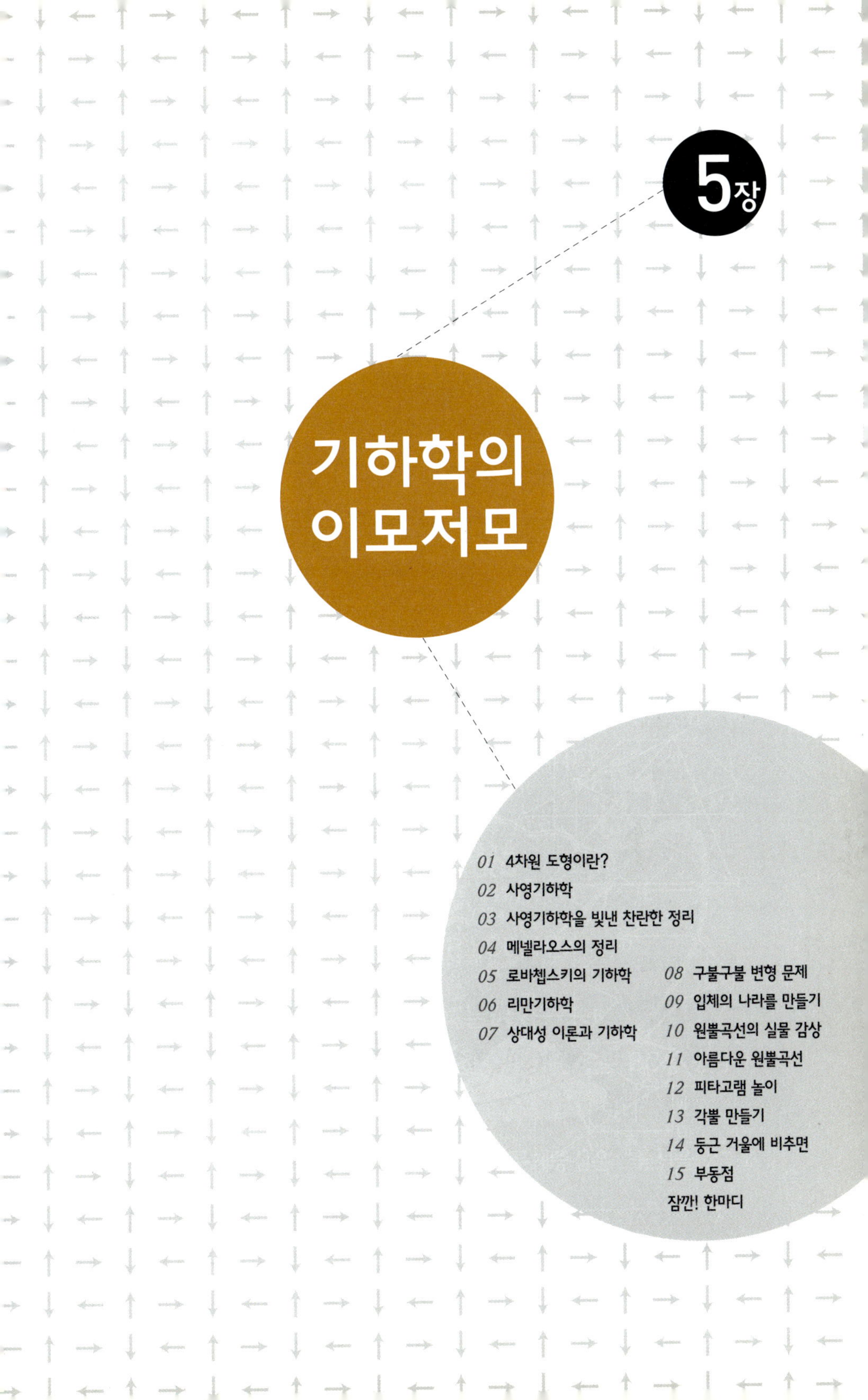

기하학의 이모저모

 학문이다. 어떤 공상도 다 허용되기 때문에 '일그러진 공간'이나 '거리와 형태가 정해지지 않은 도형'도 연구 대상이다. 비유클리드 기하학은 전자에 해당되는데 이것이 현실의 우주 공간과 연관을 갖게 되었으니 흥미로운 일이다. 후자의 구체적인 예로는 위상기하학의 '그래프'를 들 수 있다.

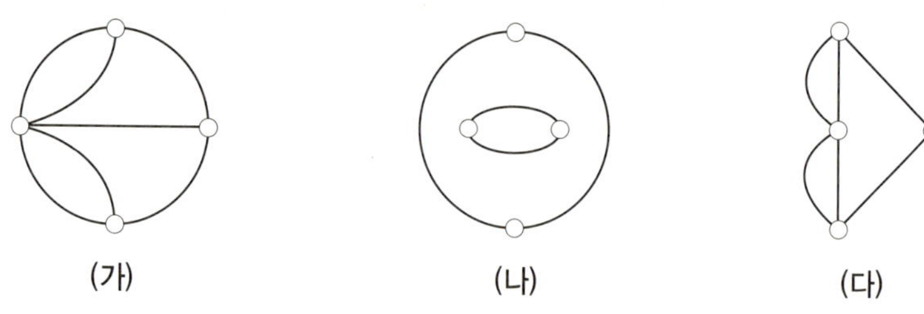

(가)   (나)   (다)

여기서 말하는 그래프는 위의 그림처럼 몇 개의 점과 그 점들을 연결한 선으로 이루어진 도형을 말한다. 단, 선의 길이와 형태는 무시하고 '연결된 모양'이 같으면 '같은 그래프'로 본다. 그래서 그림 (가)와 그림 (다)는 같은 그래프다.

이런 그래프는 철도 노선도를 그릴 때 편리하다. 선로의 형태나 길이보다 '어디서 갈아타면 좋은가'(어떻게 연결되는가)가 중요하기 때문이다. 그리고 '한붓 그리기' 문제를 표현할 때도 좋다. 실제로 오일러는 '쾨니히스베르크의 다리'의 상호관계를 나타낼 때 (가)와 같은 그림을 그려서 위상기하학의 선구자가 되었다.

'한붓 그리기'를 하려면 문제의 그래프가 연결(위 그림의 (가), (다)는 연결이고 (나)는 연결이 아님)되어 있고 '홀수 개의 선이 모인 점이 2개 이하'인 것이 필요충분조건이다. 여기에 대해서는 많은 책에 '오일러의

정리'라고 되어 있지만 사실 오일러는 필요성만 지적했을 뿐, 충분성은 훨씬 뒤에 증명되었다.

평면 또는 곡면상에 선이 교차하지 않게 그린 그래프에 대한 '오일러의 지표'도 재미있다. 점의 개수를 p, 선의 개수를 q, 선으로 둘러싸인 영역의 개수를 r라고 하면

1) 평면상의 유한 그래프에서는　　　$p-q+r=1$

2) 구면 전체를 덮는 그래프에서는　　$p-q+r=2$

3) 도넛 면 전체를 덮는 그래프에서는　$p-q+r=0$

여기서 우리는 $(p-q+r)$가 곡면의 성질을 특징짓는 중요한 지표라는 것을 알 수 있다.

2)는 3장(121페이지)에서 직접 증명했지만, 1)을 먼저 증명해두자면 위상기하학의 특징을 잘 나타낸 다음과 같은 증명도 가능하다. 고무막으로 이루어진 구면의 한쪽 영역을 펼쳐서 납작하게 만든다. 그러면 평면상의 그래프가 보이는데, 1)에 해당하는 $p-q+r=1$ 같지만 뒤에 또 하나의 면이 가려져 있으므로 사실은 $p-q+r=2$다!

4차원 도형이란?

1차원 공간은 선 위의 세계, 2차원 공간은 면의 세계, 3차원 공간은 입체 속의 세계다.

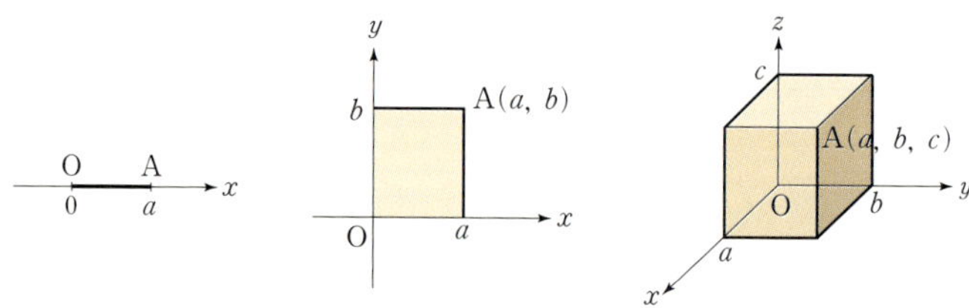

점의 위치는 1차원에서는 1개의 좌표, 2차원에서는 2개의 좌표, 3차원에서는 3개의 좌표로 나타낸다. 그리고 4차원 공간에서는 4개의 좌표로 나타내는데 이 네 번째 좌표는 무엇을 의미할까?

3차원 공간의 3개의 좌표는 전후, 좌우, 상하의 움직임을 나타낸다. 이것과 독립된 또 하나의 움직임으로 과거와 미래의 시간에 따른 움직임이 있다.

이것을 네 번째 좌표로 삼는 것이 4차원 공간이다. 이 '시공간'의 점의 좌표는

$$(x, y, z, t)$$

로 공간의 위치를 나타내는 3개의 수와 시각을 나타내는 1개의 수로 이루어진 수의 짝이다.

일반적인 4차원 공간의 점의 좌표는

$$(x, y, z, w)$$

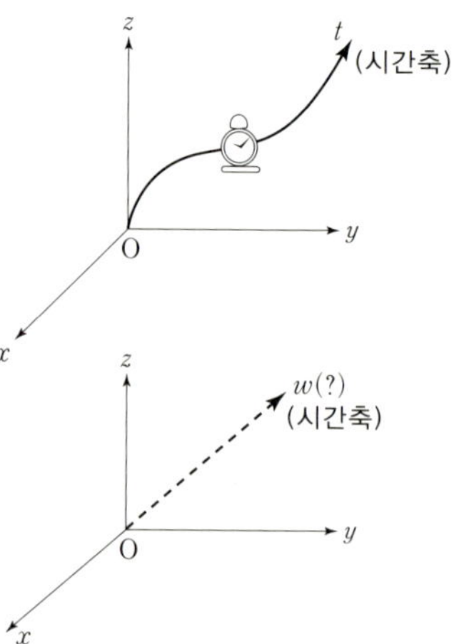

로 모든 좌표가 동격이어야 한다. 이런 공간의 도형을 생각할 수 있을까? x, y, z와 독립된 w축을 생각하기는 매우 어렵다. 그러므로 w축을 시간축으로 본 3차원 공간의 이미지를 토대로 4차원의 도형을 생각해보기로 하자.

먼저 직육면체를 떠올리자. 직육면체가 일정한 크기로 축소되기까지 시간적인 움직임을 도형으로 나타낸다.

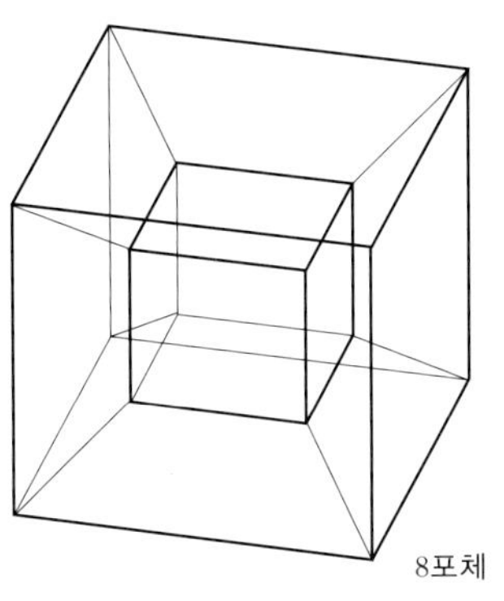

8포체

꼭짓점이 움직여서 변이 되고 변이 움직여서 면이 되고 면이 움직여서 입체(경계다면체)가 되어 그림과 같은 기묘한 입체가 생긴다. 이것이 4차원의 직육면체(초입체)인 8포체의 도면이다.

이 초입체의 꼭짓점의 수 N_0, 변의 수 N_1, 면의 수 N_2, 경계다면체의 수 N_3를 세면 다음과 같다.

$$N_0=16, \ N_1=32, \ N_2=24, \ N_3=8$$

〈주〉 N_3는 발판을 이루는 입체 6개와 안팎의 직육면체 2개로 총 8개이다.

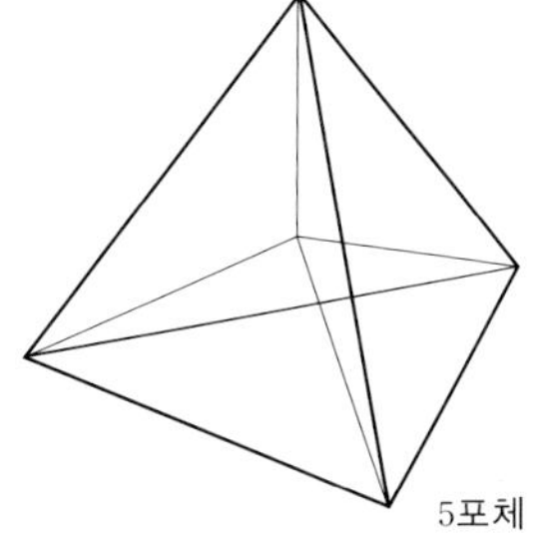

5포체

옆의 그림은 위와 마찬가지로 사면체의 꼭짓점을 일제히 한 점으로 축소한 것이다. 이것은 4차원의 초입체인 5포체의 도면이다.

이 경우 $N_0=5, \ N_1=10, \ N_2=10, \ N_3=5$

인데, 4차원의 초입체에 대하여는 오일러의 다면체 공식과 비슷한 슈라플리(Ludwig Schlafli, 1814~1894, 스위스 수학자)의 4차원 공식

$$N_0-N_1+N_2-N_3=0$$

이 성립한다.

02 사영기하학

원래 평행한 직선도 캔버스 위에 그려놓으면 보통 평행하지 않다.

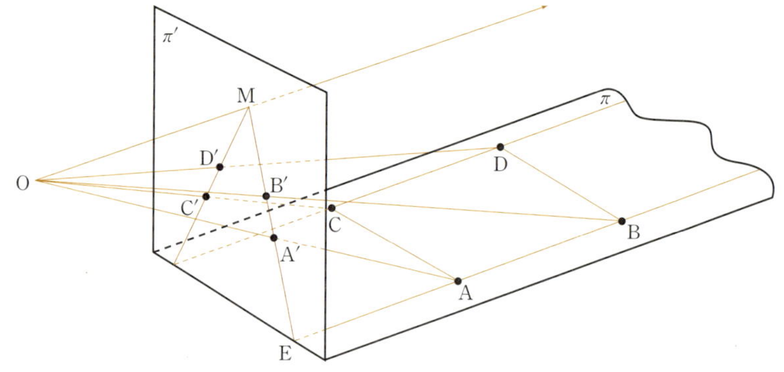

시점을 O라고 하고 평면 π상의 평행선 AB, CD가 캔버스의 평면 π'상에 A′B′, C′D′로 사영했을 때 A′B′와 C′D′는 분명 평행선이 되지 않는다. 점 O를 중심으로 π상의 점과 도형이 π'상에 사영되는 원리는 무엇일까? 이런 의문을 가지고 르네상스 시대의 예술가 레오나르도 다빈치 (1452~1519)와 알브레히트 뒤러(1471~1528)는 적극적으로 원근법과 투시화법을 연구했다. 그리고 데자르그(1593~1662)와 파스칼 (1623~1662)은 이 의문을 수학적으로 해결하는 데 필수적인 재료(다음 페이지의 정리)를 제공했다. 한편 19세기를 풍미한 눈부신 사영기하학의 체계를 세운 것은 프랑스의 수학자 퐁슬레(1788~1867)다.

사영기하학에서는 옆 페이지의 그림처럼 임의의 점 O를 중심으로 평면 π에서 다른 평면 π'로 사영하여 다양한 정리를 증명한다. 기본이 되는 몇 가지 정리를 예로 들어보자.

1. 직선은 직선으로 사영된다(단, 무한히 계속되는 직선이 유한한 직선으로 비치는 경우는 있다).

2. 두 직선의 교점은 사영된 두 직선의 교점으로 보인다.

3. 평행선은 반드시 평행선으로 사영되지는 않는다.

4. 직선상의 두 길이의 비는 보증되지 않는다(앞 페이지에서 $EA=AB$인데 $EA'\neq A'B'$). 일반적으로 직선상의 네 점 A, B, C, D에 대해 연비

$$\frac{CA}{CB}\Big/\frac{DA}{DB}$$

는 보존된다.

$$CA : CB = \triangle OCA : \triangle OCB$$

$$= \frac{1}{2}OC\cdot OA\ \sin\angle AOC : \frac{1}{2}OC\cdot OB\ \sin\angle BOC$$

이므로 위의 비는

$$\frac{\sin\angle COA}{\sin\angle COB}\Big/\frac{\sin\angle DOA}{\sin\angle DOB}$$

로 나타낼 수 있으며, A′, B′, C′, C′의 연비도 같아진다.

5. 앞 페이지 그림의 점 M에 대응하는 π상의 점으로 '무한원점'이 존재한다고 가정한다. 그러면 평행선을 포함해서 평면상의 모든 두 직선은 반드시 한 점에서 교차한다.

6. '두 점을 지나는 직선'에 '두 직선의 교점'을 대응하면, 전자에 관한 정리가 성립하면 후자의 정리도 자동적으로 성립하는 쌍대원리가 작용한다.

03 사영기하학을 빛낸 찬란한 정리

19세기 영국의 수학자 케일리(1821~1895)는 당시 사영기하학의 찬란한 연구를 보고 '사영기하학은 기하학의 전부'라고 말했다고 한다. 그러나 모든 일에는 흥망성쇠가 있기 마련이다. 20세기가 되자 사영기하학의 열기가 식고 위상기하학과 리만기하학이 기하학의 중심을 이루게 된다.

사영기하학의 정리 중에는 훌륭한 것이 많은데 그중 3가지를 소개한다. 이 정리들은 사영기하학 중에서 증명하기 쉬운 편에 속하지만 사영기하학의 체계 자체가 워낙 복잡해서 쉽게 느껴지지 않을 것이다. 그렇다고 유클리드기하학으로 증명하기에도 어려운 점이 있다. 기회가 되면 꼭 도전해보기 바란다.

● 데자르그의 정리

[데자르그(1593~1662), 프랑스의 건축 기사이자 수학자]

$\triangle ABC$, $\triangle A'B'C'$가 있고 AA', BB', CC'가 한 O점에서 교차한다고 하자.

AB와 A'B'의 교점을 P, BC와 B'C'의 교점을 Q, CA와 C'A'의 교점을 R라고 했을 때 세 점 P, Q, R은 일직선상에 있다.

역으로도 성립한다.

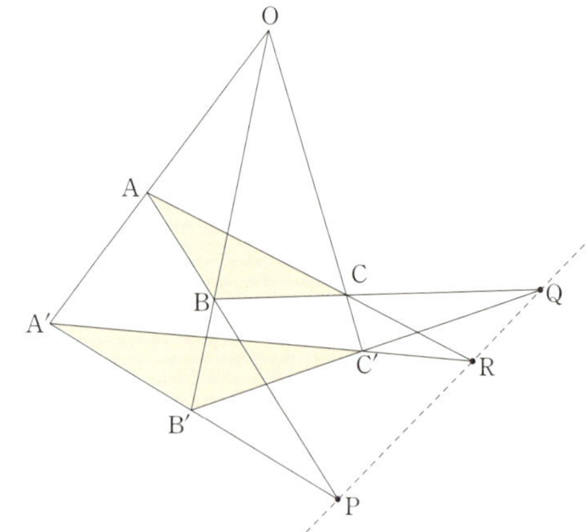

● 파스칼의 정리

[파스칼(1623~1662), 프랑스의 수학자]

A, B, …, F가 원뿔곡
선상의 점이라고 하자.

AB와 DE의 교점을 P,
BC와 EF의 교점을 Q,
CD와 FA의 교점을 R라
고 했을 때 세 점 P, Q, R
은 일직선상에 있다.

역으로도 성립한다.

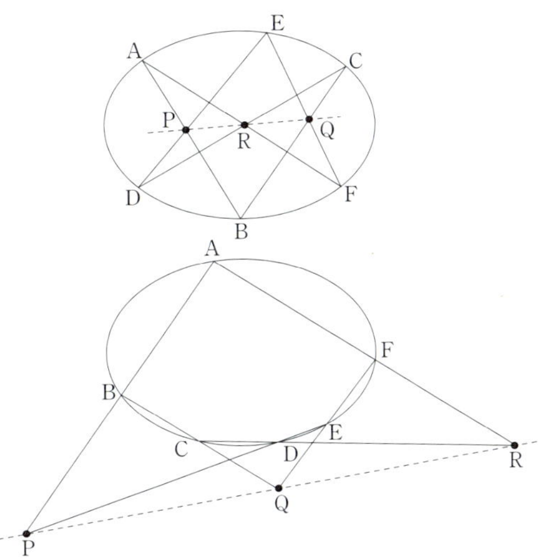

● 브리앙송의 정리

[브리앙송(1785~1864), 프랑스의 수학자]

l_1, l_2, …, l_6가 원뿔곡선에 접해 있다고 하자.

l_1과 l_2의 교점을 A, l_2와 l_3의 교점을
B, …, l_6와 l_1의 교점을 F라고 했을 때 세
직선 AD, BE, CF는 한 점에서 교차한다.

역으로도 성립한다.

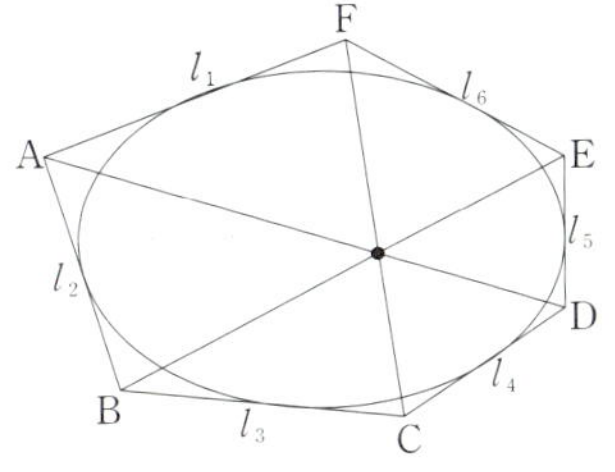

〈주〉 파스칼의 정리에서 점을 접선으로 바꾸어 '두 점을 잇는 직선'과 '두 직선의 교점'을 교
체하고, 결론인 '세 점은 동일직선상'을 '세 직선이 한 점에서 교차한다'로 바꾸면 브리
앙송의 정리가 된다. 앞에 나온 '쌍대원리'의 한 예다.

메넬라오스의 정리

유클리드기하학에서 사영기하학에 이르기까지 많은 수학자가 독특한 정리를 발견했다. 몇 가지를 소개한다. 100년경 알렉산드리아의 메넬라오스는 저서 《구면학》에서 그의 이름을 딴 정리를 발표했다.

● **메넬라오스의 정리**

직선 l과 $\triangle ABC$의 변 AB, BC, CA 또는 그 연장선과의 교점을 P, Q, R라고 하면

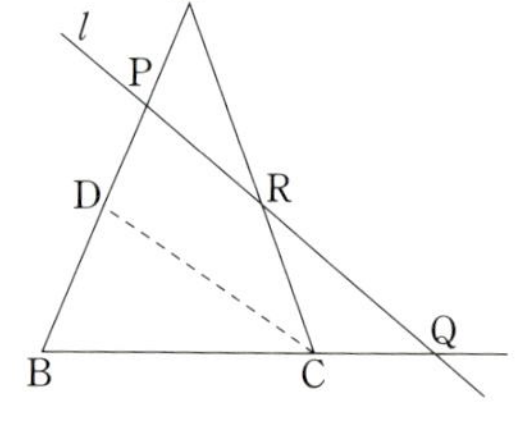

$$\frac{AP}{PB} \cdot \frac{BQ}{QC} \cdot \frac{CR}{RA} = 1 \quad \cdots \text{①}$$

이는 다음과 같이 증명할 수 있다.

점 C에서 직선 l에 평행선을 긋고 AB와의 교점을 D라고 하면

$$\frac{BQ}{QC} = \frac{BP}{PD}, \ \frac{CR}{RA} = \frac{DP}{PA} \ \text{따라서} \ \frac{AP}{PB} \cdot \frac{BQ}{QC} \cdot \frac{CR}{RA} = \frac{AP}{BP} \cdot \frac{BP}{PD} \cdot \frac{DP}{PA} = 1$$

이 정리의 역도 성립하다. 즉 세 변 AB, BC, CA 또는 그 연장선상에 점 P, Q, R를 찍었을 때 ①를 만족시키면 P, Q, R는 일직선상에 있다.

메넬라오스는 이 정리를 구면상의 도형으로 확장했다.

● **구면 위의 메넬라오스의 정리**

구면에서 대원호 AB, BC, CA로 이루어진 삼각형 ABC와 대원 l이 그림처럼 P, Q, R에서 교차할 때 구의 중심을 O라고 하면

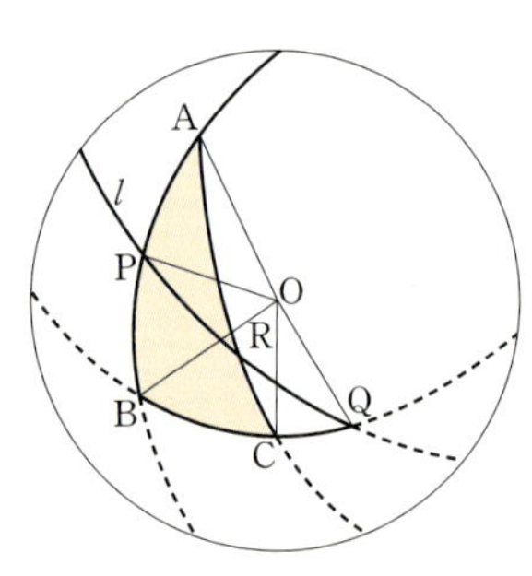

$$\frac{\sin\angle\mathrm{AOP}}{\sin\angle\mathrm{POB}}\cdot\frac{\sin\angle\mathrm{BOQ}}{\sin\angle\mathrm{QOC}}\cdot\frac{\sin\angle\mathrm{COR}}{\sin\angle\mathrm{ROA}}=1$$

한편 300년경 알렉산드리아의 파푸스는 저서 《집성》에서 그의 이름을 길이 남길 정리를 내놓았다.

● 파푸스의 정리

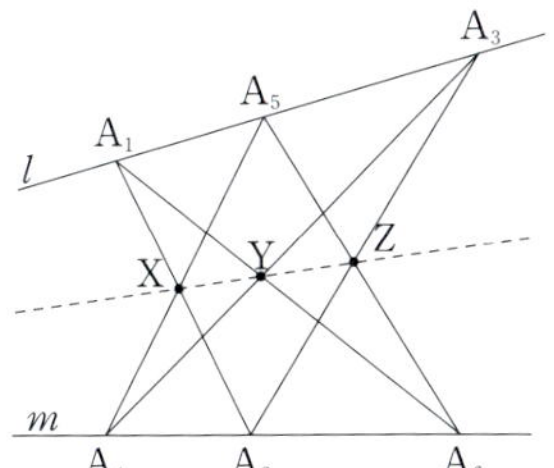

직선 l상에 세 점 $\mathrm{A_1}$, $\mathrm{A_3}$, $\mathrm{A_5}$, 직선 m상에 세 점 $\mathrm{A_2}$, $\mathrm{A_4}$, $\mathrm{A_6}$가 있다.

$\mathrm{A_1A_2}$와 $\mathrm{A_4A_5}$, $\mathrm{A_1A_6}$과 $\mathrm{A_3A_4}$, $\mathrm{A_2A_3}$와 $\mathrm{A_5A_6}$의 교점을 각각 X, Y, Z라고 한다.

이때 점 X, Y, Z는 일직선상에 있다.

이 정리는 메넬라오스의 정리를 이용해서 증명할 수 있다(앞에 나온 파스칼의 정리는 파푸스의 정리를 일반화한 것이다).

17세기가 되자 이탈리아의 체바는 응용의 폭이 매우 넓은 정리를 발견했다.

● 체바의 정리

△ABC의 내부 또는 외부에 점 O를 찍고 직선 CO, AO, BO와 변 AB, BC, CA 또는 그 연장과의 교점을 각각 P, Q, R라고 하면

$$\frac{\mathrm{AP}}{\mathrm{PB}}\cdot\frac{\mathrm{BQ}}{\mathrm{QC}}\cdot\frac{\mathrm{CR}}{\mathrm{RA}}=1 \quad\cdots②$$

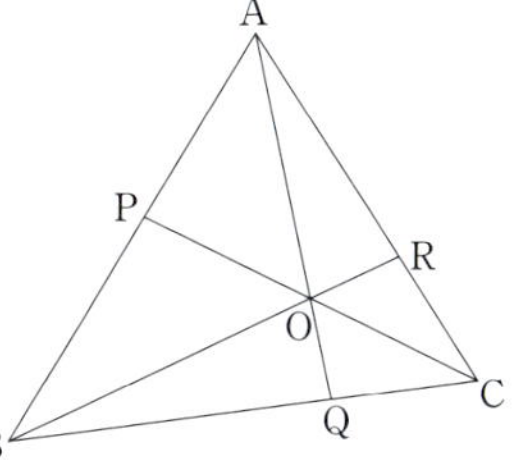

반대로 세 변 또는 연장선상에 P, Q, R를 찍었을 때 ②가 성립하면 CP, AQ, BR는 한 점에서 교차한다.

이 정리도 메넬라오스의 정리를 이용해서 증명할 수 있다.

이외에도 메넬라오스가 개척한 길은 끝없이 계속되고 있다.

로바쳅스키의 기하학

유클리드기하학의 평행선 공리는 '어느 직선과 그 위에 있지 않은 점이 있을 때 그 점을 지나는 직선과 평행인 직선은 한 개뿐이다'라고 주장한다.

이 공리는 아주 오랫동안 절대적인 진리로 여겨졌으나 19세기가 되자 이 공리를 부정해도 논리적으로 모순되지 않은 기하학의 체계를 세

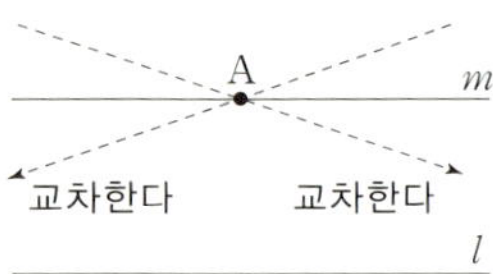

울 수 있다고 생각하게 되었다. 그러다 1830년경 드디어 러시아의 로바쳅스키와 헝가리의 보여이가 그런 기하학의 체계를 발표하여 후세에 큰 영향을 미쳤다. 비유클리드기하학이 탄생한 것이다.

로바쳅스키기하학은 유클리드기하학과 다른 신기한 성질이 있는데 푸앵카레의 반평면 모델을 생각하면 이해하기 쉽다.

이것은 말하자면 외국어 통역과 비슷하다. 로바쳅스키기하학에서 말하는 점은 모델에서는 기선 L보다 위쪽에 있는 반평면상의 점으로 번역된다.

마찬가지로 직선은 모델에서는 기선과 직교하는 원이지만 직선으로 번역된다. 그리고 각 θ는 원과 직선에 의해 생기는 각 θ로 변역된다(단, 두 원의 각은 교점의 접선각이라고 생각한다).

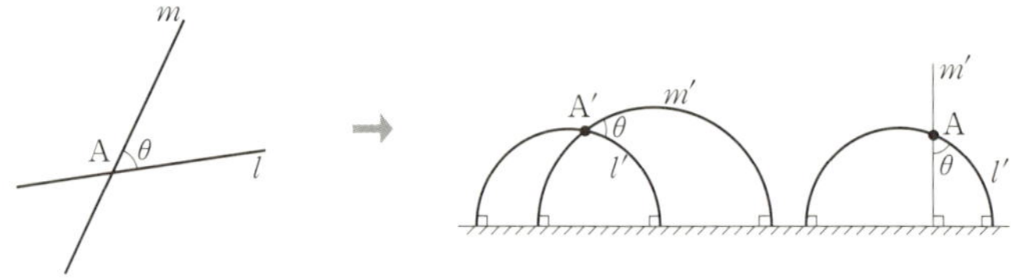

그러면 직선 l(사실은 반원)과 그 위에 있지 않은 점 A가 있을 때 'A를 지나며 l과 교차하지 않는 직선(반원)'은 무수히 그릴 수 있다. 이것이 로바첵스키의 공간이다.

〈주〉 이 책에서는 '교차하지 않는 두 직선'을 모두 '평행'이라고 했지만 로바첵스키는 '두 직선(반원)이 L에서 만나는' 경우만 평행이라고 하고, 그 외에 (완전히 떨어져 있어서) '교차하지 않는' 경우는 '초평행'이라고 했다. 그러면 'A를 지나고 l과 평행인 직선(반원)은 항상 2개'가 되는데 이것이 로바첵스키의 평행선 공리다.

로바첵스키기하학의 중요한 정리인 '삼각형의 내각의 합은 180°보다 작다'를 특수한 경우를 예를 들어 설명해보자.

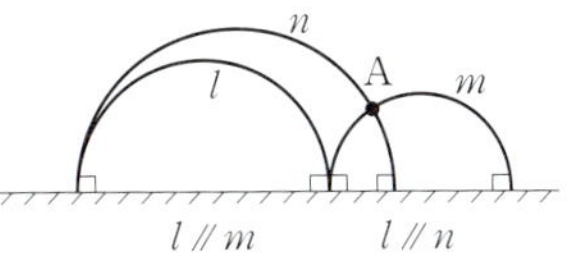

여기서는 한 변 BC가 점 M에서 기선 L과 직교하는 직선의 일부이며, 반원(의 일부) CA가 BC와 거의 직교하는 직각삼각형 ABC에 대해 생각하자. 점 A에서

$AM \perp b$, $AN \perp c$이므로

$\angle A = \angle MAN$

점 B에서 $BN \perp c$이므로

$\angle B = \angle BNM$

선분 BN을 지름으로 원 q를 그리면 점 A는 원 q밖에 있다. 따라서

$\angle A < \angle MBN$이므로

$\angle A + \angle B + \angle C < \angle MBN + \angle BNM + \angle BMN = 180°$

라고 할 수 있다.

06 리만기하학

로바쳅스키의 비유클리드기하학은 '한 점을 지나며 어느 직선과 교차하지 않는 직선을 얼마든지 그릴 수 있다'는 공리를 채용한 것이었다.

반대로 '한 점을 지나고 어느 직선과 교차하지 않는 직선은 없다'는 공리를 갖는 비유클리드기하학을 구성할 수 있다. 이 기하학의 모델을 지도 투영법의 일종인 중심사영을 사용해서 만들어보자.

반지름이 R인 구면을 '평면의 세계'라고 생각하고 그 위의 점을 생각한다. 두 점 P, Q 간의 최단 거리는 구의 중심인 O와 두 점 P, Q를 지나는 평면으로 구를 자른 절단면, 이른바 '대원'이다. 그 대원을 이 세계에서는 '직선'이라 생각한다. 그러면 어떤 두 직선(대원)도 반드시 두 점에서 교차하므로 평행선은 존재하지 않는다.

그런데, 이렇게 되면 '두 점을 지나는 직선은 하나뿐이다'라는 성질이 성립하지 않아 허술한 기하학이 되어버린다. 그래서 '중심사영' 즉 '시점을 중심에 놓고 그 중심에서 보았을 때 동일 직선상에 보이는 점은 동일시한다'고 하면 북극과 남극 등 정반대에 위치하는 '대칭점'이 동일시되기 때문에 편리하다. 좀 더 알기 쉽게 하려면 구 대신 반구(적도의 동쪽 반을 포함하는 남반구)를 생각하면 된다. 그 위의 두 점을 지나는 직선은 늘 한 개이므로 두 직선은 언제나 한 점에서 교차한다. 이렇게 해서 유클리드의 평행선 공리만 빼고 다른 공리는 모두 성립되는 '리만기하학'이 탄생했다.

자세하게 설명하자면, 적도는 동경 0°에서 동경 180° 미만의 범위에 한한다(날짜 변경선과의 교점은 포함하지 않는다). 그리고 구의 중심 O를 지나는 직선에 의해 반구 위의 점 P_1을 '남극점에서 구와 접하는 평면'상의 점 P에 사영하면, 구면상의 '직선'(대원)은 일반적인 의미의 직선이 되므로 훨씬 이해하기 쉽다(중심사영, [그림 1] 참조). 다만 이 경우 적도 위에 있는 점의 목적지로서 '무한원점'을 추가하고 그것을 지나는 '무한 원직선'을 고려하거나 거리와 각도를 구면으로 되돌려서 측정해야 하는 등 귀찮은 문제가 남는다.

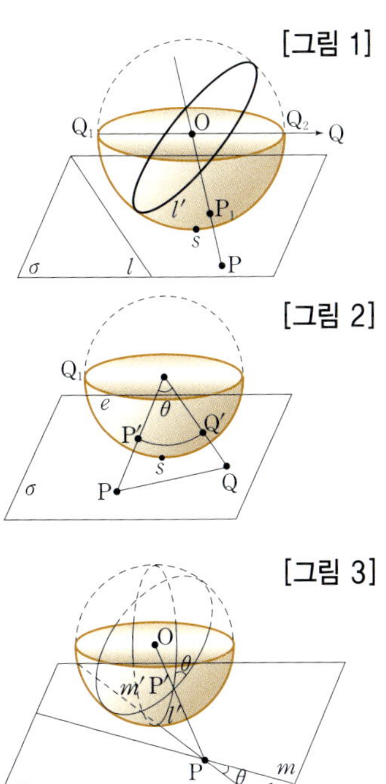

이러한 중심투영의 문제점을 보완하기 위해

정점 O를 지나는 직선을 '점'

정점 O를 포함하는 평면을 '직선'

이라고 부르기로 하면

다른 두 '점'을 지나는 직선은 단 하나뿐이며 더구나

두 '직선'은 반드시 한 '점'에서 교차하는 것을 알 수 있다.

앞으로 되돌아가서 반구 위의 도형에서는 구면기하학의 결과를 그대로 사용할 수 있다. 삼각형 ABC의 내각을 α, β, γ, 면적을 S라고 하면

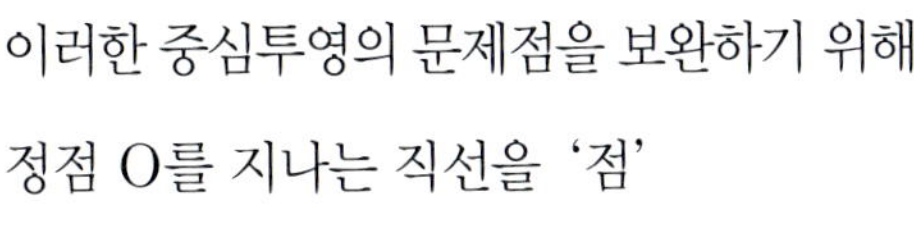

$$\alpha + \beta + \gamma = 180° - \frac{180°S}{\pi r^2} > 180°$$

인 리만기하학의 중요한 명제를 나타낼 수 있다.

리만기하학, 유클리드기하학, 로바쳅스키기하학을 각각 정리해보자.

평행선 수	0개	1개	2개(이상)
명칭 (별칭)	리만기하학 (타원기하학)	유클리드기하학 (포물선기하학)	로바쳅스키기하학 (쌍곡기하학)

〈주〉 여기서 말하는 '리만기하학'은 새로운 '거리'의 개념에 기초한 '리만기하학'의 특수한 예에 불과하다.

상대성 이론과 기하학

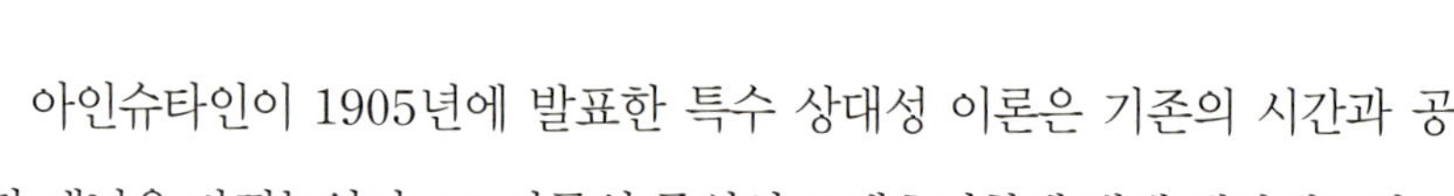

아인슈타인이 1905년에 발표한 특수 상대성 이론은 기존의 시간과 공간 개념을 바꿔놓았다. 그 이론의 중심인 로렌츠변환에 대해 생각해보자.

직선상에서 움직이는 UFO를 원점에 정지한 관측자 A와 원점에서 출발해 일정한 속도 v로 운동하는 우주선에 타고 있는 관측자가 조사한다.

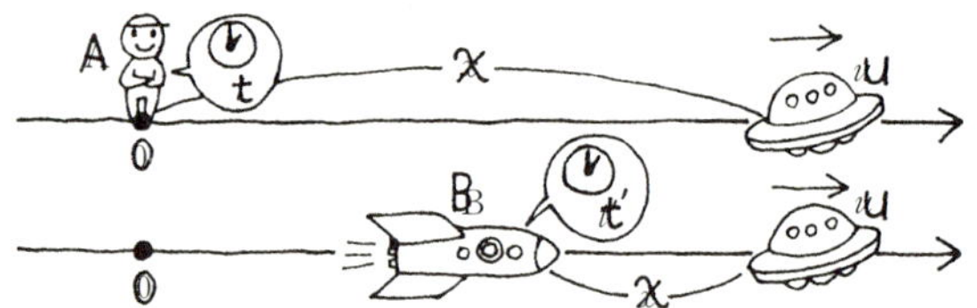

A, B에서 UFO를 관측한 시각과 위치를 각각 $(t,\ x)$, $(t',\ x')$라고 하면 이 좌표변환의 식은

$$x'=x-vt,\ t'=t$$

여야 하지만 우주선이 광속 c에 가까워지면 이 식은 사용할 수 없다. '빛의 속도는 A, B 어디서 관측해도 일정하기' 때문이다. 그래서 생겨난 것이 로렌츠변환이다.

$$x'=\frac{1}{p}(x-vt),\ t'=\frac{1}{p}\left(t-\frac{vx}{c^2}\right) \ \ 단,\ p=\sqrt{1-\left(\frac{v}{c}\right)^2}$$

여기에 따르면 속도 v로 운동하고 있는 우주선은 정지해 있는 A에서 보면 길이가 진행 방향으로 p배 줄고 시간은 $\frac{1}{p}$배만큼 늦어지는 것으로 보인다. 그리고 변환식에서는

$$x'^2-c^2t'^2=x^2-c^2t^2 \quad \cdots \ ①$$이 성립되는 것을 확인할 수 있다.

　이것은 우주선에서 관측하면 거리뿐 아니
라 시간도 차이가 나며, 거리와 시간의 차이
가 서로 관계 있음을 의미한다. 그래서 시간
과 공간을 한꺼번에 나타내는 것으로 민코프
스키의 공간을 생각할 수 있다.

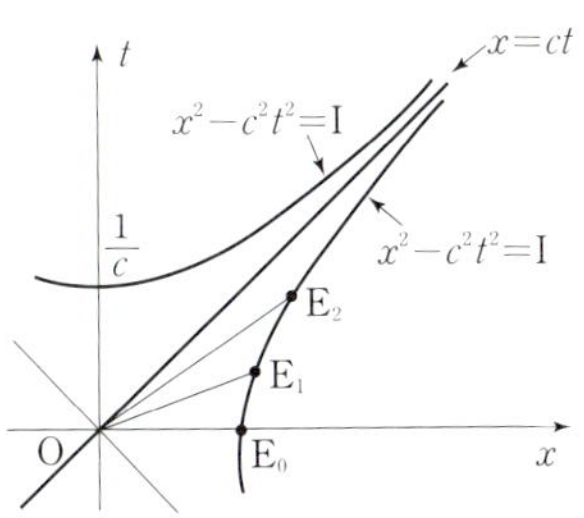

　2차원인 민코프스키의 공간은 공간축 x와 시간축 t로 이루어지며 물체
의 운동 방정식은 세계선이라고 불리는 선으로 표현한다. 예를 들어 원점
O에서 발한 빛의 세계선은

$$x=ct$$

로 나타낸다.

　그리고 이 세계의 $\mathrm{O}(0,\ 0)$와 $\mathrm{A}(x,\ t)$의 간격 d를 다음과 같이 정한다.

$$d^2=x^2-c^2t^2$$

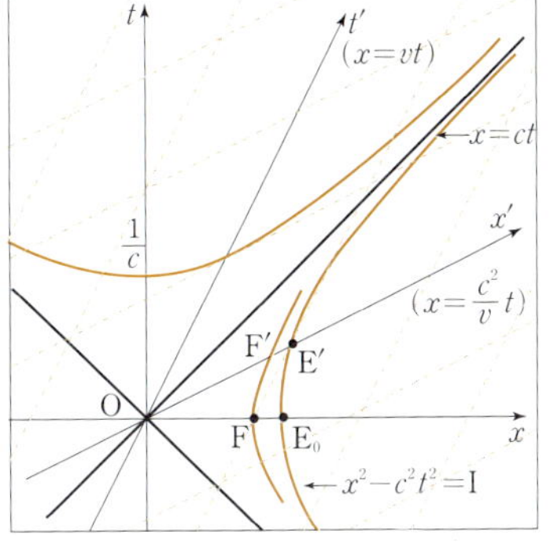

d는 ①에 따라 로렌츠변환에서 불변
하는 양으로 유클리드기하학의 거리에 해당하는 것이 된다. 위 그림에서 쌍
곡선상의 점 E_0, E_1, E_2에 대해 $d(\mathrm{OE}_0)=d(\mathrm{OE}_1)=d(\mathrm{OE}_2)$가 된다.

　원점을 출발해서 속도 v로 운동하는 우주선의 x'-t' 좌표계는 위 그림
처럼 그릴 수 있다. 여기서 t'축은 우주선의 세계관($x'=0$)이며 x'축은 우
주선에서 본 시간축의 0점($t'=0$)의 분포다. 이처럼 좌표축 $x'=0$, $t'=0$
이 직선이 되는 것은 우주선이 등속운동을 하는(가속도 0) 경우다. 그리고
가속도가 있으면 특수 상대성 이론에서는 취급하지 않고 일반 상대성 이론
의 영역에 들어간다. 거기서는 곡선좌표계가 필요한데 아인슈타인은 리만
기하학을 채용했다. ‘중력은 시공이 휘어진 것’이라 하는 일반 상대성 이
론에 대한 설명은 수학자들도 벅찬 부분이므로 생략한다.

구불구불 변형 문제

'같은 모양으로 그리라' 했더니 이렇게 여러 가지 답이 나왔다.

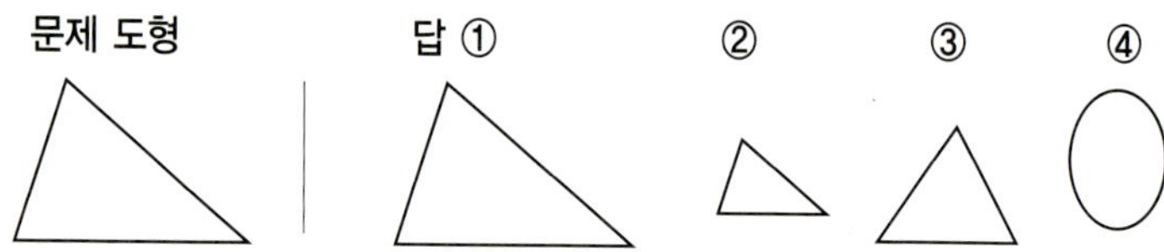

여러분은 어느 것을 정답으로 하겠는가?

①과 ②는 합동 및 닮은꼴이므로 정답이라고 할 수 있다.

③은 조금 모양이 다르지만 그래도 삼각형이니까 넓은 의미에서 정답이라고 하자.

④는 분명한 오답이다.

일반적으로 생각하면 이렇게 판단할 수 있다.

그런데 사영기하학에서는 ③도 당당히 정답에 들어간다. 위상기하학의 관점에서 보면 ④도 정답이다.

위상기하학은 도형의 연결 상태를 문제 삼는다. 입체를 예로 들면 정육면체는 구와 같으며 도넛 모양은 커피 잔과 '위상적'으로 같다.

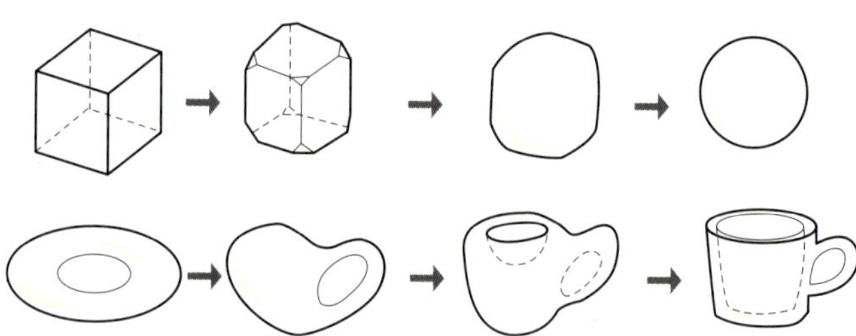

신축성이 좋아서 자유롭게 늘렸다 줄였다 할 수 있는 점토 같은 재료로 아래 모양을 만들었다고 하자. 떼어내거나 구멍을 뚫거나 다른 것을 두 개 붙일 수는 없다.

[문제] 왼쪽 입체를 오른쪽 입체로 변형하라.

(1)

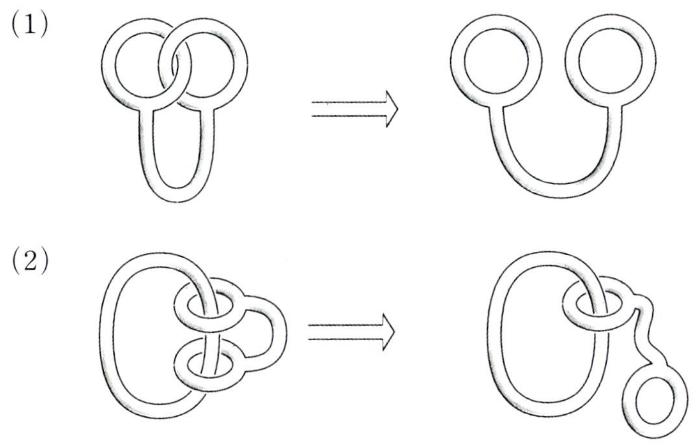

(2)

'말도 안 돼!'라고 생각할 것이다. 하지만 이것은 유명한 변경 가능 입체다. (1)의 답만 소개한다. (2)는 직접 도전해보기 바란다. 12시간 안에 해낸다면 빠른 편이다.

(1)의 해답 예

09 입체의 나라를 만들기

아주 간단하게 입체나라의 원리를 설명하겠다.

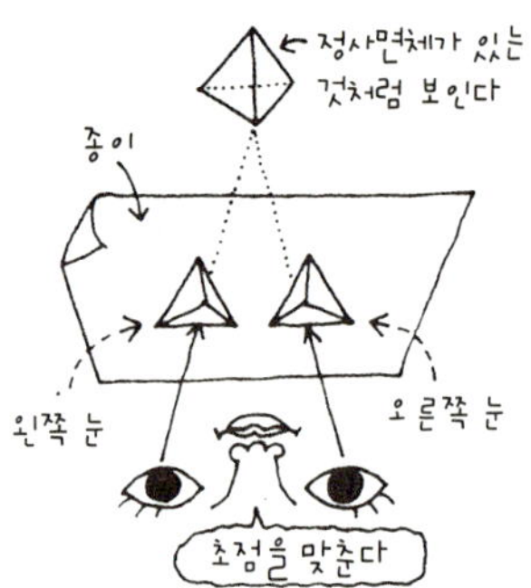

그림처럼 정사면체를 바라보면 왼쪽 눈의 상은 도형의 돌출부가 조금 오른쪽으로, 오른쪽 눈의 상은 도형의 돌출부가 조금 왼쪽으로 보인다.

바꿔 말하면 가까운 점의 왼쪽 눈과 오른쪽 눈의 종이 위에서 상의 거리는, 먼 점의 왼쪽 눈과 오른쪽 눈의 상의 거리보다 짧다. 이렇게 그림을 그리면 뇌가 속아 넘어가서 마치 입체가 있는 것처럼 보인다.

눈에 힘을 주지 말고 봐야 하며 익숙해지면 금방 보인다. 아래의 입체나라들은 필자가 컴퓨터로 직접 만든 것들이다.

① 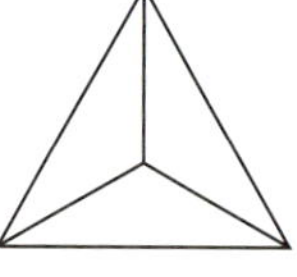

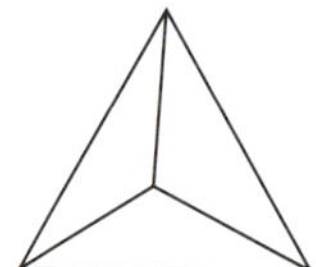

왼쪽 눈에 사용.
가운데 점을 조금
오른쪽으로

오른쪽 눈에 사용.
가운데 점을 조금
왼쪽으로

② 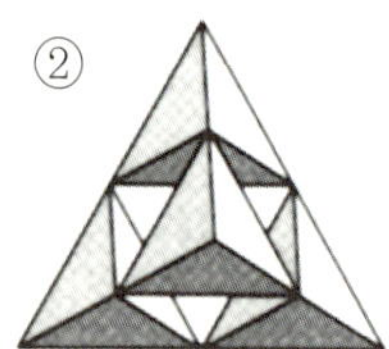

①을 이용

③ 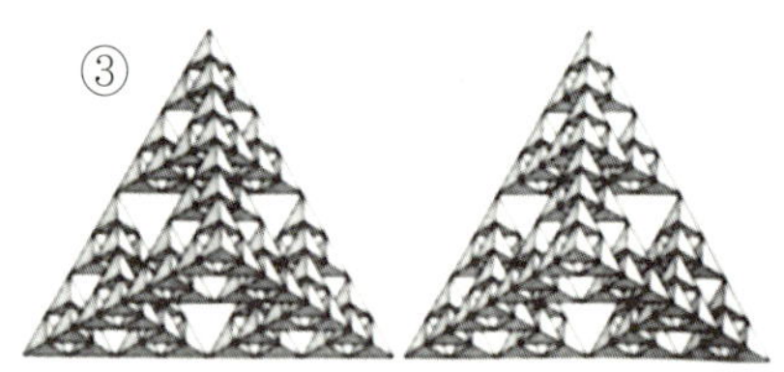

②를 이용한 3차원의 프랙털(자기상사형)

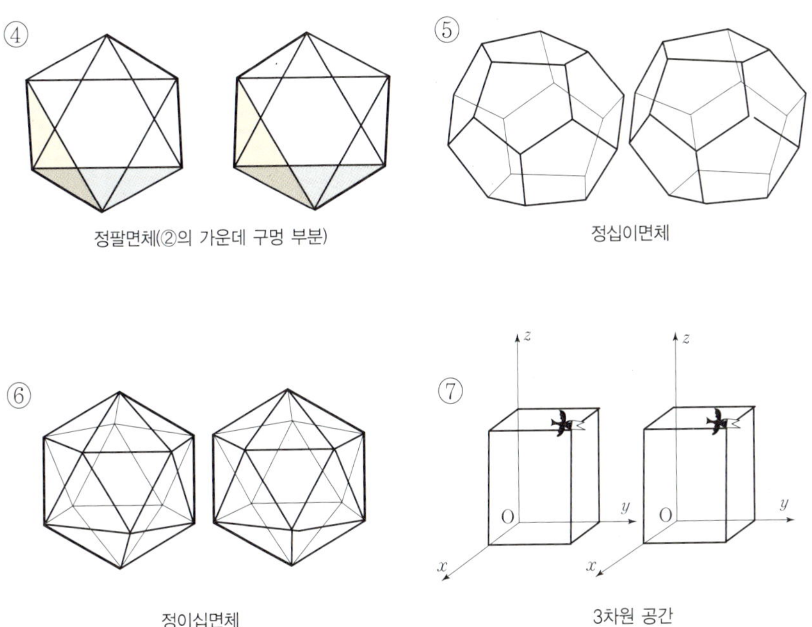

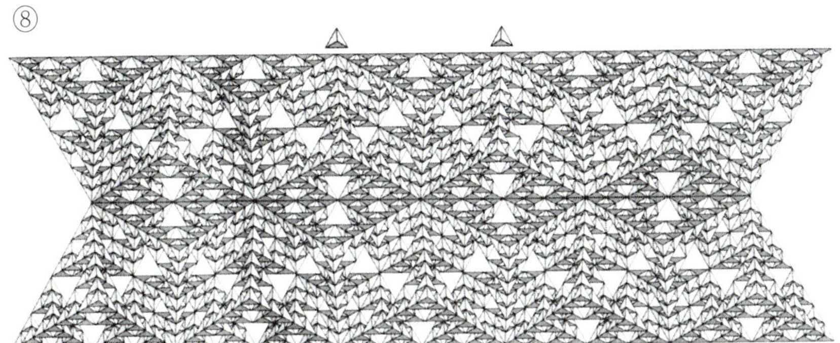

③으로 평면을 꽉 채웠다. 위의 두 삼각형을 입체나라로 만들 생각이었으나 두 그림의 입체나라가 발전한 형태로 완성되었다. 그림 하나가 왼쪽 눈용과 오른쪽 눈용으로 이용되는 것이 원리다

 **10**

원뿔곡선의 실물 감상

원뿔을 평면으로 자르면 타원, 포물선, 쌍곡선이 생긴다. 하지만 우리는 이것을 의식해서 보지는 않는다.

먼저 실물 대신 입체나라에서 살펴보자.

타원

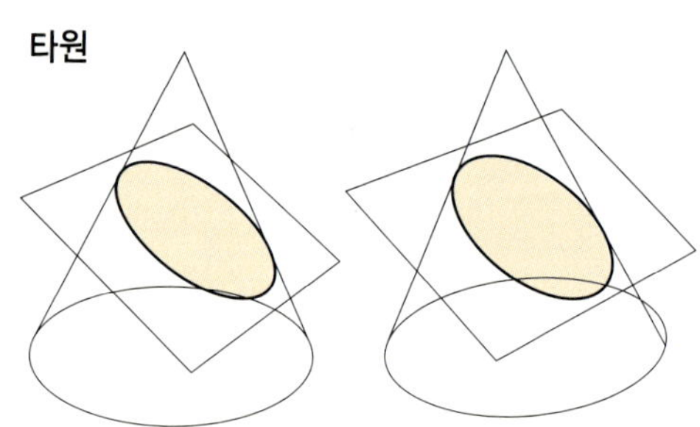

포물선

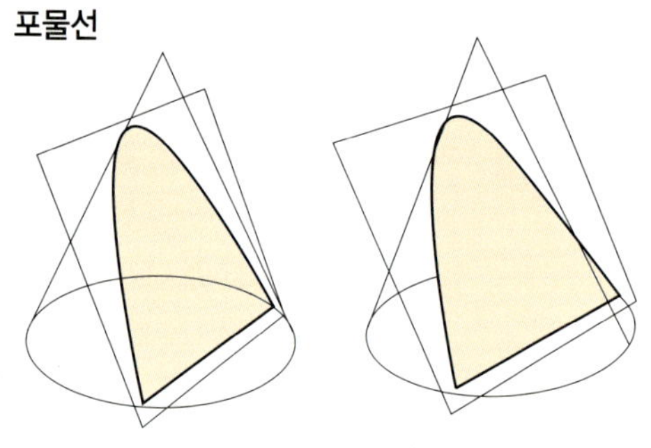

쌍곡선

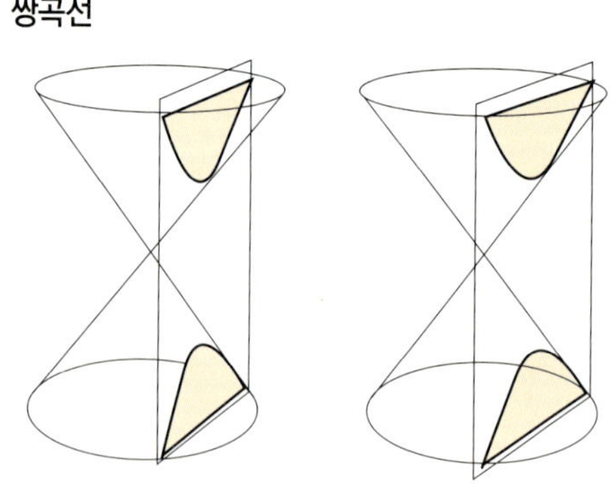

● 전개도로 원뿔 만들기

아래 그림을 복사해서 원뿔을 만들면 타원, 포물선, 쌍곡선이 보인다.
이 전개도의 곡선 그리는 방법을 설명하는 것은 조금 복잡하다.

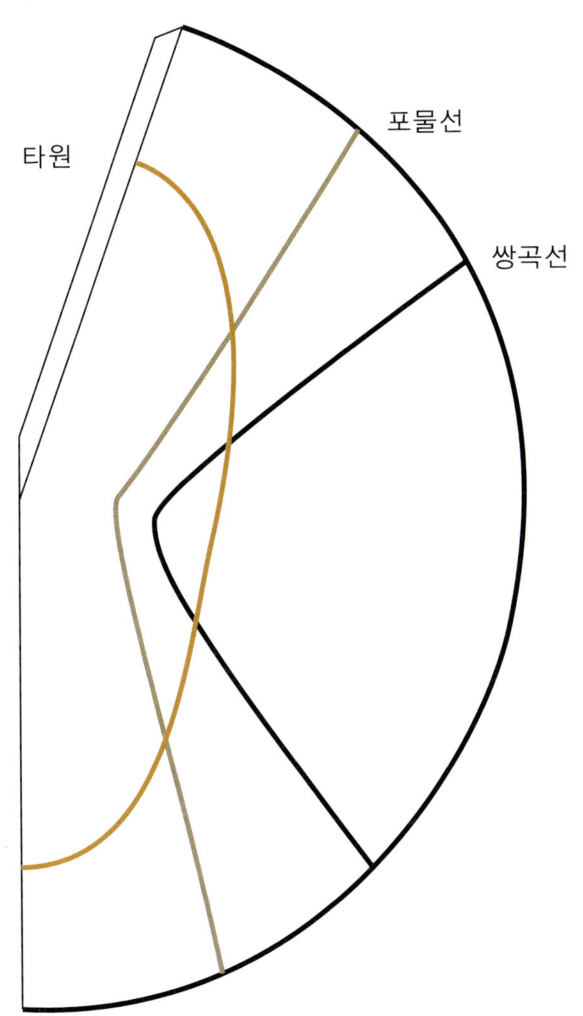

11 아름다운 원뿔곡선

포물선

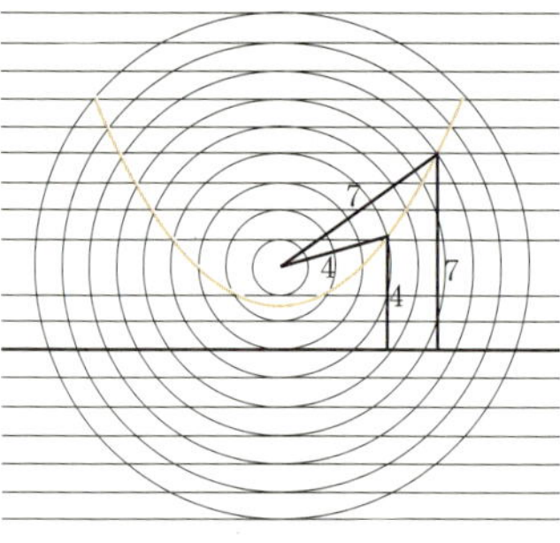

선이 아니라 면으로 원뿔곡선을 그려 보자.

● 포물선은 하나의 정점과 정직선(준선)에서 같은 거리에 있는 점의 자취이다. 왼쪽 그림처럼 같은 간격의 동심원과 평행선을 그리고 평행사변형과 비슷한 도형을 지나며 계속 선을 그리면 포물선이 된다. 이 도형에 같은 색을 칠하면 아름다운 그림이 완성된다.

타원

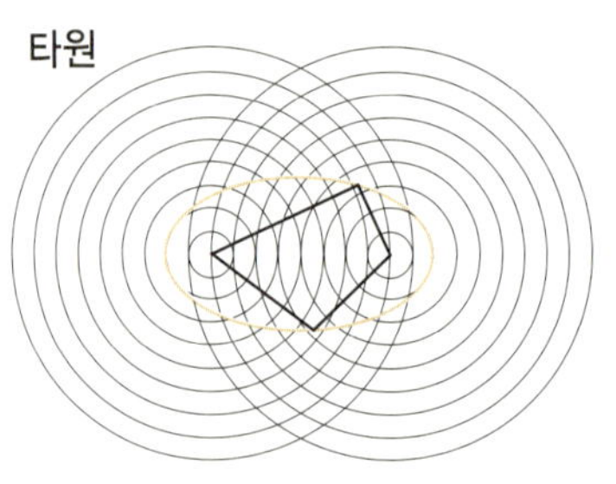

● 타원은 두 점에서 떨어진 거리의 합이 일정한 점의 자취다. 왼쪽 그림처럼 2개의 동심원군을 예로 들면, 두 점과의 거리의 합이 10인 점을 지나면 타원이 된다.

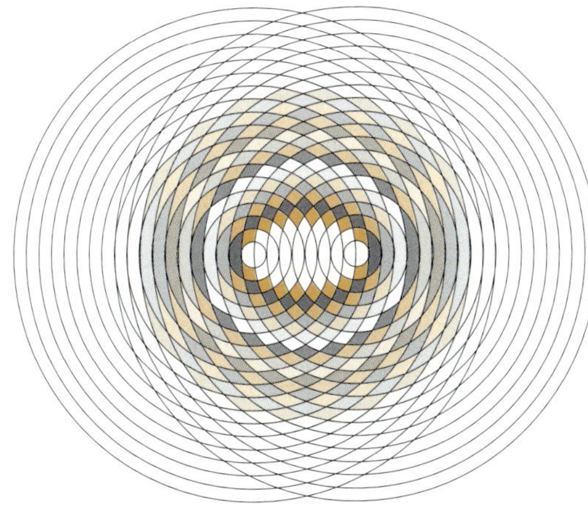

이번에도 평행사변형과 비슷한 도형에 계속 같은 색을 칠하면 아름다운 그림이 완성된다.

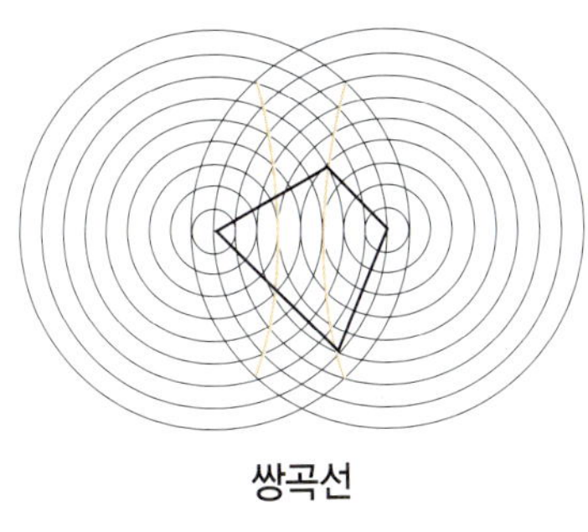

쌍곡선

● 쌍곡선은 두 점까지 거리의 차가 일정한 점의 자취다. 타원일 때와 똑같은 동심원을 사용한다. 예를 들어 두 점까지 거리의 차가 2인 점을 지나면 쌍곡선이 된다. 거기에 색을 칠하면 역시 아름다운 그림이 완성된다.

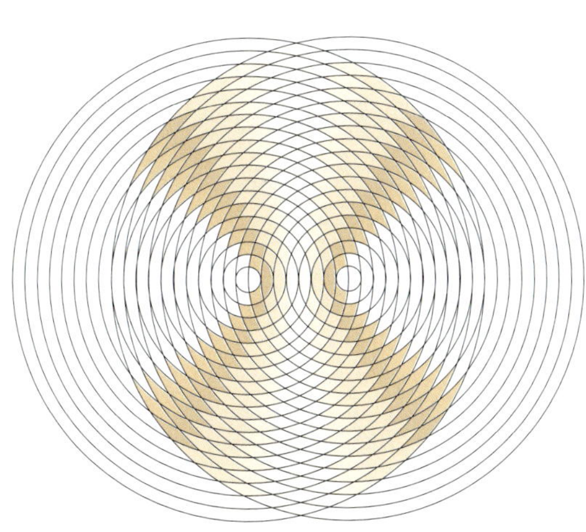

피타고램 놀이

고양이를 그린 정사각형 종이를 복사해 아래 그림처럼 11조각으로 자른다. 그리고 조각의 위치를 바꾼 후 순서대로

① 정사각형 4개 → ② 정사각형 3개 → ③ 정사각형 2개를 만들자.

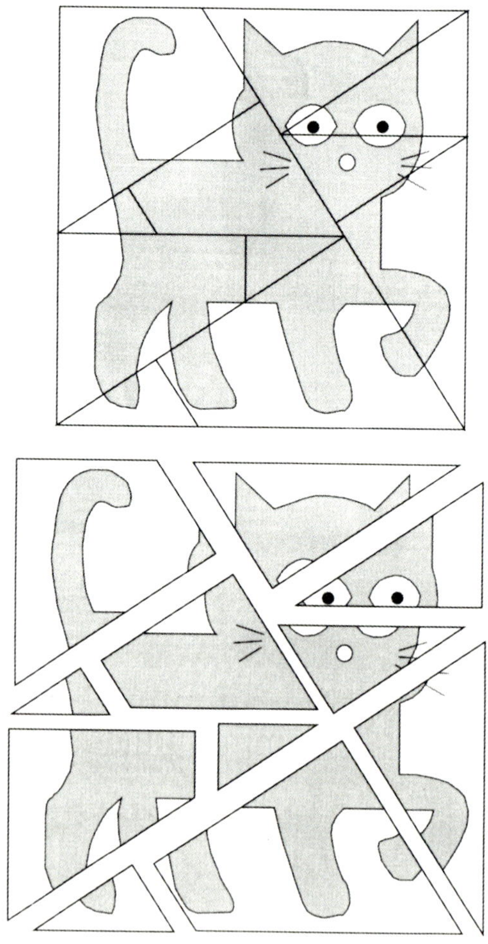

이리저리 해봐도 안 될 때는 아래 정답을 참고한다.

① 4개

② 3개

③ 2개

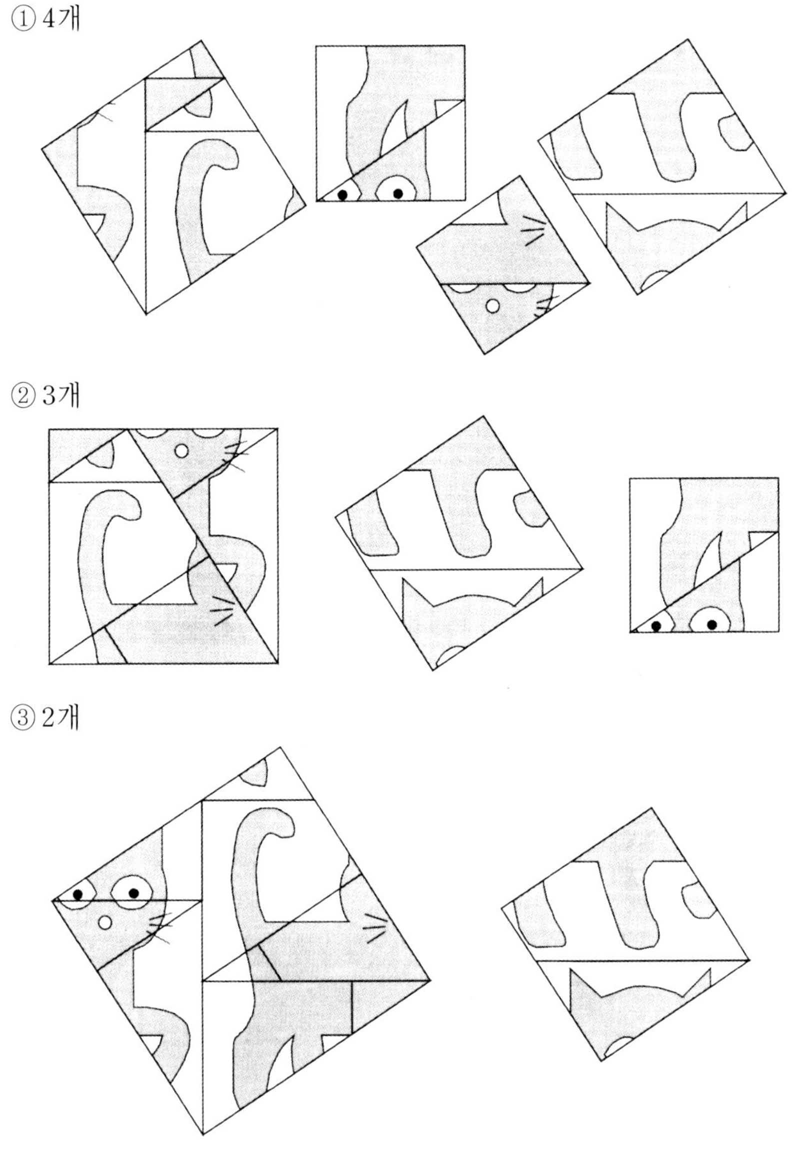

이 게임은 피타고라스의 정리를 응용해 저자 중 한 사람이 만든 것으로 피타고램이라고 이름 붙였다(5개, 6개의 정사각형을 만드는 문제도 가능하다).

각뿔 만들기

사각뿔이나 오각뿔을 직접 만들어본 적은 없을 것이다. 전개도를 그려서 만들면 되는데 그냥 만들기만 해서는 재미가 없다. 예를 들어 완성된 사각뿔을 위에서 보았을 때 피타고라스의 얼굴이 보이게 만들려면 어떻게 해야 할까?

별로 어렵지 않다. [그림 1]의 한가운데 정사각형에 원하는 그림을 그린다. 그리고 그 $\frac{1}{4}$인 삼각형 속의 그림을, 상하좌우로 늘린 대응하는 삼각형 속에 좌표가 대응하도록 그린다. 왼쪽 도형을 확대 복사하여 원하는 그림을 그려 직접 만들어 보기 바란다.

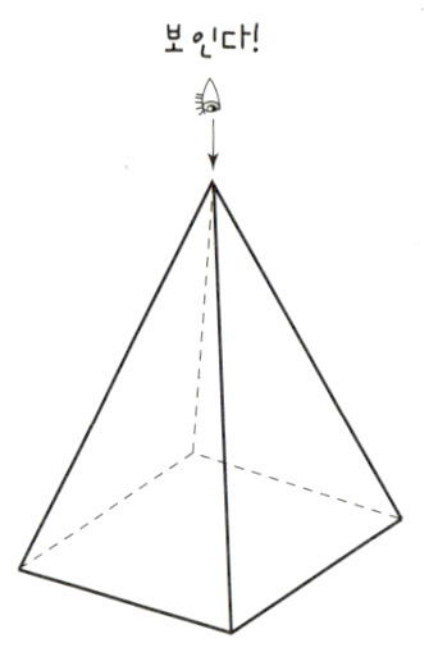

피타고라스

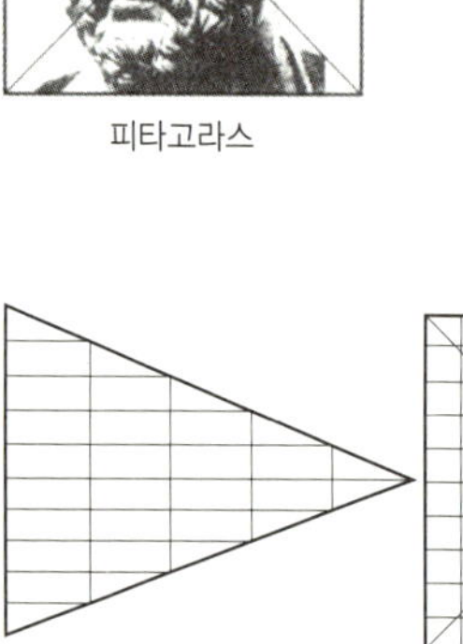

[그림 1]

컴퓨터 그림 그리기 소프트웨어의 확대 기능을 사용하여 만들었다.

이 오각뿔을 위에서 보면 무엇이 보일까?

# 14 둥근 거울에 비추면

대형 빌딩 같은 곳에는 굵고 둥근 기둥이 많다. 기둥이 깨끗하면 바닥의 모양이 크게 변형되어 비친다. 이때 원기둥에 정상적인 모습으로 비치려면 바닥에 어떻게 그림을 그려야 할까? 오른쪽 그림처럼 정사각형 속에 그림을 그리고 극좌표 평면에 그림을 대응해 그려보자. 그리고 왼쪽 그림처럼 원통 거울을 놓으면 정상적으로 보인다. 원통 거울이 없으면 '알루미늄 포일'을 사용하면 된다.

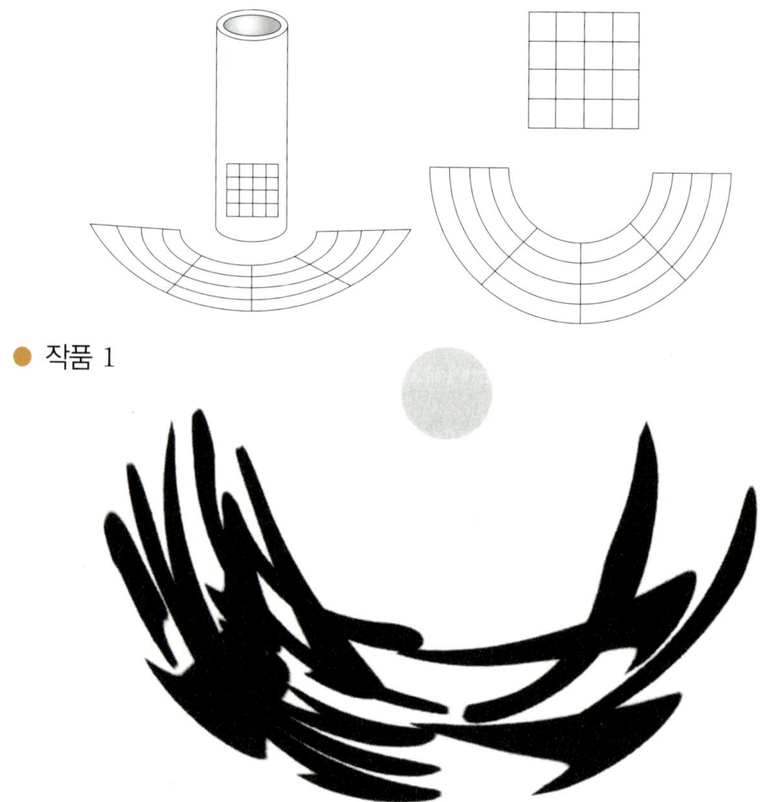

● 작품 1

● 작품 2

● 작품 3

부동점

물체를 움직이면 물체는 이동한다. 지극히 당연한 결과다. 그런데 평면을 움직이면 이동하지 않는 부분이 있다! 정사각형을 그리고 그 안에 문자와 기호로 장소에 이름을 붙였다.

● 이름이 붙은 평면

100×100

$\Rightarrow$

같은 그림을 투명판에 복사해서 적당히 겹쳐놓았다

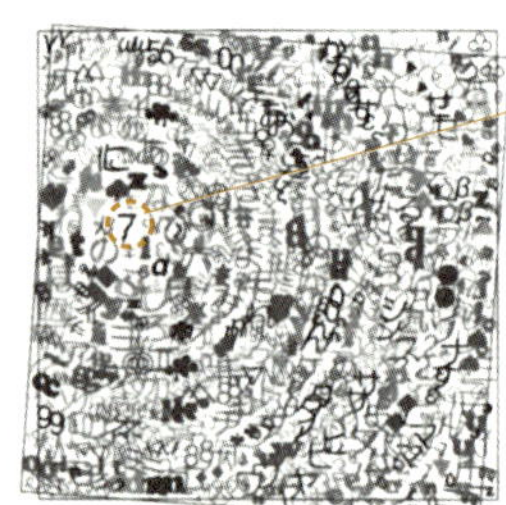

이 부근은 움직이지 않으며 그곳을 중심으로 동심원이 생겼다

몇 번을 다르게 겹쳐보아도 결과는 같다(평행 이동할 때는 제외). 그래서 닮은꼴일 때는 어떤지 보려고 가로세로 90%로 줄인 것을 100×100에 겹쳤다.

90×90

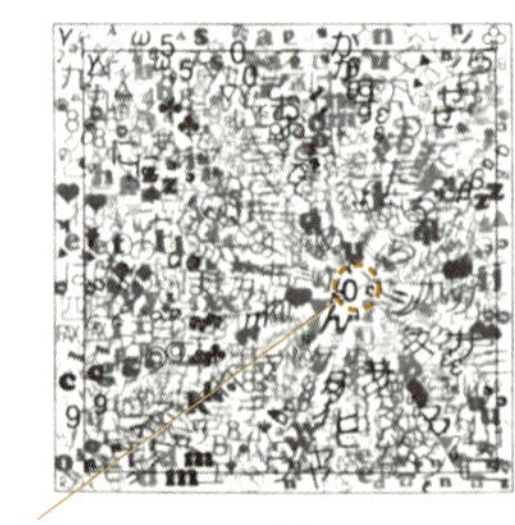

평행하게 겹쳤다. '0' 부분이 움직이지 않는다

이번에는 '우' 부근이 움직이지 않는다. 나선이 뚜렷하게 보인다

반드시 닮은꼴이 아니라도 될 것 같아 가로 110%, 세로 90%로 해서 100×100에 겹쳤다.

110×90

*2-08*의 지도에서 한 지점만 움직이지 않은 것은 이 법칙 때문이다. 더 많이 변형하면 부동점이 없을 것 같아서 그렇게 해보았다.

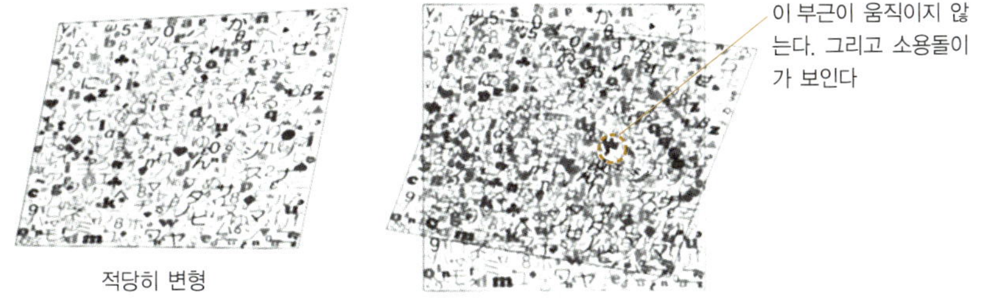

적당히 변형

'경계가 있는 凸 폐집합이라면 연속사상은 적어도 한 개의 부동점을 갖는다'라는 브로우베르(Brouwer)의 정리가 있는데 모두 그 정리와 비슷한 법칙을 보여준다(밖으로 넘쳐나는 경우는 '평행 이동'뿐 아니라 예외적인 경우가 생기지만 '적당히'는 꽤 넓은 범위에서 성립한다).

조숙한 천재 파스칼(1623~1662)은 16세 때 발표한 '원뿔곡선론'에서 이상한 정리를 주장했다. 간단하게 설명하면 '원에 내접하는 임의의 육각형 ABCDEF의 마주 보는 변 AB(를 포함하는 직선, 이하 동일)와 DE의 교점, BC와 EF의 교점, CD와 FA의 교점은 동일 직선에 있다'는 것이다 (179페이지 참조).

우선 '내접하는 것이 정육각형이면 마주 보는 변이 평행이라 교점이 없다' 등 금방 예외적인 경우가 발견된다. 이것은 '평행인 직선은 무한원점에서 교차한다', '모든 무한원점은 무한원직선상에 있다'고 생각하면 그럭저럭 받아들일 수 있다. 물론 증명할 수도 있으므로 사실은(무한원점을 생각할 때) 맞다. 더구나 '원'을 '타원'으로 바꿔도 좋고 '포물선'이나 '쌍곡선' 같은 일반적인 원뿔곡선이어도 좋다. 이차곡선 $f(x, y) = 0$상의 임의의 6점 A, B, C, D, E, F도 좋고 2차 곡선으로서

$$f(x, y) = (2x - 5y + 1)(x + y - 1) = 0$$

과 같은 두 직선을 생각해도 좋다. 이것이 181페이지에 소개한 파푸스의 정리다.

파스칼의 정리를 사용하면 2차곡선상의 5개의 점 A, B, C, D, E와 E를 지나는 직선 L이 주어졌을 때 그 2차곡선과 L의 교점 F를 A, …, E와 L뿐이므로 자만 가지고 작도할 수 있다.

① AB와 DE의 교점을 P라고 한다. ② BC와 L의 교점을 Q라고 한다.
③ CD와 PQ의 교점을 R라고 한다. ④ AR와 L의 교점이 F다.

L을 바꾸면 2차곡선상의 점을 계속해서 얼마든지 구할 수 있다!

창의적 문제해결력 수학 2

펴낸날	초판 1쇄 2008년　3월 25일
	초판 5쇄 2012년　12월 10일

지은이	노자키 아키히로, 이즈모리 히토시, 이토 준이치, 오자와 겐이치
옮긴이	고은진
펴낸이	심만수
펴낸곳	(주)살림출판사
출판등록	1989년 11월 1일 제9-210호

경기도 파주시 교하읍 문발리 파주출판도시 522-1
전화　031)955-1350　팩스　031)955-1355
http://www.sallimbooks.com
book@sallimbooks.com

ISBN　978-89-522-0799-9　44410(2권)
　　　978-89-522-0797-5　44410(세트)

※ 값은 뒤표지에 있습니다.
※ 잘못 만들어진 책은 구입하신 서점에서 바꾸어 드립니다.